普通高等教育“十一五”国家级规划教材

高等职业教育系列教材

关系数据库与SQL Server 2012

第3版

主　编　陈　竺　龚小勇

副主编　杨秀杰　罗　文　段利文

参　编　廖先琴　李　腾　李　萍

机械工业出版社

本书借鉴了目前流行的认证考试教材编写的成功经验，强调理论知识够用为度，以介绍数据库应用程序的开发技能为主线，全面、系统地介绍了关系数据库的基本原理和 SQL Server 2012 数据库应用系统的开发技术。全书共 11 章，包括：关系数据库原理、SQL Server 2012 基础、数据库的创建与管理、数据表的创建与管理、数据查询、视图与索引、规则与默认值、T-SQL 编程、存储过程与触发器、SQL Server 2012 安全管理及 SQL Server 2012 综合应用实例。每章以类型丰富的课后习题和课外实践的形式配备了大量来自工程实践领域的应用实例。

本书可作为高职高专院校计算机及相关专业的数据库技术教材，也可供 SQL Server 数据库应用系统开发人员使用。

本书配有授课电子课件、习题答案和源代码等资源，需要的教师可登录 www.cmpedu.com 免费注册、审核通过后下载，或联系编辑索取（QQ：1239258369，电话：010-88379739）。

图书在版编目（CIP）数据

关系数据库与 SQL Server 2012 / 陈竺，龚小勇主编. —3 版. —北京：机械工业出版社，2015.9（2023.1 重印）

高等职业教育系列教材

ISBN 978-7-111-51590-6

Ⅰ. ①关… Ⅱ. ①陈… ②龚… Ⅲ. ①关系数据库系统－高等职业教育－教材 Ⅳ. ①TP311.138

中国版本图书馆 CIP 数据核字（2015）第 216460 号

机械工业出版社（北京市百万庄大街 22 号 邮政编码 100037）

策划编辑：鹿 征　　责任编辑：鹿 征

责任校对：张艳霞　　责任印制：常天培

固安县铭成印刷有限公司印刷

2023 年 1 月第 3 版 • 第 8 次印刷

184mm×260mm • 17 印张 • 421 千字

标准书号：ISBN 978-7-111-51590-6

定价：49.00 元

电话服务	网络服务
客服电话：010-88361066	机 工 官 网：www.cmpbook.com
010-88379833	机 工 官 博：weibo.com/cmp1952
010-68326294	金 书 网：www.golden-book.com
封底无防伪标均为盗版	机工教育服务网：www.cmpedu.com

高等职业教育系列教材计算机专业
编委会成员名单

出 版 说 明

《国务院关于加快发展现代职业教育的决定》指出：到2020年，形成适应发展需求、产教深度融合、中职高职衔接、职业教育与普通教育相互沟通，体现终身教育理念，具有中国特色、世界水平的现代职业教育体系，推进人才培养模式创新，坚持校企合作、工学结合，强化教学、学习、实训相融合的教育教学活动，推行项目教学、案例教学、工作过程导向教学等教学模式，引导社会力量参与教学过程，共同开发课程和教材等教育资源。机械工业出版社组织国内80余所职业院校（其中大部分是示范性院校和骨干院校）的骨干教师共同规划、编写并出版的“高等职业教育规划教材”系列，已历经十余年的积淀和发展，今后将更加紧密结合国家职业教育文件精神，致力于建设符合现代职业教育教学需求的教材体系，打造充分适应现代职业教育教学模式的、体现工学结合特点的新型精品化教材。

在本系列教材策划和编写的过程中，主编院校通过编委会平台充分调研相关院校的专业课程体系，认真讨论课程教学大纲，积极听取相关专家意见，并融合教学中的实践经验，吸收职业教育改革成果，寻求企业合作，针对不同的课程性质采取差异化的编写策略。其中，核心基础课程的教材在保持扎实的理论基础的同时，增加实训和习题以及相关的多媒体配套资源；实践性课程的教材则强调理论与实训紧密结合，采用理实一体的编写模式；实用技术型课程的教材则在其中引入了最新的知识、技术、工艺和方法，同时重视企业参与，吸纳来自企业的真实案例。此外，根据实际教学的需要对部分内容进行了整合和优化。

归纳起来，本系列教材具有以下特点：

1）围绕培养学生的职业技能这条主线来设计教材的结构、内容和形式。

2）合理安排基础知识和实践知识的比例。基础知识以“必需、够用”为度，强调专业技术应用能力的训练，适当增加实训环节。

3）符合高职学生的学习特点和认知规律。对基本理论和方法的论述容易理解、清晰简洁，多用图表来表达信息；增加相关技术在生产中的应用实例，引导学生主动学习。

4）教材内容紧随技术和经济的发展而更新，及时将新知识、新技术、新工艺和新案例等引入教材。同时注重吸收最新的教学理念，并积极支持新专业的教材建设。

5）注重立体化教材建设。通过主教材、电子教案、配套素材光盘、实训指导和习题及解答等教学资源的有机结合，提高教学服务水平，为高素质技能型人才的培养创造良好的条件。

由于我国高等职业教育改革和发展的速度很快，加之我们的水平和经验有限，因此在教材的编写和出版过程中难免出现疏漏。我们恳请使用这套教材的师生及时向我们反馈质量信息，以利于我们今后不断提高教材的出版质量，为广大师生提供更多、更适用的教材。

机械工业出版社

前 言

Microsoft SQL Server 2012 是基于客户/服务器模式的大型关系型数据库管理系统。它在 SQL Server 2008 的基础上提高了其安全性、可靠性，为用户提供了一个可信任的、高效的、智能的数据平台。它通过集成的控制平台来管理数据分析服务、报表服务、通知服务，能够把关键的信息及时地传递到组织成员中，实现可伸缩的商务智能。因此，SQL Server 2012 数据库管理系统正被越来越多的用户使用，已成为企业级客户构建、管理、部署商业数据库的最佳选择方案之一。

本书内容

本书坚持理论知识够用为度，有选择地介绍关系数据库的基本原理。全书共 11 章，第 1 章讲述了关系数据库的基本原理，第 2 章介绍 SQL Server 2012 的安装配置、实用工具等基础知识，第 3～9 章分别介绍了数据库的创建与管理、数据表的创建与管理、数据查询、视图与索引、规则与默认值、T-SQL 编程、存储过程与触发器等数据库应用系统开发技术，第 10 章介绍了 SQL Server 2012 安全管理，第 11 章以客户管理系统为例，给出了一个 SQL Server 2012 综合应用实例。

本书特色

（1）本着以“培养学生数据库应用系统的开发技能”为原则，全书以真实的数据库案例为主线，深入浅出地阐述了数据库管理技术的知识。

（2）在本书编写过程中，借鉴了目前流行的认证考试教材编写的成功经验，融入了编者多年从事数据库教学和系统开发的心得体会，还汇集了一些新颖的方法和技巧。通过学习本书，相信读者一定能够熟练掌握并能灵活运用 SQL Server 2012 软件，初步具备开发有一定实用价值数据库应用系统的能力。

（3）本书每章配备有大量的来自工程实践领域的应用实例、类型丰富的习题和课外实践题目，可帮助读者阅读和理解书中的内容。

读者对象

本书可作为高职高专院校计算机及相关专业的数据库技术教材，也可供 SQL Server 数据库应用系统开发人员使用。

教学建议

本书适合采用理论与实践相结合的教学方法，建议教学时数为 68 学时，多媒体教室理论学习与机房上机实践各占 50%。成绩评价主要采用过程考核与综合考核相结合的方式，建议各占 50%。其中，过程考核主要包括课堂提问、课堂练习、课外作业、课外实践、出勤情况等环节的评价。综合考核主要以一个具体的案例从以下几个方面进行考核：设计和创建数据库、设计和创建数据表、维护数据完整性、检索数据、创建和应用存储过程、创建和应用触发器、创建登录名和数据库用户、分配角色和设置权限等。

课程资源

本书提供了与教学配套的电子教案、习题答案、教学课件 PPT、教学大纲及部分程序源代码，请读者到机械工业出版社教材服务网www.cmpedu.com下载。

结束语

本书由重庆电子工程职业学院龚小勇负责组织策划，并编写了第 1 章，由陈竺负责统稿和最后修订，并编写了第 8、9、11 章，杨秀杰编写了第 6、7 章，罗文编写了第 2、10 章，段利文编写了第 3、4、5 章。另外，廖先琴、李腾、李萍也参加了部分编写工作。

由于编者水平所限，书中难免存在错漏之处，敬请读者批评指证。

编　者

目　录

第1章　关系数据库原理

【学习目标】

- 了解数据、数据库、数据库管理系统的概念
- 掌握建立E-R概念模型的基本方法
- 掌握将E-R概念模型转化成关系数据模型的方法
- 掌握选择、投影、连接3种基本关系运算
- 掌握关系的完整性规则
- 了解关系的规范化

1.1　数据库系统的基本概念

数据库系统涉及许多基本概念，作为数据库系统的初学者，有必要从一些最基本的概念开始学习。这里先介绍一些数据库系统所需要的最基本概念，其他一些概念将根据本书内容的需要在相关章节介绍，因为集中介绍所有的概念是难以接受的。

1.1.1　数据、数据库、数据库管理系统、数据库系统

数据、数据库、数据库管理系统和数据库系统是与数据库技术密切相关的4个基本概念。

1．数据（DATA）

数据是数据库中存储的基本对象，它在大多数人头脑中的第一个反应就是数字。其实数字只是最简单的一种数据，是数据的一种传统和狭义的理解。广义的理解，数据的种类很多，文字、图形、图像、声音、学生的档案记录、货物的运输情况等，这些都是数据。

可以对数据做如下定义：描述事物的符号记录称为数据。描述事物的符号可以是数字，也可以是文字、图形、图像、声音、语言等，数据有多种表现形式，它们都可以经过数字化后存入计算机。

为了了解世界、交流信息，人们需要描述这些事物。在日常生活中直接用自然语言（如汉语）描述。在计算机中，为了存储和处理这些事物，就要选择出对这些事物感兴趣的特征组成一个记录来描述。例如，在学生档案中，如果人们最感兴趣的是学生的姓名、性别、年龄、出生年月、籍贯、所在系别、入学时间，那么可以这样描述：

（李明，男，17，1995，江苏，计算机系，2012）

因此这里的学生记录就是数据。对于上面这条学生记录，了解其含义的人会得到如下信息：李明是个大学生，1995年出生，男，江苏人，2012年考入计算机系；而不了解其语义的人则无法理解其含义。可见，数据的形式还不能完全表达其内容，需要经过解释。所以数据和关于数据的解释是不可分的，数据的解释是指对数据含义的说明，数据的含义称为数据的语义，数据与其语义是不可分的。

2．数据库（Data Base，DB）

数据库，顾名思义，是存放数据的仓库。只不过这个仓库是在计算机存储设备里，而且数据是按一定的格式存放的。

在科学技术飞速发展的今天，人们的视野越来越广，数据量急剧增加。过去人们把数据存放在文件柜里，现在人们借助计算机的数据库技术科学地保存和管理大量复杂的数据，以便能方便而充分地利用这些宝贵的信息资源。

所谓数据库是长期存储在计算机内的、有组织的、可共享的数据集合。数据库中的数据按一定的数据模型组织、描述和存储，具有较小的冗余度、较高的数据独立性和易扩展性，并可为各种用户共享。

3．数据库管理系统（Data Base Management System，DBMS）

既然数据库能存放数据，人们自然就会提问：数据库是如何科学地组织和存储数据，如何高效地获取和维护数据的呢？为此，人们开发了一个称为数据库管理系统的软件。

数据库管理系统是位于用户与操作系统之间的一层数据管理软件。它的主要功能包括以下几个方面：

（1）数据定义功能。DBMS 提供数据定义语言（Data Definition Language，DDL），用户通过它可以方便地对数据库中的数据对象进行定义。

（2）数据操纵功能。DBMS 还提供数据操纵语言（Data Manipulation Language，DML），用户可以使用 DML 操纵数据实现对数据库的基本操作，如查询、插入、删除和修改等。

（3）数据库的运行管理。数据库在建立、运用和维护时由数据库管理系统统一管理、统一控制，以保证数据的安全性、完整性、多用户对数据的并发使用及发生故障后的系统恢复。

（4）数据库的建立和维护功能。它包括数据库初始数据的输入、转换功能，数据库的转储、恢复功能，数据库的重组织功能和性能监视、分析功能等。这些功能通常是由一些实用程序完成的。

数据库管理系统是数据库系统的一个重要组成部分。

4．数据库系统（Data Base System，DBS）

数据库系统是指在计算机系统中引入数据库后的系统构成，一般由数据库、数据库管理系统（及开发工具）、应用系统、数据库管理员和用户构成。应当指出的是，数据库的建立、使用和维护等工作只靠一个 DBMS 远远不够，还要有专门的人员来完成，这些人被称为数据库管理员（Data Base Administrator，DBA）。

在一般不引起混淆的情况下，常常把数据库系统简称为数据库。

数据库系统可以用如图 1-1 所示的结构来表示。

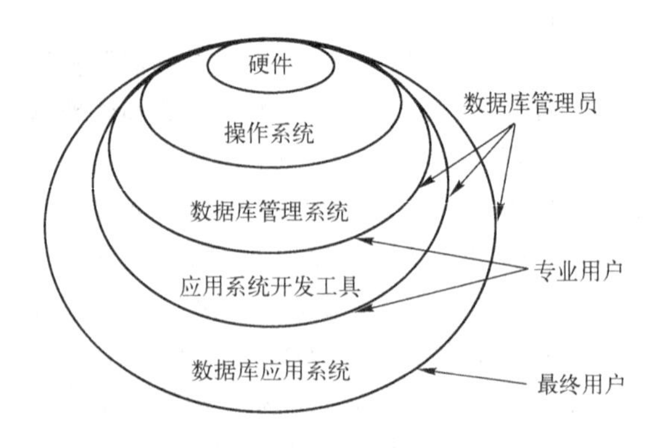

图 1-1　数据库系统层次示意图

1.1.2 数据库系统的特点

与人工管理和文件系统相比，数据库系统主要有以下多方面的特点。

1. 数据结构化

数据结构化是数据库与文件系统的根本区别。

在文件系统中，相互独立的文件的记录内部是有结构的。传统文件的最简单形式是等长同格式的记录集合。例如：一个学生人事记录文件，每个记录都有如表 1-1 所示的记录格式。

表 1-1 学生人事记录

学号	姓名	性别	系别	年龄	政治面貌	家庭成员	奖惩情况

在文件系统中，尽管记录内部已有了某些结构，但记录之间没有联系。

数据库系统实现整体数据的结构化，是数据库的主要特征之一，也是数据库系统与文件系统的本质区别。

在数据库系统中，数据不再针对某一应用，而是面向全组织，具有整体的结构化。不仅数据是结构化的，而且存取数据的方式也很灵活，可以存取数据库中的某一个数据项、一组数据项、一个记录或一组记录。而在文件系统中，数据的最小存取单位是记录。

2. 数据的共享性高，冗余度低，易扩充

数据库系统从整体角度描述数据，数据不再面向某个应用而是面向整个系统，因此数据可以被多个用户、多个应用共享使用。数据共享可以大大减少数据冗余，节约存储空间。数据共享还能够避免数据之间的不相容性与不一致性。

所谓数据的不一致性是指同一数据不同拷贝的值不一样。采用人工管理或文件系统管理时，由于数据被重复存储，当不同的应用使用和修改不同的拷贝时就很容易造成数据的不一致。在数据库中数据共享，减少了由于数据冗余造成的不一致现象。

由于数据面向整个系统，是有结构的数据，不仅可以被多个应用共享使用，而且容易增加新的应用，这就使得数据库系统弹性大，易于扩充，可以适应各种用户要求。用户可以取整体数据的各种子集应用于不同的系统，当应用需求改变或增加时，只要重新选取不同的子集或加上一部分数据便可以满足新的需求。

3. 数据独立性高

数据独立性是数据库领域中一个常用术语，包括数据的物理独立性和数据的逻辑独立性。

物理独立性是指用户的应用程序与存储在磁盘上的数据库中的数据是相互独立的。也就是说，数据在磁盘上的存储是由 DBMS 管理的，用户程序不需要了解，应用程序要处理的只是数据的逻辑结构，这样当数据的物理存储改变了，应用程序不用改变。

逻辑独立性是指用户的应用程序与数据库的逻辑结构是相互独立的，也就是说，数据的逻辑结构改变了，用户程序也可以不变。

数据与程序的独立，把数据的定义从程序中分离出去，加上数据的存取又由 DBMS 负责，从而简化了应用程序的编制，大大减少了应用程序的维护和修改。

4. 数据由 DBMS 统一管理和控制

数据库的共享是并发的共享，即多个用户可以同时存取数据库中的数据，甚至可以同时存取数据库中同一数据。

为此，DBMS 还必须提供以下几方面的数据控制功能：

（1）数据的安全性（Security）保护。数据的安全性是指保护数据以防止不合法的使用造成的数据的泄密和破坏，使每个用户只能按规定对某些数据以某些方式进行使用和处理。

（2）数据的完整性（Integrity）检查。数据的完整性指数据的正确性、有效性和相容性。完整性检查将数据控制在有效的范围内，或保证数据之间满足一定的关系。

（3）并发（Concurrency）控制。当多个用户的并发进程同时存取、修改数据库时，可能会发生相互干扰而得到错误的结果或使得数据库的完整性遭到破坏，因此必须对多用户的并发操作加以控制和协调。

（4）数据库恢复（Recovery）。计算机系统的硬件故障、软件故障、操作员的失误以及故意的破坏也会影响数据库中数据的正确性，甚至造成数据库部分或全部数据的丢失。DBMS 必须具有将数据库从错误状态恢复到某一已知的正确状态（亦称为完整状态或一致状态）的功能，这就是数据库的恢复功能。

数据库管理阶段应用程序与数据库之间的对应关系如图 1-2 所示。

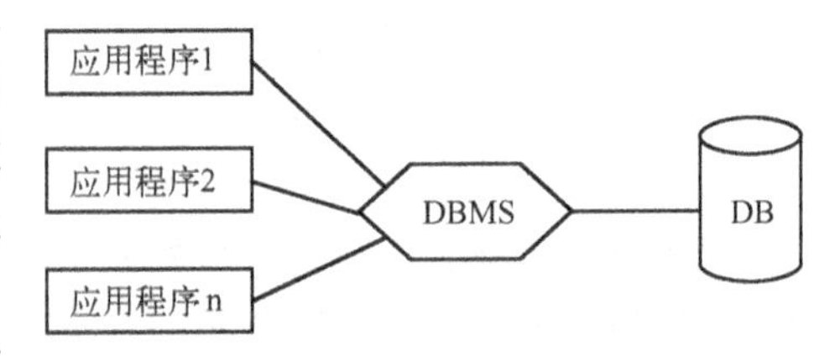

图 1-2　应用程序与数据库之间的关系

数据库是长期存储在计算机内有组织的、大量的、共享的数据集合。它可以供各种用户共享，具有最小冗余度和较高的数据独立性。DBMS 在数据库建立、运用和维护时对数据库进行统一控制，以保证数据的完整性、安全性，并在多用户同时使用数据库时进行并发控制，在发生故障后对系统进行恢复。

数据库系统的出现使信息系统从以加工数据的程序为中心转向围绕共享的数据库为中心的新阶段。这样既便于数据的集中管理，又有利于应用程序的研制和维护，提高了数据的利用率和相容性，也提高了决策的可靠性。

目前，数据库已经成为现代信息系统的不可分离的重要组成部分，已经普遍存在于科学技术、工业、农业、商业、服务业和政府部门的信息系统。

1.2　E-R 概念模型

模型，特别是具体的实物模型，人们并不陌生。例如，一张地图、一组建筑设计沙盘、一架精致的航模飞机，都是具体的模型。一眼望去，就会使人联想到真实生活中的事物。模型是现实世界特征的模拟和抽象。数据模型也是一种模型，它是对现实世界数据特征的抽象，是对客观事物及其联系的数据描述，是对现实世界（存在于人脑之外的客观世界）的模拟。在数据库中用数据模型来抽象、表示和处理现实世界中的数据和信息。

数据模型主要可分为 3 种类型：概念模型、逻辑模型和物理模型。概念模型是按用户的观点来对数据和信息建模，主要用于数据库设计；逻辑模型是按计算机系统的观点对数据建模，主要用于 DBMS 的实现；物理模型是对数据最底层的抽象，它描述数据在磁盘上的存储方式和存取方法。

要将现实世界转变为机器能够识别的形式，必须经过两次抽象，即使用某种概念模型为客观事物建立概念级的模型，将现实世界抽象为信息世界，然后再把概念模型转变为计算机上某一 DBMS 支持的逻辑模型，将信息世界转变为机器世界，如图 1-3 所示。

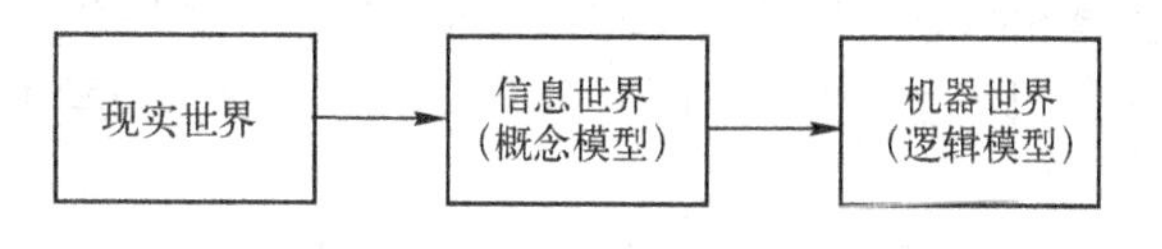

图 1-3　数据的转换

概念模型用于信息世界的建模，是现实世界到信息世界的第一层抽象，是数据库设计人员进行数据库设计的有力工具，也是数据库设计人员和用户之间进行交流的语言。因此，概念模型一方面应该具有较强的语义表达能力，能够方便、直接地表达应用中的各种语义知识，另一方面它还应该简单、清晰、易于用户理解。

概念模型的表示方法很多，其中最为著名、最为常用的是 P.P.S.Chen 于 1976 年提出的实体—联系方法（Entity-Relationship Approach）。该方法用 E-R 图来描述现实世界的概念模型，E-R 方法也称为 E-R 概念模型。下面介绍 E-R 概念模型中涉及的主要概念以及 E-R 图的绘制方法。

1.2.1　实体（Entity）

客观存在并可以相互区分的事物叫实体。从具体的人、物、事件到抽象的状态与概念，都可以用实体抽象表示。例如，在学校里，一个学生、一个教师、一门课程都可称为实体。同类的多个实体可以构成实体集，如多个学生实体可构成学生实体集。在不引起混淆的情况下，本书有时用实体来表示实体集的概念。

1.2.2　属性（Attribute）

属性是实体所具有的某些特性，通过属性对实体进行刻画，实体是由属性组成的。一个实体本身具有许多属性，能够唯一标识实体的属性称为该实体的码，例如，学号是学生实体的码，每个学生都有一个属于自己的学号，通过学号可以唯一确定是哪位学生，在一个学校里，不可能有两个学生具有相同的学号。实体由哪些属性组成取决于人们所关心的内容，例如，高校学生实体可由学号、姓名、年龄、性别、系和专业等组成。2012130143、马力华、19、男、计算机系、信息安全，这些属性组合起来表示了马力华这个学生。

1.2.3　联系（Relationship）

现实世界的事物之间是有联系的，这些联系必然要在信息世界加以反映。例如，教师实体与学生实体之间存在着教和学的联系。实体之间的联系可分为以下 3 类。

1．一对一联系（1:1）

设有两个实体集 A 和 B。如果 A 中至多有一个实体与 B 中的一个实体有联系，而且 B 中至多有一个实体与 A 中的一个实体有联系，则称 A 和 B 之间存在一对一联系，记作 1:1。例如，看电影时，观众和座位之间就是一对一的联系，因为一个人只能坐一个座位，一个座位只能由一个人来坐。

2．一对多联系（1:n）

设有两个实体集 A 和 B。如果 A 中的一个实体与 B 中的若干实体有联系，但 B 中每个实体只与 A 中的一个实体相联系，则称 A 和 B 之间存在一对多联系，记作 1:n。例如，班级与学生之间是一对多联系，因为一个班中可以有若干学生，但一个学生只能属于一个班。

3．多对多联系（m:n）

设有两个实体集 A 和 B。如果 A 中的一个实体与 B 中的若干实体相联系，而且 B 中每个实体也与 A 中的多个实体相联系，则称 A 和 B 之间存在多对多联系，记作 m:n。例如，学生与课程之间是多对多联系，因为一个学生可以选修若干课程，一门课程可以被若干学生选修。

【课堂练习 1】判断下列实体间的联系类型。

（1）班级与班长（正）；（2）班级与班委；（3）班级与学生；（4）供应商和商品；

（5）商店和顾客；　　（6）工厂和产品；（7）出版社和作者；（8）商品和超市。

1.2.4　E-R 图的绘制

实体联系图（E-R 图）是抽象描述现实世界的有力工具。它通过画图将实体以及实体间的联系刻画出来，为客观事物建立概念模型。下面以某学校计算机系的教学管理系统为例，说明实体联系图的建立方法。

第一步：确定现实系统可能包含的实体。

为了简单起见，假设该教学管理系统所涉及的实体有教师、学生、课程。

第二步：确定每个实体的属性，特别要注明每个实体的码。

本例教学管理系统的实体包含的属性和码如下：

（1）对教师实体，属性有教师号、姓名、性别、年龄、职称、专业，其中教师号是码。

（2）对学生实体，属性有学号、姓名、性别、年龄、籍贯、专业，其中学号是码。

（3）对课程实体，属性有课程号、课程名、学时数、学分、教材，其中课程号是码。

第三步：确定实体之间可能有的联系，并结合实际情况给每个联系命名。

本例教学管理系统的实体之间存在如下联系：

（1）一个教师可以讲授多门课程，一门课程可以被多位教师讲授，这里将教师与课程之间的联系命名为讲授。

（2）一个学生可以选修多门课程，一门课程可以被多位学生选修。这里将学生与课程之间的联系命名为选修。

（3）在某个时间和地点，一位教师可指导多位学生，但每个学生在某个时间和地点只能被一位教师指导。这里把教师和学生之间的联系命名为指导。

在对联系命名时，一般用动词，当用该动词连接两边的实体时，通常能表达一个符合逻辑的比较完整的意思。例如，用动词“讲授”为教师与课程的联系命名，并且教师“讲授”课程是一个符合逻辑的完整句子。这也是判断实体之间是否有联系和对联系命名是否恰当的简单标准。

第四步：确定每个联系的种类和可能有的属性。有时，为了更好地刻画联系的某些特性，需要对联系指定属性。

根据教学管理系统的实体间联系情况，可以确定教师和课程之间的讲授联系是 m:n 联系；学生和课程之间的选修联系是 m:n 联系，为了更好地刻画选修的结果，为选修联系指定成绩属性；教师和学生之间的指导联系是 1:n 联系，为了更好地刻画指导的环境因素，为指导联系指定时间和地点属性。

第五步：画 E-R 图，建立概念模型，完成现实世界到信息世界的第一次抽象。

在 E-R 图中规定：

（1）用长方形表示实体，在框内写上实体名。

（2）用椭圆形表示实体的属性，并用下画线标注实体的码，用无向边把实体与其属性连接起来。

例如，教师、学生、课程 3 个实体及属性可以表示成如图 1-4 所示的形式。

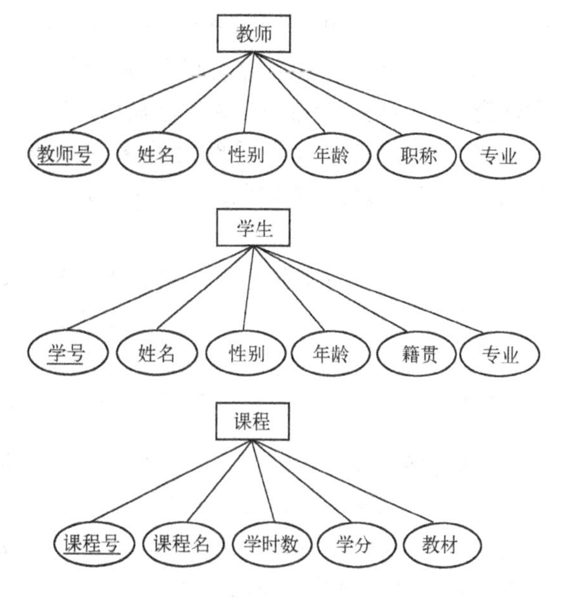

图 1-4　E-R 模型中实体及属性的表示

（3）用菱形表示实体之间的联系，菱形内写上联系名。用无向边把菱形与有关的实体连接，在无向边旁标上联系的类型。若实体之间的联系也有属性（实体以外的属性），则把属性和菱形也用无向边连接起来。

例如，图 1-5 是教学管理的 E-R 模型。

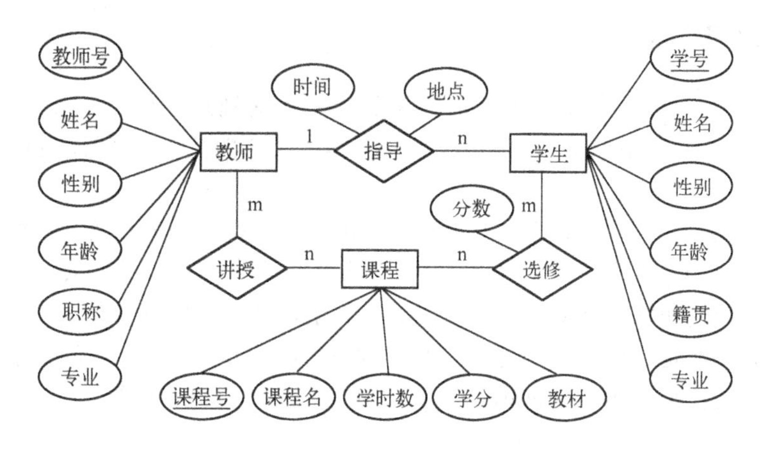

图 1-5　教学管理 E-R 图

（4）为了使 E-R 图更清楚明了，如果实体的属性太多，可以在 E-R 图中只画出实体之间的联系，如图 1-6 所示，而将实体及属性在另一幅图中表示，如图 1-4 所示。这样，教学管理的 E-R 图则由图 1-4 和 1-6 组成。

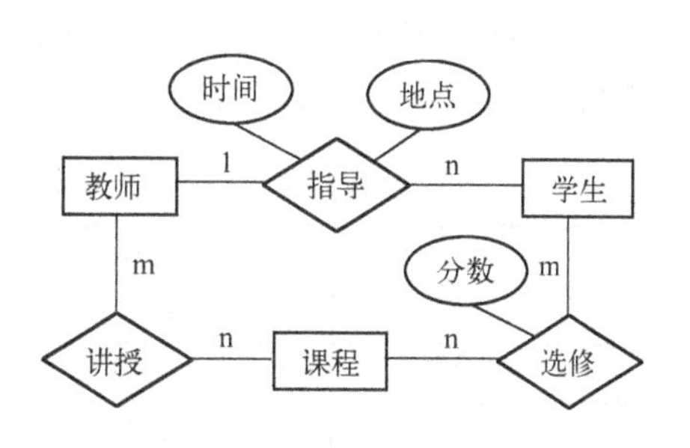

图 1-6　实体联系 E-R 图

在建立实体联系模型时，应注意以下几个问题：

（1）实体联系模型要全面正确地刻画客观事物，各类命名要清楚明了，易于理解。

（2）实体中码的选择应注意确保唯一性，即作为码的属性确实应该是那些能够唯一识别实体的属性。不一定必须是单个属性，也可以是某几个属性的组合。

（3）实体间的联系常常通过实体中某些属性的关系来表达，因此在选择组成实体的属性时，应考虑到如何更好地实现实体间的联系。

（4）有些属性是通过实体间的联系反映出来的，如选修中的分数属性，对这些属性应特别注意，因为它们经常是在将概念模型向逻辑模型转换时的重要数据项。

（5）前面给出的教学管理例子中，联系都是存在于两个实体之间，且实体之间只存在一种联系，这是最简单的情况。实际中，联系可能存在于多个实体之间，实体之间可能有多种联系。

（6）E-R 模型具有客观性和主观性两重含义。E-R 模型是在客观事物或系统的基础上形成的，在某种程度上反映了客观现实，反映了用户的需求，因此 E-R 模型具有客观性。但 E-R 模型又不等同于客观事物的本身，它往往反映事物的某一方面，至于选取哪个方面或哪些属性，如何表达则决定于观察者本身的目的与状态，从这个意义上说，E-R 模型又具有主观性。

【课堂练习 2】 设有商店和顾客两个实体。“商店”有属性：商店编号、商店名、地址、电话。“顾客”有属性：顾客编号、姓名、地址、年龄、性别。假设一个商店有多个顾客购物，一个顾客可以到多个商店购物，顾客每一次去商店购物有一个消费金额和日期。试画 E-R 图，并注明属性和联系类型。

1.3 关系数据模型

逻辑模型是按计算机系统的观点对数据建模，是对数据逻辑结构的描述，主要用于 DBMS 的实现。当前，主要的逻辑模型有关系模型、层次模型、网状模型和面向对象模型 4 种。

用二维表格结构表示实体以及实体之间联系的逻辑模型称为关系数据模型。关系数据模型在用户看来是一个二维表格，它概念单一，容易为初学者接受。关系数据模型以关系数学为理论基础，操作对象和操作结果都是二维表。关系数据模型是由数据库技术的奠基人之一 E.F.Codd 于 1970 年提出的。自 20 世纪 80 年代以来，计算机厂商推出的数据库管理系统几乎都支持关系数据模型，如 FoxBase、FoxPro、SQL-Sever 和 Oracle 等。

1.3.1 关系数据模型的基本概念

下面以表 1-2 描述学生信息的学生表和支持关系数据模型的 SQL Server 2012 为例，说明关系数据模型的基本概念。

表 1-2 学生表

学号	姓名	性别	年龄	系编号
03001	马力刚	男	21	01
03102	王萍华	女	20	02
03223	王平	男	21	03

1．关系（Relation）

一个关系就是一张二维表，每个关系都有一个关系名，即每个表都有一个表名。例如，表 1-2 所示的表的名称为学生表。

2．元组（Tuple）

二维表中的行称为元组，每一行是一个元组，元组对应存储文件中的一个记录。例如，学生表中包括 3 个元组。

3．属性和属性值（Attribute and Attribute Value）

二维表的列称为属性，每一列有一个属性名，且各属性不能重名。属性值是属性的具体值，属性对应存储文件中的一个字段。例如，学生表包括 5 个属性，属性名分别是学号、姓名、性别、年龄和系编号，其中的 03001、马力刚、男、21、01 是属性值。

4．域（Domain）

属性的取值范围称为域。例如，学生表中性别的取值范围只能是男和女。

5．关系模式（Relation Mode）

对关系的信息结构及语义限制的描述称为关系模式，用关系名和包含的属性名的集合以及关系的主键等表示。例如，学生表的关系模式：学生（学号，姓名，性别，年龄，系编号），其中学号是主键。

注意，关系模式和关系是彼此密切相关但又有区别的两个概念。关系模式是对关系结构的定义，是对关系“型”的描述。关系是二维表格，是对“型”和“值”的综合描述，“值”是指关系中的具体数据。一般说来，关系的“型”是相对稳定、不随时间变化的。而关系的“值”是随时间动态变化和不断更新的。例如，在学生表中，由于学生的入学、退学和毕业等原因，学生关系中的数据是经常变化的，但其结构以及对数据的限制是不会改变的。

6．键（Key）

键又称关键字或者码，由一个或几个属性组成，在实际使用中，有下列两种键。

候选键（Candidate Key）：如果在一个关系中，存在多个属性（或属性组合）都能用来唯一标识该关系中的元组，这些属性（或属性组合）都称为该关系的候选键。例如，在学生表中，如果没有重名的元组，则学号和姓名都是学生表的候选键。一般情况，如不加说明，则键就是指候选键。

主键（Primary Key）：用户选定的标识元组的一个候选键称为主键。例如，如果选择学号作为学生表中元组的标识，那么就称学号为主键。如果一个关系只有一个候选键，则该候选键即为主键。主键的值不能为空，即主键的值为空的元组是不允许存在的。

7．非主属性或非键属性（Non Primary Key）

在一个关系中，不组成键的属性称为该关系的非主属性或非键属性。例如，学生表中的性别、年龄和系编号是非主属性。

8．外键（Foreign Key）

一个关系的某个属性（或属性组合）虽不是该关系的键或只是键的一部分，但却是另一个关系的键，则称这样的属性为该关系的外键。外键是表与表联系的纽带。

例如，学生表中的系编号不是学生表的键，但它却是表 1-3 系表的键，因此系编号是学生表的外键。通过系编号可以使学生表与系表建立联系。

表 1-3　系表

系编号	系名	系主任	办公室	电话
01	计算机	龚小勇	205	6003
02	通信	谭中华	207	6025
03	电子	袁　勇	210	6018

9．主表和从表

主表和从表是指通过外键相关联的两个表。以外键作为键的表称为主表，外键所在的表称为从表。例如，系表是主表，学生表是从表。

尽管关系与二维表格类似，但它们又有重要的区别。我们不能把日常手工管理所用的各种表格，按照一张表一个关系直接存放到数据库里。关系数据库要求其中的关系必须是规范化的，即必须满足以下条件：

（1）每一个关系仅有一种记录类型，即只有一种关系模式。

（2）关系中的每个属性是不可分解的，即不能表中套表。例如，手工制表中，经常出现表 1-4 的复合表，这种表格不是二维表，不能直接作为关系，应对其进行调整。对于该复合表，只要把应发工资和应扣工资两个表项去掉就可以了。

表 1-4　复合表

<table>
<tr><th rowspan="2">姓名</th><th rowspan="2">职称</th><th colspan="2">应发工资</th><th colspan="2">应扣工资</th><th rowspan="2">实发工资</th></tr>
<tr><th>基本工资</th><th>资金</th><th>房租</th><th>水电</th></tr>
<tr><td></td><td></td><td></td><td></td><td></td><td></td><td></td></tr>
</table>

（3）在同一个关系中，不能出现相同的属性名。

（4）在同一个关系中，不能出现完全相同的行。

（5）在一个关系中，元组的位置无关紧要。任意交换两行的位置并不影响数据的实际含义，即所谓排行不分先后。

（6）在一个关系中，列的次序无关紧要。任意交换两列的位置并不影响数据的实际含义。

1.3.2　E-R 图转化为关系数据模型

将 E-R 图转化为关系数据模型，一般应遵从以下原则。

1．每个实体转换为一个关系

（1）实体的属性就是关系的属性。

（2）实体的码作为关系的键。

2．每个联系也转换成一个关系

（1）与关系相连的，各个实体的码、联系的属性转换成关系的属性。

（2）关系的键如下：

① 对于 1:1 的联系，每个实体的码均是该联系关系的候选键。

② 对于 1:n 的联系，关系的键是 N 端实体的码。

③ 对于 m:n 的联系，关系的键是诸实体码的组合。

3. 有相同键的关系可以合并

根据以上原则，可将图 1-5 教学管理 E-R 模型转换成以下的关系表，为了简便起见，这里假设有 3 位教师、5 名学生和 2 门课程。

（1）将教师实体转化为教师表（主键为教师号），见表 1-5。

表 1-5 教师表

教师号	姓名	性别	年龄	职称	专业
0001	孙学东	男	30	讲师	计算机软件
0002	唐乾林	男	32	讲师	计算机网络
0003	王静	女	34	副教授	电子商务

（2）将学生实体转化为学生表（主键为学号），见表 1-6。

表 1-6 学生表

学号	姓名	性别	年龄	籍贯	专业
03001	马力刚	男	21	重庆	计算机软件
03102	王萍华	女	20	四川	计算机网络
03223	王平	男	21	北京	计算机安全
03103	张华	男	22	上海	计算机网络
03301	李萍	女	19	广州	电子商务

（3）将课程实体转化为课程表（主键为课程号），见表 1-7。

表 1-7 课程表

课程号	课程名	学时数	学分	教材
J1	C 语言程序设计	60	4	清华大学出版社
J2	数据结构	50	3	高等教育出版社

（4）将选修联系转化为选修表（主键为学号+课程号，外键为学号、课程号），见表 1-8。

（5）将讲授联系转化为讲授表（主键为教师号+课程号，外键为教师号、课程号），见表 1-9。

表 1-8 选修表

学号	课程号	成绩
03001	J1	89
03102	J2	85
03223	J1	72
03103	J2	64
03301	J1	97
03001	J2	90
03102	J1	81

表 1-9 讲授表

教师号	课程号
0001	J1
0001	J2
0002	J1
0002	J2
0003	J1

（6）将指导联系转化为指导表（主键为学号，外键为教师号），见表 1-10。

表 1-10 指导表

学号	教师号	时间	地点
03001	0001	星期一	201
03102	0001	星期二	201
03223	0002	星期三	302
03103	0002	星期四	405
03301	0003	星期五	405

在将 E-R 图转化为关系数据模型时，如果没有具体数据，可用关系模式来代替关系表。因此，教学管理系统的关系数据模型也可以用以下关系模式来描述。

教师表（教师号，姓名，性别，年龄，职称，专业）主键：教师号

学生表（学号，姓名，性别，年龄，籍贯，专业）主键：学号

课程表（课程号，课程名，学时数，学分，教材）主键：课程号

选修表（学号，课程号，成绩）主键：学号+课程号

外键：学号、课程号

讲授表（教师号，课程号）主键：教师号+课程号

外键：教师号、课程号

指导表（学号，教师号，时间，地点）主键：学号

外键：教师号

说明：学生表和指导表可以根据实际情况进行合并。

通过将 E-R 图转化为关系数据模型，实现了信息世界到机器世界的第二次抽象。

【课堂练习 3】 某个企业集团有若干工厂，每个工厂生产多种产品，且每一种产品可以在多个工厂生产，每个工厂按照固定的计划数量生产产品；每个工厂聘用多名职工，且每名职工只能在一个工厂工作，工厂聘用职工有聘用期和工资。工厂的属性有工厂编号、厂名、地址，产品属性有产品编号、产品名、规格，职工的属性有职工号、姓名。

（1）根据上述语义画出 E-R 图。

（2）将 E-R 模型转换成关系模型，并指出每个关系模式的主键和外键。

1.4 基本关系运算

关系数据库建立在关系模型基础之上，具有严格的数学理论基础。关系数据库对数据的操作除了包括集合代数的并、差等运算之外，更定义了一组专门的关系运算：连接、选择和投影。关系运算的特点是运算的对象和结果都是表。

1.4.1 选择

选择是单目运算，其运算对象是一个表。该运算按给定的条件，从表中选出满足条件的行形成一个新表，作为运算结果。

选择运算的记号为 $\delta_F(R)$。其中 δ 是选择运算符，下标 F 是一个条件表达式，R 是被操作的表。

若学生情况表如表 1-11 所示。

表 1-11　学生情况表

学号	姓名	性别	平均成绩
200301	王敏	女	74
200305	李小琳	男	87
200320	胡小平	女	90

若要在学生情况表中找出性别为“女”且平均成绩在 80 分以上的行形成一个新表，则运算式为：δ_F（学生情况表），其中 F 为性别=“女”∧平均成绩≥80。该选择运算的结果如表 1-12 所示。

表 1-12　选择运算的结果

学号	姓名	性别	平均成绩
200320	胡小平	女	90

1.4.2　投影

投影也是单目运算，该运算从表中选出指定的属性值组成一个新表，记为：$\prod_A$（R）。其中 A 是属性名（即列名），R 是表名。

若在表 1-11 的学生情况表中对“姓名”和“平均成绩”投影，运算式为：$\prod_{姓名,平均成绩}$（学生情况表）。该运算将得到表 1-13 所示的表。

表 1-13　投影运算结果

姓名	平均成绩
王敏	74
李小琳	87
胡小平	90

表的选择和投影运算分别从行和列两个方向上分割一个表，而下面要讨论的连接运算则是对两个表的操作。

1.4.3　连接

1. 交叉连接

交叉连接又称笛卡尔连接，设表 R 和 S 的属性个数分别为 r 和 s，元组个数分别为 m 和 n，则 R 和 S 的交叉连接是一个有 r+s 个属性，m×n 个元组的表，且每个元组的前 r 个属性来自 R 的一个元组，后 s 个属性来自 S 的一个元组，记为 R×S。

若已知 A 表和 B 表，则 A×B 的结果如图 1-7 所示。

A

A1	A2
1	4
2	0
3	5

B

B1	B2	B3
1	3	7
2	5	8

A×B

A1	A2	B1	B2	B3
1	4	1	3	7
1	4	2	5	8
2	0	1	3	7
2	0	2	5	8
3	5	1	3	7
3	5	2	5	8

图 1-7　交叉连接示例

2. 内连接

（1）条件连接

条件连接是把两个表中的行按照给定的条件进行拼接而形成的新表，结果列为参与连接的两个表的所有列，记为$R\infty_F S$。其中R、S是被操作的表，F是条件。

若已知A表和B表，则$A\infty_F B$的结果如图1-8所示，其中条件为T1≥T3。

A

T1	T2
1	A
0	F
2	B

B

T3	T4	T5
1	3	M
2	0	N

$A\infty_F B$

T1	T2	T3	T4	T5
1	A	1	3	M
2	B	1	3	M
2	B	2	0	N

图1-8　条件连接示例

（2）自然连接

数据库应用中最常用的是“自然连接”。进行自然连接运算要求两个表有共同属性（列）。自然连接运算的结果表是在参与操作的两个表的共同属性上进行等值条件连接后，再去除重复的属性后所得的新表。自然连接运算记为：R∞S，其中R和S是参与运算的两个表。

已知A表和B表，则R∞S的结果如图1-9所示。

A

T1	T2	T3
10	A1	B1
5	A1	C2
20	D2	C2

B

T1	T4	T5	T6
1	100	A1	D1
100	2	B2	C1
20	0	A2	D1
5	10	A2	C2

A∞B

T1	T2	T3	T4	T5	T6
5	A1	C2	10	A2	C2
20	D2	C2	0	A2	D1

图1-9　自然连接示例

3. 外连接

在关系R和S上作自然连接时，我们选择两个关系在公共属性上值相等的元组构成新关系的元组。此时，关系R中某些元组有可能在S中不存在公共属性上值相等的元组，造成R中这些元组的值在操作时被舍弃。由于同样的原因，S中某些元组也有可能被舍弃。如果R和S在作自然连接时，把原该舍弃的元组也保留在新关系中，同时在这些元组新增加的属性中填上空值（NULL），这种操作称为“外连接”操作。

（1）左外连接

左外连接就是在查询结果集中显示左边表中所有的记录，以及右边表中符合条件的记录。

（2）右外连接

右外连接就是在查询结果集中显示右边表中所有的记录，以及左边表中符合条件的记录。

（3）全外连接

全外连接就是在查询结果集中显示左右表中所有的记录，包括符合条件的和不符合条件的记录。

外连接示例如图1-10所示。

R

A	B	C
a	b	c
b	b	f
c	a	d

S

B	C	D
b	c	d
b	c	e
a	d	b
e	f	g

R与S自然连接

A	B	C	D
a	b	c	d
a	b	c	e
c	a	d	b

R与S全外连接

A	B	C	D
a	b	c	d
a	b	c	e
c	a	d	b
b	b	f	null
null	e	f	g

R与S左外连接

A	B	C	D
a	b	c	d
a	b	c	e
c	a	d	b
b	b	f	null

R与S右外连接

A	B	C	D
a	b	c	d
a	b	c	e
c	a	d	b
null	e	f	g

图1-10　外连接示例

1.5　关系的完整性规则

关系的完整性规则也可称为关系的约束条件，它是对关系的一些限制和规定。通过这些限制保证数据库中的数据合理、正确和一致。关系的完整性规则包括实体完整性、参照完整性和域完整性3个方面。

1.5.1　实体完整性

这条规则要求，在任何关系的任何一个元组中，主键的值不能为空值。

这条规定的现实意义是，关系模型对应的是现实世界的数据实体，而主键是实体唯一性的表现，没有主键就没有实体，所有主键不能是空值。这是实体存在的最基本的前提，所以称之为实体完整性。

1.5.2　参照完整性

参照完整性规则也可称为引用完整性规则。这条规则要求“不引用不存在的实体”，是对关系外键的规定，要求外键取值必须是客观存在的，即不允许在一个关系中引用另一个关系不存在的元组。

例如，前面给出的学生表和系表中，系编号是学生表的外键，也是系表的主键。根据参照完整性规则，要求学生表系编号的取值只能是以下两种情况：

① 取空值。表明该学生还未被分配到任何系。例如，某位学生还没有确定在哪个系，则该学生元组的系编号处可空着不写，待以后填写。注意空值不是0或空格。

② 若取非空值，则它必须是系表中系编号存在的值，即学生表系编号的值必须和系表系编号的值保持一致，因为一个学生不能属于一个不存在的系。

1.5.3　域完整性

由用户根据实际情况对数据库中数据的内容所作的规定称为域完整性规则，也称用户定义完整性规则。通过这些规则限制数据库只接受符合完整性约束条件的数据，不接受违反约束条件的数据，从而保证数据库的数据合理可靠。

例如，表中的性别数据只能是男和女。对年龄数据也应该有一定的限制，不能是任意值。

1.6 关系的规范化

在关系数据库中，对于同一个问题，选用不同关系模式集合作为数据库模式，其性能的优劣是大不相同的，某些数据库模式设计常常带来存储异常，这是不利于实际应用的。为了区分数据库模式的优劣，人们常常把关系模式分为各种不同等级的范式（Normal Form）。

在关系规范化中，通常将关系模式分为 5 个级别，即 5 种范式。满足最低条件的称为第一范式，简称 1NF。1NF 是关系模式应满足的最起码的条件。在第一范式基础上进一步满足一些要求的可升级为第二范式，其余依次类推。通常关系模式 R 是第 X 范式就写成 R∈XNF。

一个低一级范式的关系模式，通过分解可以转换为若干个高一级范式的关系模式，这种过程称为关系的规范化。关系的规范化主要目的是解决数据库中数据冗余、插入异常、删除异常和更新异常等数据存储问题。例如，关系模式 SCD（学号，姓名，课程名，成绩，教师名，教师职称）中，有多少学生学习了某门课程就必须重复输入多少次教师名和教师职称，因此存在数据冗余问题；如果要插入刘老师的个人信息，但刘老师未开课，会造成无法插入主键“学号+课程名”，因此存在插入异常问题；当要删除某门课程，如：课程名=“数据库技术”的元组时，会丢失相关任课教师的信息，因此存在删除异常；当要更改某个学生的姓名时，则必须搜索出包含该姓名的每个元组，并对其姓名逐一修改，这样修改量大，容易造成数据的不一致问题，因此存在更新异常。

关系规范化的基本方法是逐步消除关系模式中不合适的数据依赖，使关系模式达到某种程度的分离，也就是说，不要将若干事物混在一起，而要彼此分开，用一个关系表示一事或一物，所以，规范化的过程也被认为是“单一化”的过程。

规范化是以函数相关性理论为基础的，其中最重要的是函数（数据）依赖，定义如下：给定一个关系模式 R，有属性（或属性组）A 和 B，如果 R 中 B 的每个值都与 A 的唯一确定值对应，则称 B 函数依赖于 A，A 被称为决定因素。

1.6.1 第一范式（1NF）

设 R 是一个关系模式，如果 R 中的每个属性都是不可分解的，则称 R 是第一范式，记为 R∈1NF。

第一范式要求不能表中套表。它是关系模式最基本的要求，数据库模式中的所有关系模式必须是第一范式。关于第一范式这个问题，在前面曾经给过一个例子，这里再给出如表 1-14 所示选修关系 SC1，以此说明非第一范式的弊病。

该选修关系 SC1 不是 1NF，因为其课程名中包含了若干门课程，是可以分解为若干单门课程的。对于这样的关系模式，如果要修改某个学生的选课情况，就要涉及该学生原来的所有课程名，这是很不方便的。为了避免这样的问题，可以将选修关系 SC1 的课程名属性拆开，形成如表 1-15 所示 SC2 关系形式，显然，SC2∈1NF。

表 1-14　SC1

学号	课　程
200301	{数学分析、光学原理、普通物理}
200302	{数学分析、光学原理}

表 1-15　SC2

学　号	课　程
200301	数学分析
200301	光学原理
200301	普通物理
200302	数学分析
200302	光学原理

1.6.2　第二范式（2NF）

如果关系模式 R 是第一范式，且每个非键属性都完全依赖于键属性，则称 R 是第二范式，记为 R∈2NF。

部分函数依赖关系是造成插入异常的原因。在第二范式中，不存在非键属性对键属性的部分函数依赖关系，因此第二范式解决了插入异常问题。

例如，关系模式 SCD（学号，姓名，课程名，成绩，系名，系主任），它不是第二范式。因为该关系模式的键是学号+课程名，对于非键属性姓名和系名来说，它们只依赖于学号，而与课程名无关。解决的办法是将非第二范式的关系模式分解出若干个第二范式关系模式。分解的方法如下：

（1）把关系模式中对键完全函数依赖的非主属性与决定它们的键放在一个关系模式中；

（2）把对键部分函数依赖的非主属性和决定它们的主属性放在一个关系模式中；

（3）检查分解后的新模式，如果仍不是 2NF，则继续按照前面的方法进行分解，直到达到要求。

对于关系模式 SCD 来说，成绩属性完全函数依赖键学号+课程名，可将它们放在一个关系模式中。属性姓名、系名、系主任只依赖学号，可将它们放在另一个关系模式中。得到的分解结果如下：

学生和系关系模式：SD（学号，姓名，系名，系主任）

选修关系模式：SC（学号，课程名，成绩）

这两个关系模式都不存在部分函数依赖，它们都是第二范式。虽然消除了数据的插入异常，但仍然存在其他存储问题，关系模式 SD 包含了学生和系两方面的信息，该模式仍然存在问题，有待进一步分解。这就需要更高级别的范式。

1.6.3　第三范式（3NF）

如果关系模式 R 是第二范式，且没有一个非键属性传递依赖于键，则称 R 是第三范式，记为 R∈3NF。

传递函数依赖关系是造成删除异常的原因。第三范式消除了传递函数依赖，因此解决了数据的删除异常问题。

例如，关系模式 SD（学号，姓名，系名，系主任）是上例的分解结果，它仍然存在问题。该关系模式中存在着学号→系名，系名→系主任，即系主任传递依赖于学号，因此关系模式 SD 不是第三范式，它存在删除异常问题。解决的办法就是消除其中的传递依赖，将关系模式 SD 进一步分解为若干个独立的第三范式模式。分解的方法如下：

（1）把直接对键函数依赖的非主属性与决定它们的键放在一个关系模式中；

（2）把造成传递函数依赖的决定因素连同被它们决定的属性放在一个关系模式中；

（3）检查分解后的新模式，如果不是 3NF，则继续按照前面的方法进行分解，直到达到要求。

对于关系模式 SD 来说，姓名、系名直接依赖主属性学号，可将它们放在一个关系模式中。系名决定系主任，系名是造成传递函数依赖的决定因素，将它们放在另一个关系模式中。得到的分解结果如下：

学生关系模式：S（学号，姓名，系名）

系关系模式：D（系名，系主任）

可以看出，S 和 D 关系模式各自描述单一的现实事物，都不存在传递依赖关系，它们都是第三范式。

一个关系模式达到 3NF，基本解决了异常问题，但还不能彻底解决数据冗余问题。因为 3NF 不能很好地处理模型中含有多个候选键和候选键是组合项的情况，因此需要更高级别的范式。

【课堂练习 4】 假设某商业集团数据库中有 1 个关系模式 R（商店编号,商品编号,数量,部门编号,负责人），如果规定：每个商店的每种商品只在一个部门销售；每个商店的每个部门只有一个负责人；每个商店的每种商品只有一个库存数量。

（1）写出关系模式 R 的基本函数依赖集。

（2）找出关系模式 R 的候选码。

（3）关系模式 R 最高已经达到第几范式？为什么？

（4）如果 R 不属于 3NF，请将 R 分解成 3NF。

1.6.4 Boyce-Codd 范式（BCNF）

BCNF 范式也称为扩充的第三范式或增强第三范式。

如果关系模式 R 中的所有决定因素都是键，则称 R 是 BCNF 范式。BCNF 范式消除了关系中冗余的键，由 BCNF 范式的定义，可以得到以下结论：

① 所有非主属性对每个键完全函数依赖。

② 所有主属性对每个不包含它的键完全函数依赖。

③ 没有任何属性完全函数依赖于非键的任何一组属性。

可以证明，若 R 是 BCNF 范式，则肯定是 3NF。但若 R 是 3NF，则不一定是 BCNF 范式。

例如：学生关系模式 S（学号，姓名，系名）不仅是 3NF，还是 BCNF 范式。

分两种情况进行分析。一种情况假设姓名可以有重名，则学号是该模型唯一决定因素，它又是键，所以关系模式 S 是 BCNF 范式。另一种情况假设姓名没有重名，则学号、姓名都是候选键，且除候选键以外，该模型没有其他决定因素，所以关系模式 S 仍是 BCNF 范式。

例如：设有关系模式 STJ（学生，教师，课程），并有如下假设：

① 每位教师只教一门课程；

② 一门课程由多位教师讲授；

③ 对于每门课，每个学生的讲课教师只有一位。

关系模式 STJ 是 3NF，但不是 BCNF 范式。

分析如下：由语义可知，关系模式 STJ 具有的函数依赖：（学生，课程）→教师，教师

→课程，（学生，教师）→课程，如图 1-11 所示。

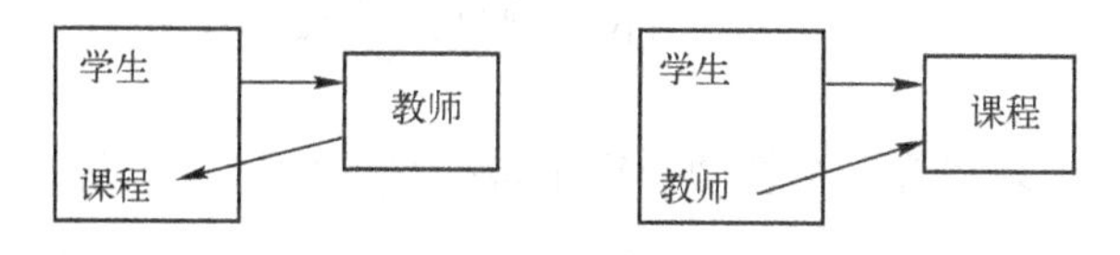

图 1-11　非 BCNF 实例

关系模式 STJ 有两个候选键（学生，课程）和（学生，教师），由于没有任何非主属性对键传递依赖或部分依赖，所以模式 STJ 是 3NF。但它不是 BCNF 范式，因为教师决定课程，教师是课程的决定因素，而教师这一单一属性不是键，因此，模式 STJ 不是 BCNF 范式。

可以将模式 STJ 分解两个关系模式，它们是 ST（学生，教师）和 TJ（教师，课程）。

将 3NF 分解为 BCNF 范式的方法如下：

① 在 3NF 关系模式中，去掉一些主属性，只保留主键，使它们只有唯一的候选键；

② 把去掉的主属性，分别同各自的非主属性组成新的关系模式；

③ 检查分解后的新模式，如果仍不是 BCNF，则继续按照前面的方法进行分解，直到达到要求。

在数据库设计中，以达到 3NF 作为主要目标。当然能够达到 BCNF 更好，但从理论上说，达到 BCNF 有时会破坏原来关系模式的一些固有特点。

例如，设有关系模式 R(U)，U 属性由属性 S、T 和 V 构成，存在的函数依赖有(S，T)→V，V→S。

可以验证，该模型是 3NF，但不是 BCNF。无论将 R 如何分解，将损失函数依赖(S，T)→V。

纵观 4 种范式，可以发现它们之间存在着如下的关系：

$$BCNF \subseteq 3NF \subseteq 2NF \subseteq 1NF$$

从范式所允许的函数依赖方面进行比较，它们之间有如图 1-12 所示的关系。

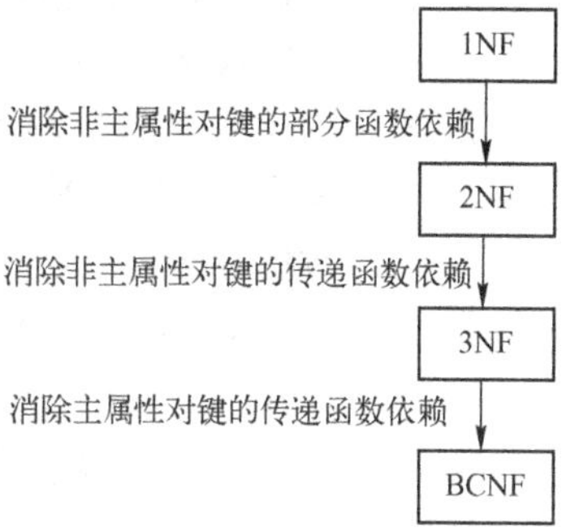

1NF
消除非主属性对键的部分函数依赖
2NF
消除非主属性对键的传递函数依赖
3NF
消除主属性对键的传递函数依赖
BCNF

图 1-12　4 种范式的比较

一般情况下，没有异常弊病的数据库设计是好的数据库设计，一个不好的关系模式也总是可以通过分解转换成好的关系模式的集合。但是在分解时要全面衡量，综合考虑，视实际情况而定。对于那些只要求查询而不要求插入、删除等操作的系统，几种异常现象的存在并不影响数据库的操作。这时便不宜过度分解，否则当要对整体查询时，需要更多的多表连接操作，这有可能得不偿失。

在实际应用中，最有价值的是 3NF 和 BCNF，在进行关系模式的设计时，通常分解到 3NF 就足够了。

【课后习题】

一、填空题

1．数据库系统各类用户对表的各种操作请求（数据定义、查询、更新及各种控制）都是由一个复杂的软件来完成的，这个软件叫作________。

2．DBMS（数据库管理系统）通常提供授权功能来控制不同的用户访问数据库中数据的权限，其目的是为了数据库的________。

3．在概念模型中，通常用实体联系图表示数据的结构，其 3 个主要的元素是______、______和______。

4．学校中有若干个系和若干个教师，每个教师只能属于一个系，一个系可以有多名教师，系与教师的联系类型是________。

5．数据库系统中所支持的主要逻辑数据模型有层次模型、关系模型、_________和面向对象的模型。

6．联系两个表的关键字称为______。

7．关系中主码的取值必须唯一且非空，这条规则是_________完整性规则。

8．关系模式是对关系结构的定义，是对关系_________的描述。

9．对于 1:1 的联系，_________均是该联系关系的候选键。

10．对于 1:n 的联系，关系的键是_________。

11．对于 m:n 的联系，关系的键是_________。

12．关系完整性约束包括________完整性、参照完整性和用户自定义完整性。

二、选择题

1．数据库管理技术的发展阶段不包括（　　）。

A．数据库系统管理阶段　　B．人工管理阶段

C．文件系统管理阶段　　D．操作系统管理阶段

2．数据处理进入数据库系统阶段，以下不是这一阶段的优点的是（　　）。

A．有很高的数据独立性　　B．数据不能共享

C．数据整体结构化　　D．有完备的数据控制功能

3．用于定义、撤销和修改数据库对象的语言是（　　）。

A．DDL　　B．DM　　C．DC　　D．DEL

4．数据库系统的出现使信息系统以（　　）为中心。

A．数据库　　B．用户　　C．软件　　D．硬件

5．在现实世界中，事物的一般特性在信息世界中称为（　　）。

A．实体　　B．实体键　　C．属性　　D．关系键

6．实体联系图（E-R 图）是（　　）。

A．现实世界到信息世界的抽象　　B．描述信息世界的数据模型

C．对现实世界的描述　　D．描述机器世界的数据模型

7．关系模型的数据结构是（　　）。

A 树　　B．图　　C．表　　D．二维表

8．关系 R 和 S 进行自然连接时，要求 R 和 S 含有一个或多个公共（　　）。

A．元组　　B．行　　C．记录　　D．属性

9．设属性 A 是关系 R 的主属性，则属性 A 不能取空值，这是（　　）。

A．实体完整性规则　　B．参照完整性规则

C．用户自定义完整性规则　　D．域完整性规则

三、简答题

1．什么是数据、数据库、数据库管理系统、数据库系统？

2．数据库系统有哪些特点？

3．数据库管理系统的主要功能有哪些？

4．在关系代数中，等值条件连接和自然连接的区别是什么？

5．试述关系模型的完整性规则。在参照完整性中，为什么外键属性的值也可以为空？什么情况下才可以为空？

6．什么是关系规范化？关系规范化的目的是什么？关系规范化的基本方法是什么？第一范式至 BCNF，它们之间的关系是什么？

四、计算题

1．已知：

R

A	B	C
1	2	3
4	5	6
7	8	9

S

D	E
3	1
6	2

M

C	D	E
3	5	8
9	8	0
3	6	9
6	7	8

N

B	C	D
2	3	9
5	6	0
2	7	3

（1）求 R 与 S 在 B<D 并且 A≥E 的条件下进行条件连接的结果。

（2）求 R 与 N 在 R.B=N.B 并且 R.C=N.C 的条件下进行条件连接的结果。

（3）求 R、N 进行自然连接的结果。

（4）求 R、M、N 进行自然连接的结果。

（5）求 R 与 N 进行全外连接、左外连接、右外连接的结果。

五、设计题

1．试给出 3 个实际情况的 E-R 图，要求实体之间具有一对一、一对多、多对多各种不同的联系。

2．学校中有若干系，每个系有若干班级和教研室，每个教研室有若干教师，每个班有若干学生，每个学生选修若干课程，每门课程可由若干学生选修。请用 E-R 图画出此学校的概念模型。

3．某商品销售公司有若干销售部门，每个销售部门有若干员工，销售多种商品，所有商品由一个厂家提供，设计该公司销售系统的 E-R 模型，并将其转换为关系模式。

4．设关系模式 SCT（学号，课程号，成绩，教师名，教师地址）。如果规定：每个学生每学一门课程只有一个成绩；每门课只有一个教师任教；每个教师只有一个地址（无同名教师）。

（1）写出关系模式 SCT 的基本函数依赖集。

（2）找出关系模式 SCT 的候选码。

（3）试把 SCT 分解成 2NF 模式集，并说明理由。

（4）试把 SCT 分解成 3NF 模式集，并说明理由。

【课外实践】

任务 1：通过 E-R 图设计能够表示出班级与学生关系的关系数据模型。

要求：

（1）确定班级实体和学生实体的属性和码。

（2）确定班级和学生之间的联系，给联系命名并指出联系的类型。
（3）确定联系本身的属性。
（4）画出班级与学生关系的 E-R 图。
（5）将 E-R 图转化为表，写出表的关系模式并标明各自的主键或外键。
任务 2：通过 E-R 图设计能够表示出顾客与商品关系的关系数据模型。
要求：
（1）确定顾客实体和商品实体的属性和码。
（2）确定顾客和商品之间的联系，给联系命名并指出联系的类型。
（3）确定联系本身的属性。
（4）画出顾客与商品关系的 E-R 图。
（5）将 E-R 图转化为表，写出表的关系模式并标明各自的主键或外键。
任务 3：通过 E-R 图设计能够表示出学校与校长关系的关系数据模型。
要求：
（1）确定学校实体和校长实体的属性和码。
（2）确定学校和校长之间的联系，给联系命名并指出联系的类型。
（3）确定联系本身的属性。
（4）画出学校与校长关系的 E-R 图。
（5）将 E-R 图转化为表，写出表的关系模式并标明各自的主键或外键。
任务 4：通过 E-R 图设计能够表示出房地产交易中客户、业务员和合同三者之间关系的关系数据模型。
要求：
（1）确定客户实体、业务员实体和合同实体的属性和码。
（2）确定客户、业务员和合同三者之间的相互联系，给联系命名并指出联系的类型。
（3）确定联系本身的属性。
（4）画出客户、业务员和合同三者关系的 E-R 图。
（5）将 E-R 图转化为表，写出表的关系模式并标明各自的主键或外键。
任务 5：确定表中的关键字。
已知部门表和员工表，分别如表 1-16 和表 1-17 所示。

表 1-16　部门表

部门代码	部门名	负责人	地点
0001	生产部	李华江	重庆荣昌县
0002	销售部	张丽	重庆渝中区
0003	市场部	王欣	重庆江北区

表 1-17　员工表

员工代码	姓名	家庭住址	联系电话	邮政编码	部门代码
200001	王华	重庆	67690986	401147	0001
200002	李想	成都	54387659	508763	0003
200003	张丽	上海	67893542	208761	0002
200004	李华江	重庆	76549873	400054	0001

要求：

（1）确定部门表和员工表中的候选键（单属性或组合属性），并陈述理由。

（2）在候选键中确定部门表和员工表的主键。

（3）确定部门表和员工表中的共有属性。

（4）指出哪个表中的哪个属性是外键。

（5）确定哪个表是主表，哪个表是从表。

（6）回答问题：部门表和员工表是如何通过关键字实施数据完整性的？

任务 6：规范化数据。

已知项目表 1、项目表 2、职员表和项目表 3，分别如表 1-18～表 1-21 所示。

表 1-18　项目表 1

项目代码	职员代码	部门	累计工作时间
P27 P51 P20	E101	系统集成部	90 101 60
P27 P22	E305	销售部	109 98
P51 P27	E508	行政办公室	NULL 72

表 11-19　项目表 2

项目代码	职员代码	部门	累计工作时间
P27	E101	系统集成部	90
P27	E305	财务部	10
P51	E508	行政办公室	NULL
P51	E101	系统集成部	101
P20	E101	系统集成部	60
P27	E508	行政办公室	72

表 1-20　职员表

职员代码	部门	部门负责人代码
E101	系统集成部	E901
E305	财务部	E909
E402	销售部	E909
E508	行政办公室	E908
E607	财务部	E909
E608	财务部	E909

表 1-21　项目表 3

项目代码	职员代码	职员姓名	累计工作时间
P2	E1	李华玉	48
P5	E2	陈家伟	100
P6	E3	张勤	15
P3	E4	谢成权	250
P5	E4	谢成权	75
P5	E1	李华玉	40

要求：

（1）判断项目表 1 是否满足第一范式的条件并说明理由。

（2）判断项目表 2 是否满足第二范式的条件并说明理由。

（3）判断职员表是否满足第三范式的条件并说明理由。

（4）判断项目表 3 是否满足 BCNF 的条件并说明理由。

（5）将项目表 1 转换成满足第一范式条件的表。

（6）将项目表 2 转换成满足第二范式条件的表。

（7）将职员表转换成满足第三范式条件的表。

（8）将项目表 3 转换成满足 BCNF 条件的表。

（9）回答问题：规范化数据带来的不利影响是什么？

第2章　SQL Server 2012基础

【学习目标】

- 掌握SQL Server 2012的安装方法
- 掌握SQL Server 2012的网络配置
- 掌握SQL Server 2012的实用工具

2.1　SQL Server 2012介绍

SQL Server 2012是微软推出的关系数据库解决方案，是面向中、大型企业的数据库平台。作为新一代的数据平台产品，SQL Server 2012在延续现有数据平台的强大能力基础上，针对大数据以及数据仓库，SQL Server 2012提供从数TB到数百TB全面端到端的解决方案，同时全面支持云技术与平台，能够快速构建相应的解决方案以实现私有云与公有云之间数据的扩展与应用的迁移。在业界领先的商业智能领域，SQL Server 2012提供了更多、更全面的功能以满足不同人群对数据以及信息的需求，包括支持来自于不同网络环境的数据的交互、全面的自助分析等创新功能。

SQL Server 2012包含企业版（Enterprise）、标准版（Standard）、开发者版（Developer）、Web版以及精简版（Express），另外新增了商业智能版（Business Intelligence）。各版本的主要特性如表2-1所示。

表2-1　SQL Server 2012各版本的特性比较

功　能	Enterprise	Business Intelligence	Standard	Web	Express	Developer
单个实例使用的最大计算能力（SQL Server数据库引擎）	操作系统支持的最大值	限制为4个插槽或16核，取二者中的较小值	限制为4个插槽或16核，取二者中的较小值	限制为4个插槽或16核，取二者中的较小值	限制为1个插槽或4核，取二者中的较小值	操作系统支持的最大值
单个实例使用的最大计算能力（Analysis Services、Reporting Services）	操作系统支持的最大值	操作系统支持的最大值	限制为4个插槽或16核，取二者中的较小值	限制为4个插槽或16核，取二者中的较小值	限制为1个插槽或4核，取二者中的较小值	操作系统支持的最大值
利用的最大内存（SQL Server数据库引擎）	操作系统支持的最大值	64 GB	64 GB	64 GB	1 GB	操作系统支持的最大值
利用的最大内存（Analysis Services）	操作系统支持的最大值	操作系统支持的最大值	64 GB	不适用	不适用	操作系统支持的最大值
利用的最大内存（Reporting Services）	操作系统支持的最大值	操作系统支持的最大值	64 GB	64 GB	4 GB	操作系统支持的最大值
最大关系数据库大小	524 PB	524 PB	524 PB	524 PB	10 GB	524 PB

2.2 SQL Server 2012 的安装

SQL Server 2012 的安装比较烦琐，下面将从安装前的准备和安装配置过程两个方面，带领读者在 Windows 7 系统下安装 SQL Server 2012。

2.2.1 安装前的准备

SQL Server 2012 的安装需要.Net Framework 3.5 SP1 的支持，在安装过程中，SQL Server 2012 会自动更新至.NET Framework 4.0。SQL Server 2012 本身并不安装或启用 Windows PowerShell 2.0，但对于数据库引擎组件和 SQL Server Management Studio 组件，Windows PowerShell 2.0 是一个安装必备组件，如果选择了这两个组件，安装程序会自动安装或启用 Windows PowerShell 2.0。如果安装程序安装时报告缺少 Windows PowerShell 2.0，则需按照 Windows 管理的说明安装或启用 Windows PowerShell 2.0。

SQL Server 2012 的安装还需要系统确保 Windows Installer 4.5 以上版本的软件环境，需要 MDAC 2.8 SP1 的支持（Windows XP 以上操作系统中已集成）。

2.2.2 安装配置过程

SQL Server 2012 的安装配置过程如下：

（1）运行 SQL Server 2012 安装目录下的 Setup.exe 程序，进入如图 2-1 所示的“SQL Server 安装中心”页面。该页面包括计划一个安装、设定安装方式（包括全新安装，从以前版本的 SQL Server 升级）以及用于维护 SQL Server 安装的许多其他选项。

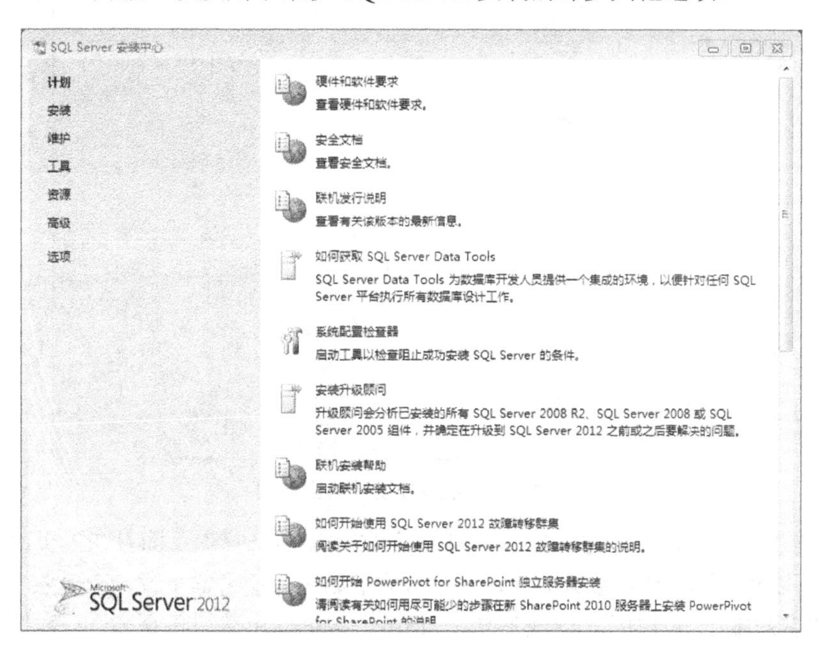

图 2-1 SQL Server 2012 安装中心

（2）单击左侧的“安装”选项，会出现如图 2-2 所示的页面。如果是在新的计算机上或第一次安装 SQL Server 2012，可以选择“全新 SQL Server 独立安装或向现有安装添加功能”选项，其后，安装程序将进行安装程序支持规则检测，如图 2-3 所示。

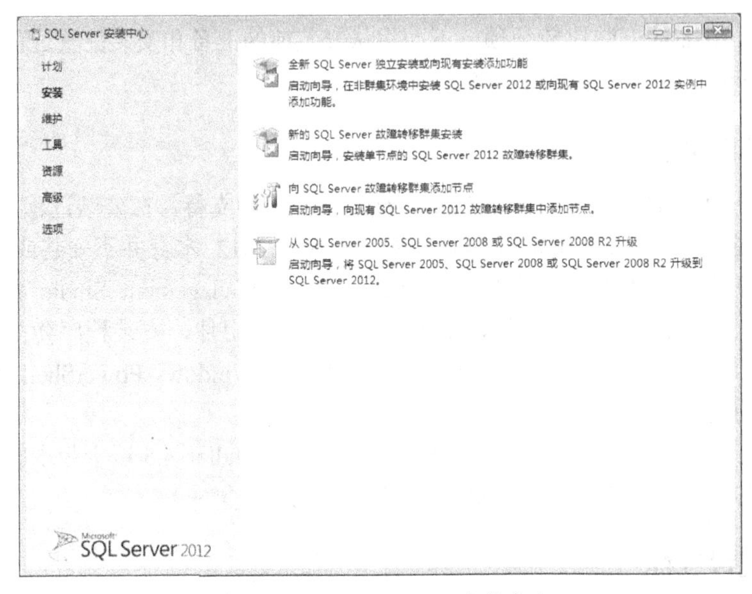

图 2-2　SQL Server 2012 安装中心

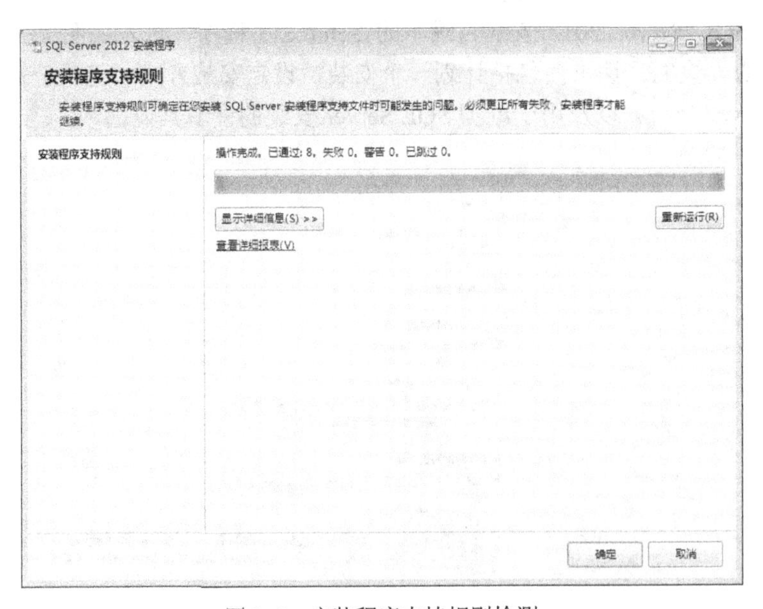

图 2-3　安装程序支持规则检测

（3）单击“确定”按钮，进入如图 2-4 所示的“功能选择”页面。在该页面中，选择要安装的功能可以按实际工作需要来制定，对于只安装数据库服务器来说，一般要安装“数据库引擎服务”“客户端工具连接”“管理工具”。其中，数据库引擎服务是 SQL 数据库的核心服务，Analysis 及 Reporting 服务可根据需要选择性地安装，这两个服务需要 IIS 的支持。

（4）单击“下一步”按钮，进入如图 2-5 所示的“实例配置”页面。用户可以直接选择“默认实例”进行安装，也可以选择“命名实例”进行安装。

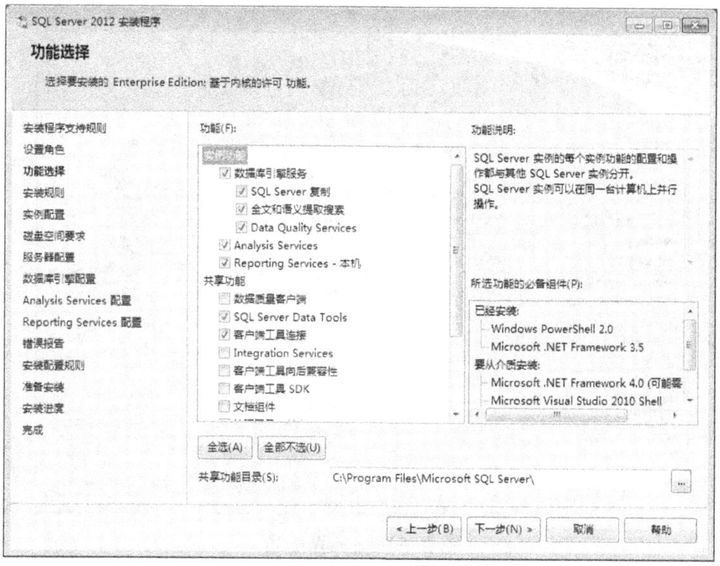

图 2-4　功能选择

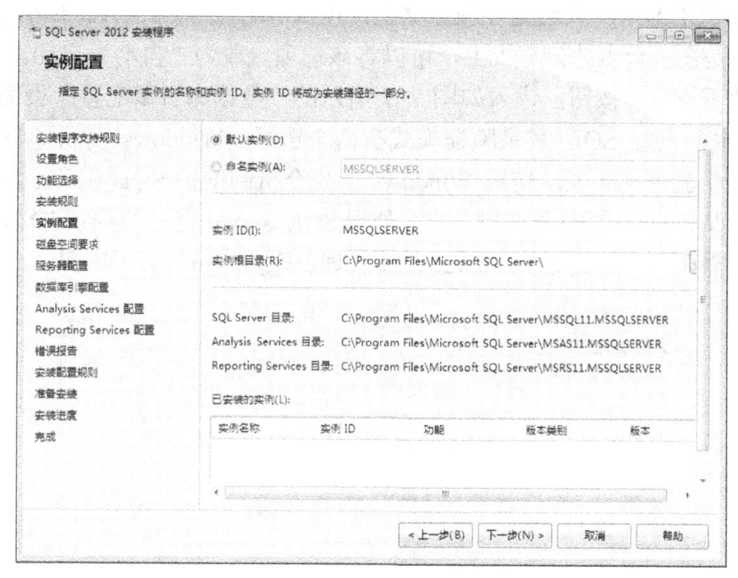

图 2-5　实例配置

如果一台计算机的功能强大，有足够的 CPU、内存资源，就可以多次安装 SQL Server，我们把每一次安装称为一个实例。不同的实例可以用作不同的目的，例如，一台计算机上安装了 3 个实例，一个实例可用于开发，一个实例可用于系统测试，另一个实例可用于用户测试。所以，每一个实例必须有一个唯一的名字，以示区分。一台计算机上最多只有一个默认实例名，也可以没有默认实例名，默认实例名与计算机名相同。

（5）单击“下一步”按钮，进入如图 2-6 所示的“服务器配置”页面。服务器配置主要用于配置服务账户的启动类型，服务的账户名推荐使用 NT AUTHORITY\SYSTEM 的系统账户，并指定服务账户的启动类型。

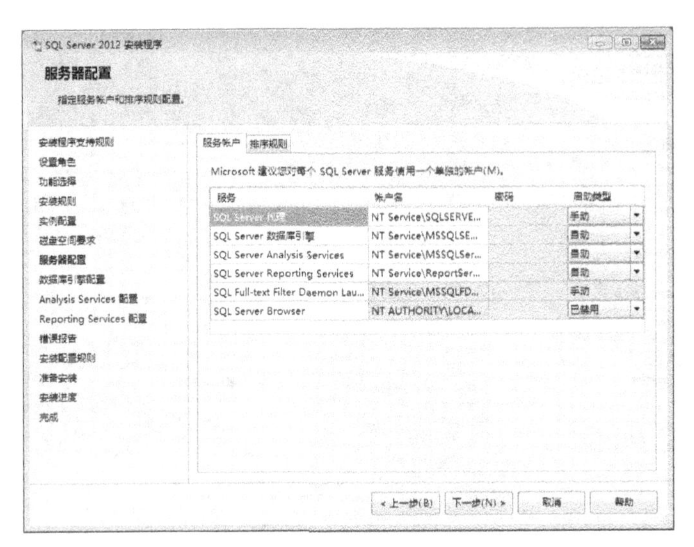

图 2-6　服务器配置

默认情况下，SQL Server Browser（即 SQL Server Management Studio 的另一个名字）是被禁用的。如果 SQL Server 安装是在服务器上，可以不用让 SQL Server Browser 运行。如果 SQL Server 安装是在一台本地计算机上，可以将该选项更改为“自动”启动。

（6）单击“下一步”按钮，进入如图 2-7 所示的“数据库引擎配置”页面。在该页面的“服务器配置”中，设置 SQL 登录验证模式有两个选择：Windows 身份验证模式和混合模式。Windows 身份验证模式表示使用 Windows 的安全机制维护 SQL Server 的登录；混合模式表示要么使用 Windows 的安全机制，要么使用 SQL Server 定义的登录 ID 和密码。如果使用混合模式，还需要为内置的 SQL Server 系统管理员账户（sa）设置密码。

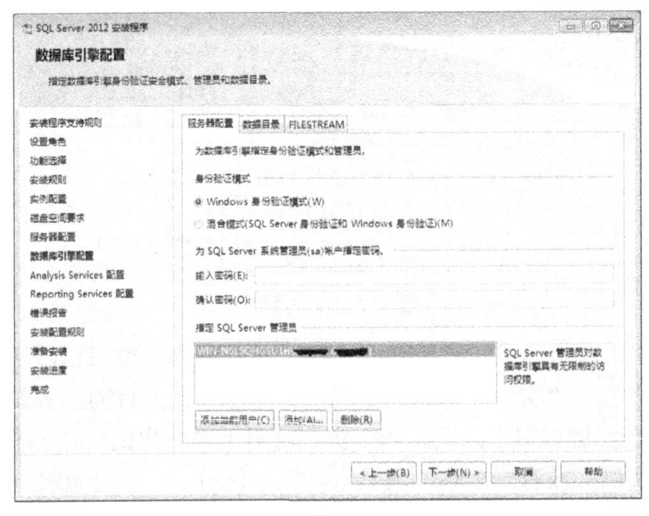

图 2-7　数据库引擎配置

提示：身份验证模式推荐使用混合模式。在安装过程中，SQL Server 2012 对内置的 SQL Server 系统管理员账户（sa）的密码强度要求相对比较高，需要由大小写字母、数字及符号组成，否则将不允许继续安装。

另外，还必须指定 SQL Server 管理员账户。这是一个特殊的账户，如果遇到 SQL Server 拒绝连接时，能够使用这个账户进行登录。在这里，我们单击了“添加当前用户”按钮，使登录到这台计算机上的当前账户（即本机的 Windows 系统管理账户 administrator）为管理员。当然也可以单击“添加”按钮，新建一个专门用于 SQL Server 管理的账户。

（7）单击“数据库引擎配置”页面中的“数据目录”选项卡，进入“数据目录”配置页面。在该页面中，用户可根据需要设置 SQL 各种类型数据文件的存储位置。如果没有选择，则存储在 SQL Server 的安装目录下。

（8）单击“下一步”按钮，进入如图 2-8 所示的“准备安装”页面。在该页面，安装程序汇总显示了各个安装选项。

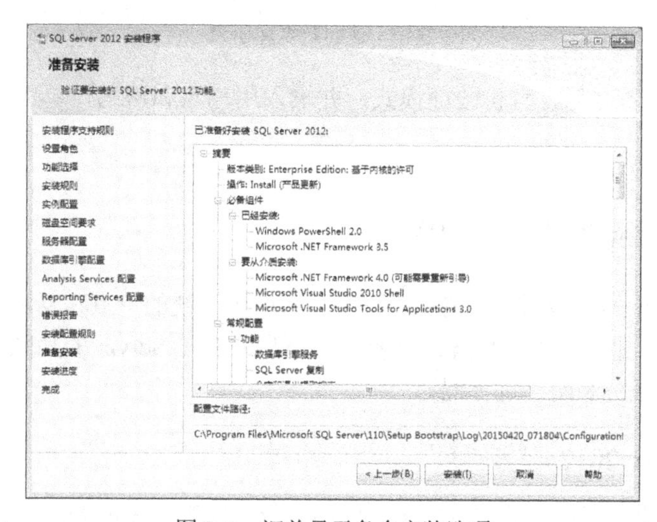

图 2-8　汇总显示各个安装选项

（9）单击“安装”按钮，系统将完成后续的安装，其安装完成情况如图 2-9 所示。

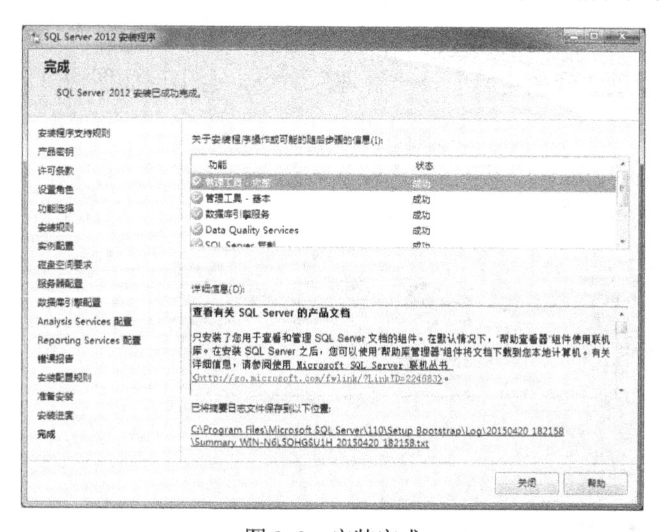

图 2-9　安装完成

（10）安装完成后，从“开始”菜单运行“SQL Server Management Studio”程序，会出现如图 2-10 所示的“连接到服务器”的界面。

图 2-10 连接数据库引擎

（11）选择服务器名称、身份验证模式，并输入用户名和密码，单击“连接”按钮即可连接数据引擎。

2.3 SQL Server 2012 的配置

完成 SQL Server 的安装后，还需要根据企业和应用系统的特点和要求，如管理、集成、服务、性能等内容，进行适当的配置，以便更充分发挥 SQL Server 的功能。本节主要介绍如何对 SQL Server 的服务和网络进行配置。

2.3.1 SQL Server 2012 服务管理

SQL Server 在服务器后台要运行许多不同的服务。完整安装的 SQL Server 包括多个方面的服务，其中一些服务可以使用 SQL Server 配置管理器或 Windows 系统中“计算机管理”工具来进行管理。

使用“计算机管理”工具查看 SQL Server 的服务的方法如下：

（1）右击桌面上的“我的电脑”→“管理”命令，会出现如图 2-11 所示的“计算机管理”窗口。

图 2-11 SQL Server 服务管理

（2）在该窗口中，可以通过“SQL Server 配置管理器”节点中的“SQL Server 服务”子节点查看到 Microsoft SQL Server 2012 系统的所有服务及其运行状态。

其中，列出了 Microsoft SQL Server 2012 系统的几个服务：

- SQL Server Integration Services，即集成服务；
- SQL Full-text Filter Daemon Launcher，即全文搜索服务；
- SQL Server，即数据库引擎服务；
- SQL Server Analysis Services，即分析服务；
- SQL Server Reporting Services，即报表服务；
- SQL Server Browser，即 SQL Server 浏览器服务；
- SQL Server 代理，即 SQL Server 代理服务。

另外，也可以使用“SQL Server 配置管理器”查看和控制 SQL Server 服务。

【例 2-1】 使用“SQL Server 配置管理器”，配置数据库引擎实例。

其方法如下：

（1）单击“开始”按钮→“程序”→“Microsoft SQL Server 2012”程序组→“配置工具”→“SQL Server 配置管理器”，会出现如图 2-12 所示的窗口。

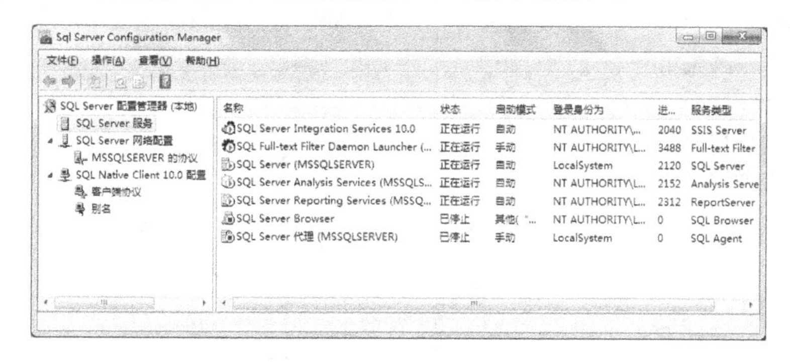

图 2-12 SQL Server 2012 的配置管理器

（2）单击左窗格中的“SQL Server 服务”，在右窗格中列出了当前可配置的 SQL Server 服务。

（3）在右窗格中，右击要配置的“SQL Server（MSSQLSERVER）”服务→“属性”，会出现如图 2-13 所示的对话框。该“登录”页面用于为服务指定登录身份：“内置账户”是 Windows 绑定账户，其账户名和密码由 Windows 确定；“本账户”由 SQL Server 管理，需指定登录账户名和密码。

（4）单击“服务”选项卡，出现如图 2-14 所示的对话框。该页面用于配置服务的手动、自动、已禁用 3 种启动模式。

（5）单击“FILESTREAM”选项卡，出现如图 2-15 所示的对话框。该页面用于设置是否启用文件流形式存储数据。文件流是 SQL Server 2012 中的一个新特性，允许以独立文件的形式存放大对象数据，而不是像以前版本那样将所有数据都保存到数据文件中。

（6）单击“高级”选项卡，出现如图 2-16 所示的对话框。该页面包括是否需要配置服务的启动错误报告、客户反馈报告，指定在服务启动时使用参数、转储错误信息的文件夹等功能。

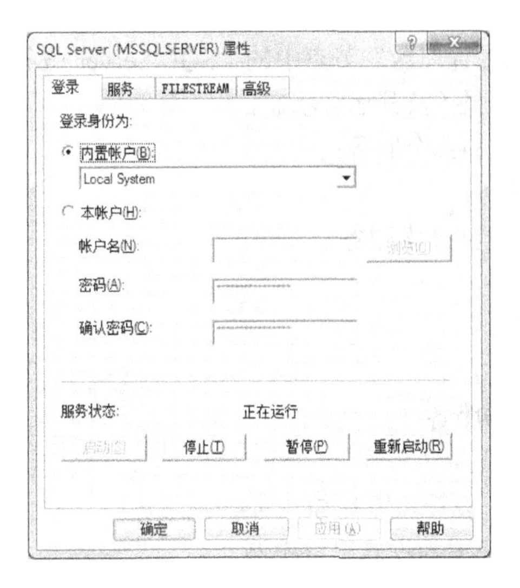

图 2-13　为所选服务设置启动账户

图 2-14　设置服务的启动模式

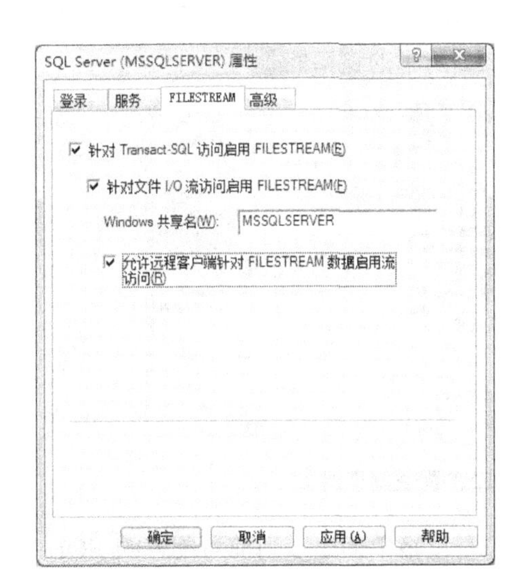

图 2-15　为数据库引擎实例配置文件流

图 2-16　为所选的服务设置高级选项

（7）如果以上参数在修改时服务正在运行，则必须在“登录”选项卡中单击“重新启动”按钮，使新的设置生效。

（8）单击“确定”按钮。

2.3.2　SQL Server 2012 的网络配置

SQL Server 可以使用多种协议 Shared Memory（共享内存）、Named Pipes（命名管道）、TCP/IP 和 VIA（虚拟接口架构）配置独立的服务器和客户端。

通过“SQL Server 配置管理器”工具，可以为每一个服务器实例独立设定网络配置，如图 2-17 所示；也可以为每个客户端进行配置，如图 2-18 所示。在配置客户端时，当有多种客户端协议要配置使用时，则客户端按一个特定的优先顺序来使用这些协议，默认优先顺序是①Shared Memory →②TCP/IP →③Named Pipes →④VIA。

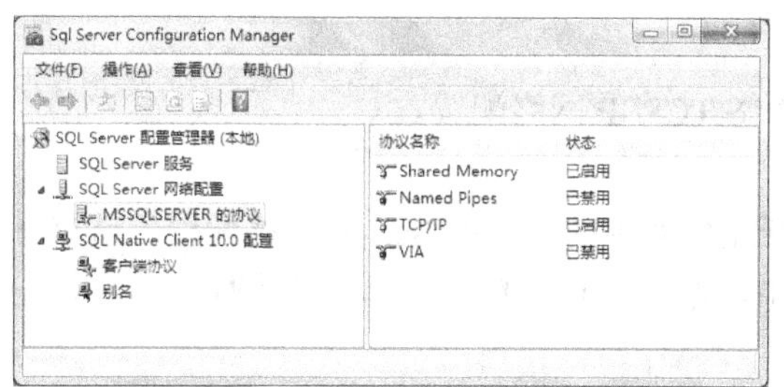

图 2-17　查看 SQL Server 实例的网络配置

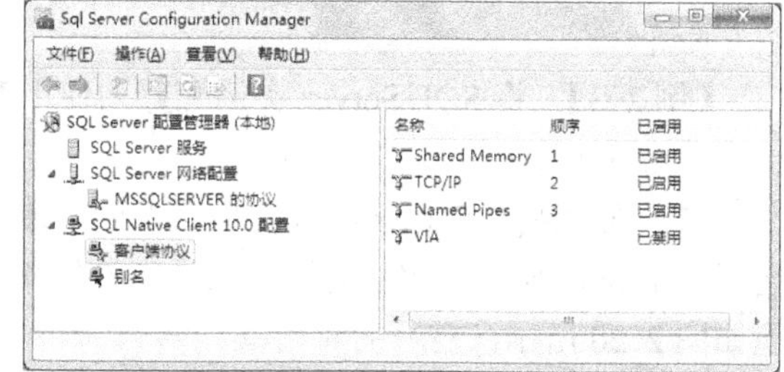

图 2-18　查看客户端协议

SQL Server 的安装可以配置为本地连接和远程连接。在很多情况下，网络连接出现问题都是因为客户机网络配置不合理，或者是客户机网络配置与服务器配置不匹配引起的。

1．配置 Shared Memory 网络配置

Shared Memory 协议用于本地连接。如果该协议被启用，任何本地用户都可以使用这些协议连接到服务器。如果不希望本地用户连接到服务器，可以禁用该协议。其方法：在“SQL Server 配置管理器”中，单击左窗格中的“SQL Server 网络配置”节点→选择一个 SQL Server 实例的协议项→在右窗格中，右击“Shared Memory”协议→单击“禁用”命令，如图 2-19 所示。

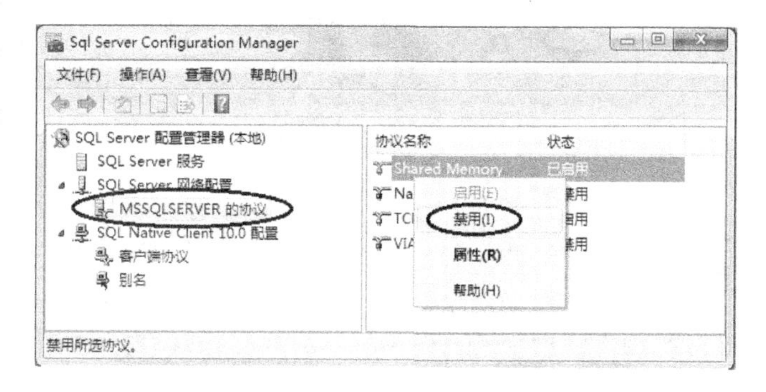

图 2-19　Shared Memory 协议

2．配置 Named Pipes 网络配置

Named Pipes 协议主要用于为较早版本的 Windows 操作系统所写程序的本地连接和远程连接。启用 Named Pipes 时，SQL Server 2012 会使用 Named Pipes 网络库通过一个标准网络地址来通信：默认实例是\\.\pipe\sql\query，命名实例是\\.\pipe\MSSQL$instancename\sql\query。如果要启用或禁用该协议，可以通过配置这个协议的属性来改变其作用。其方法与禁用 Shared Memory 协议类似，这里不再重复。

3．配置 TCP/IP 网络配置

TCP/IP 是通过本地或远程连接到 SQL Server 的首选协议。使用 TCP/IP 时，SQL Server 在指定的 TCP 端口和 IP 地址侦听以响应它的请求。在默认情况下，SQL Server 会在所有的 IP 地址中侦听 TCP 端口 1433，当然，SQL Server 也会只侦听指定启用的 IP 地址。

【例 2-2】 禁用 TCP/IP。

其方法如下：在“SQL Server 配置管理器”中，展开左窗格中的“SQL Server 网络配置”节点→选择一个 SQL Server 实例的协议项→在右窗格中，右击“TCP/IP”→单击“禁用”命令。

【例 2-3】 将 SQL Server 实例配置为使用静态 TCP/IP 网络配置。

其方法如下：

（1）在“SQL Server 配置管理器”中，展开左窗格中的“SQL Server 网络配置”节点→选择一个 SQL Server 实例的协议项→在右窗格中，右击“TCP/IP”→单击“属性”命令，出现如图 2-20 所示（右）的对话框。

（2）在“IP 地址”选项卡中可以看到在服务器上配置的 IP 地址清单（包括 IPv4 和 IPv6）。单独的 IP 地址项是按数字排列，如 IP1、IP2、IP3……。当 SQL Server 侦听指定的 IP 地址时，需要对这些单独的 IP 地址项进行相应设置。当 SQL Server 侦听服务器上所有 IP 地址时，需设置“IPAll”项。

（3）如果要 SQL Server 侦听服务器上的所有 IP 地址，应进行以下操作，如图 2-20 所示。

a．在“协议”选项卡中将“全部侦听”设为“是”。

b．在“IP 地址”选项卡中为“IPAll”指定一个 TCP 侦听端口，默认是 1433，要改变 TCP 侦听端口，输入 TCP 侦听端口即可。

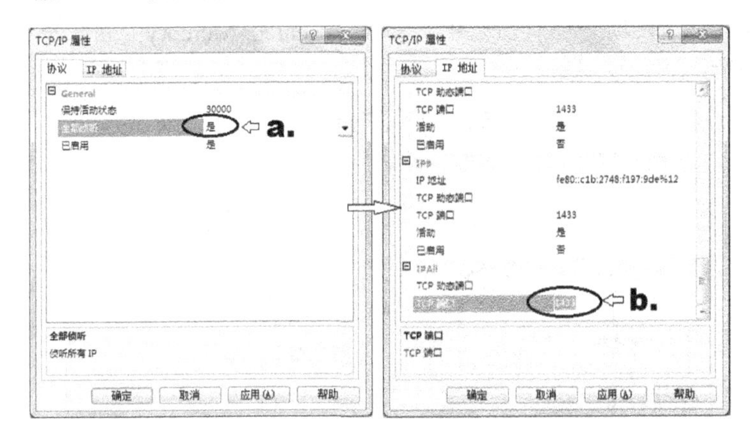

图 2-20　设置侦听所有 IP 地址和 TCP 端口

（4）如果想在一个指定的 IP 地址和 TCP 端口中启用侦听，应进行以下操作，如图 2-21 所示。

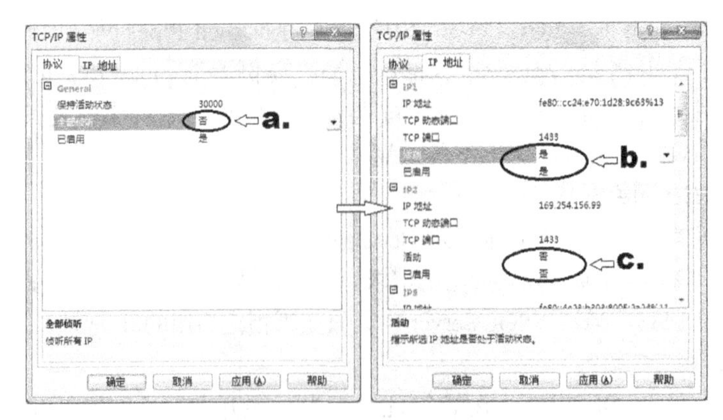

图 2-21　设置侦听指定的 IP 地址和 TCP 端口

a．在“协议”选项卡中将“全部侦听”设为“否”。

b．在“IP 地址”选项卡中将要侦听的 IP 地址的“活动”属性设为“是”，将“已启用”属性设为“是”。然后为每一个 IP 地址分别输入相应的 TCP 端口。

c．在“IP 地址”选项卡中将不需要侦听的 IP 地址的“活动”属性和“已启用”属性都设为“否”。

（5）单击“确定”按钮。

提示：SQL Server 可以侦听同一 IP 地址的多个端口，只需列出端口清单即可，端口之间用逗号分隔，如 1433,1533,1534。在逗号和值之间不能有空格。

【例 2-4】 将 SQL Server 实例配置为使用动态 TCP/IP 网络配置。

其方法如下：

（1）、（2）同上例。

（3）如果要 SQL Server 侦听服务器上的所有 IP 地址的动态端口，应进行以下操作，如图 2-22 所示。

a．在“协议”选项卡中将“全部侦听”设为“是”。

b．在“IP 地址”选项卡中，在“IPAll”的“TCP 动态端口”文本框中输入 0。

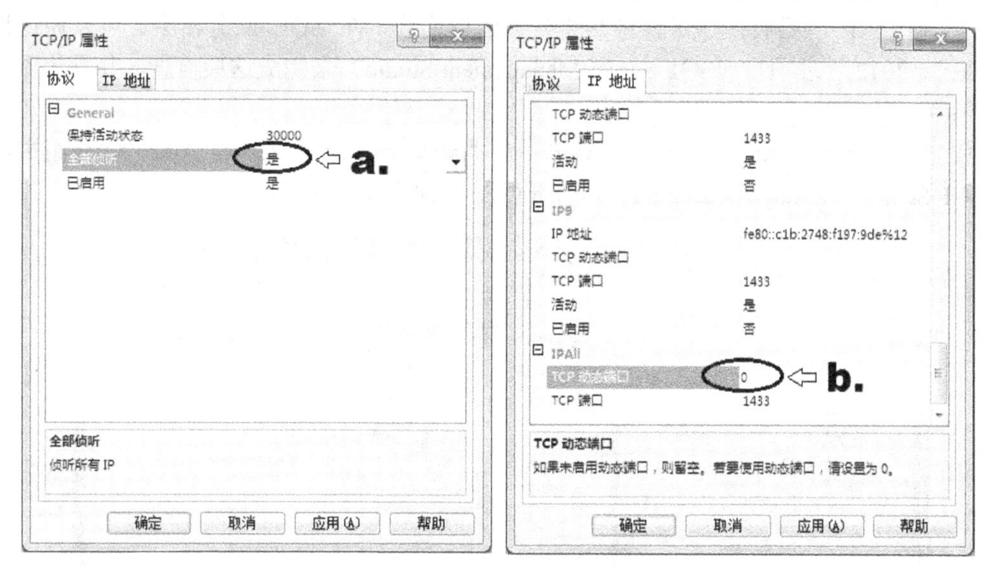

图 2-22　设置侦听所有 IP 地址的动态端口

（4）如果想在一个指定的 IP 地址和 TCP 端口中启用侦听，应进行以下操作，如图 2-23 所示。

a．在“协议”选项卡中将“全部侦听”设为“否”。

b．在“IP 地址”选项卡中将要侦听的 IP 地址的“活动”属性和“已启用”属性都设为“是”。然后在相应的“TCP 动态端口”文本框中输入 0。

c．在“IP 地址”选项卡中将不需要侦听的 IP 地址的“活动”属性和“已启用”属性都设为“否”。

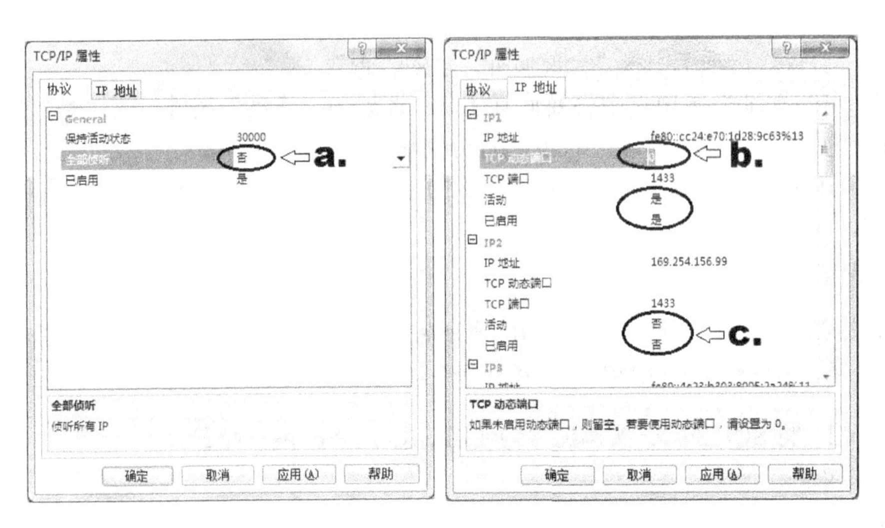

图 2-23　设置侦听指定 IP 地址的动态端口

【例 2-5】 在使用 SQL Server 2012 时，如果无法进行远程连接，应如何解决？

在使用 SQL Server 2012 远程连接时，如果不能正常连接，可以从以下 3 个方面依次检查并配置。

（1）检查 SQL 数据库服务器中是否允许远程连接。在 SQL 服务器中，可以通过打开 SQL Server 2012 管理项目（SQL Server Management Studio）来完成这项检查。其具体操作步骤如下：

① 单击"开始"按钮→"程序"菜单→在"Microsoft SQL Server 2012"程序组中，选择"SQL Server　Management Studio"，打开如图 2-24 所示的窗口。

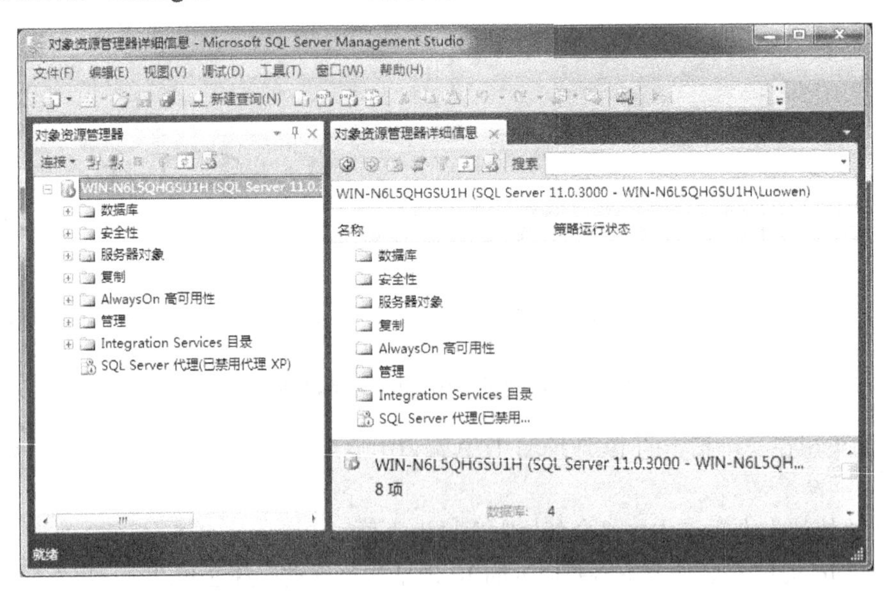

图 2-24　SQL Server Management Studio 窗口

② 右击服务器名→在弹出的快捷菜单中单击"属性"命令→在出现的对话框中，单击"选择页"列表框中的"连接"选项，会出现如图 2-25 所示的窗口。

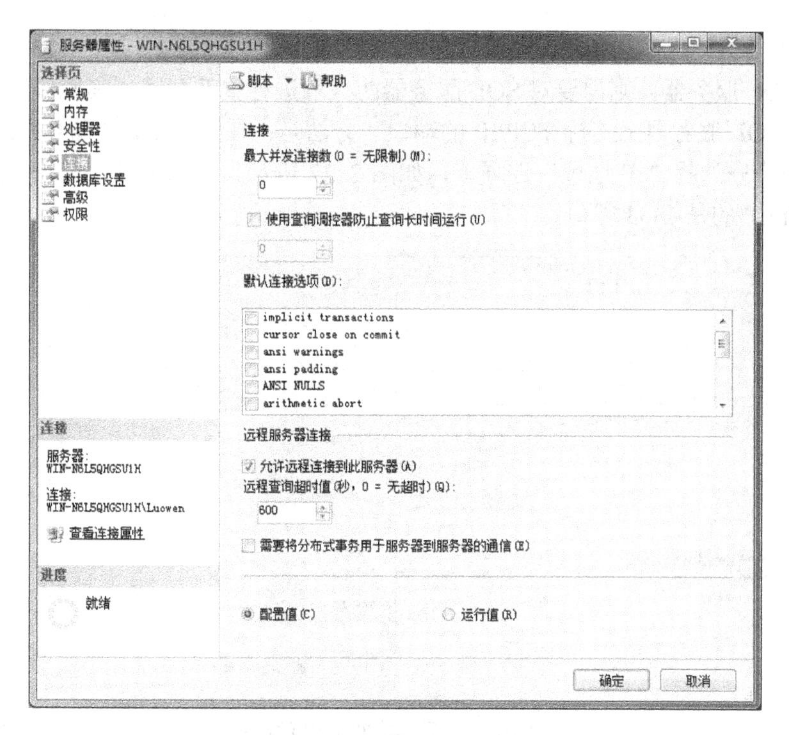

图 2-25　服务器属性窗口

③ 检查是否勾选“允许远程连接到此服务器”选项，单击“确定”按钮。

④ 重启 SQL Server 服务，若还是出现错误提醒对话框，那么继续进行后面的检查。

（2）为 SQL 服务器（MSSQLServer）配置相应协议。在这一步需要检查 SQL 网络连接配置情况，其操作步骤如下：

① 单击“开始”按钮→“程序”菜单→在“Microsoft SQL Server 2012”程序组的“配置工具”中，选择“SQL 配置管理器”，打开“SQL Server Configuration Manager”窗口。

② 在该窗口中，展开“SQL Server 网络配置”节点，单击“MSSQLSERVER 的协议”选项，检查右边窗格中“TCP/IP”是否为“启用”，如图 2-26 所示。

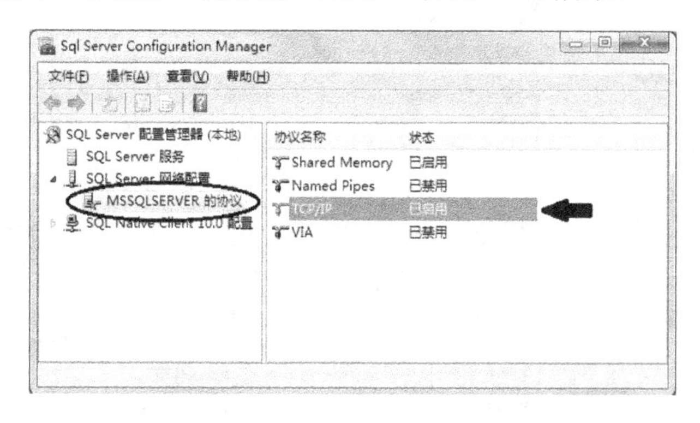

图 2-26　检查 SQL Server 的网络配置

③ 重启 SQL Server 服务，再次检查是否可以执行远程连接。若依然出现错误提醒对话框，则需要进一步检查操作系统的防火墙选项。

（3）检查 SQL 服务器防火墙设置。在完成了前面两步操作后，用户端计算机仍然无法远程连接到 SQL 服务器，则需要对 SQL 服务器防火墙进行重新配置。其操作步骤如下：

① 查看 SQL 服务器上支持 TCP/IP 的端口。方法是：在图 2-26 中右击“TCP/IP”→单击“属性”命令→选择“IP 地址”选项卡，如图 2-27 所示。由此可以看出，一般 SQL 服务器上支持 TCP/IP 的是 1433 端口。

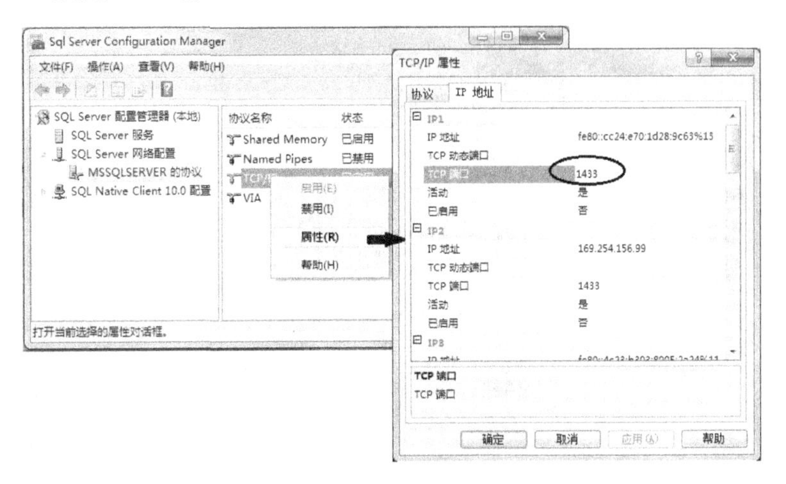

图 2-27 查看支持 TCP/IP 的端口

② 在防火墙的配置中允许 1433 端口支持 TCP/IP。如果服务器上运行的是 Windows 7 操作系统（其他微软操作系统的方法类似），则在“控制面板”中单击“Windows 防火墙”选项，会出现如图 2-28 所示的窗口。

图 2-28 Windows 防火墙设置

③ 选择“高级设置”选项后，会打开“高级安全 Windows 防火墙”窗口，然后，再单

击左窗格中的“入站规则”选项，会出现如图 2-29 所示的窗口。

图 2-29　Windows 防火墙入站规则设置

④ 单击右窗格中的“新建规则”选项，会出现如图 2-30 所示的“新建入站规则向导”对话框。

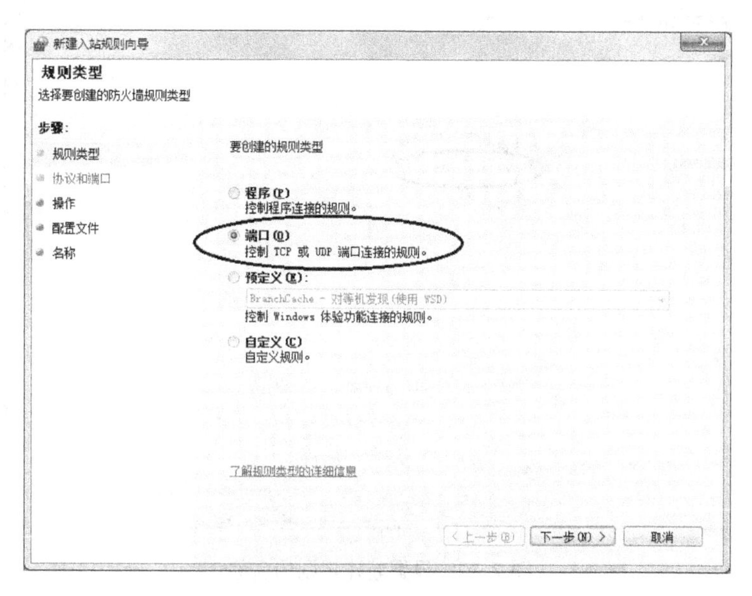

图 2-30　选择入站规则类型

⑤ 在该对话框中，选择“端口”选项后，单击“下一步”按钮，会出现如图 2-31 所示的对话框。

⑥ 在该对话框的“特定本地端口”框中输入“1433”，然后依次单击“下一步”按钮，根据向导完成“操作”“配置文件”选项设置。最后，在如图 2-32 所示的对话框中，输入名称“SQL Server Port”，单击“完成”按钮。

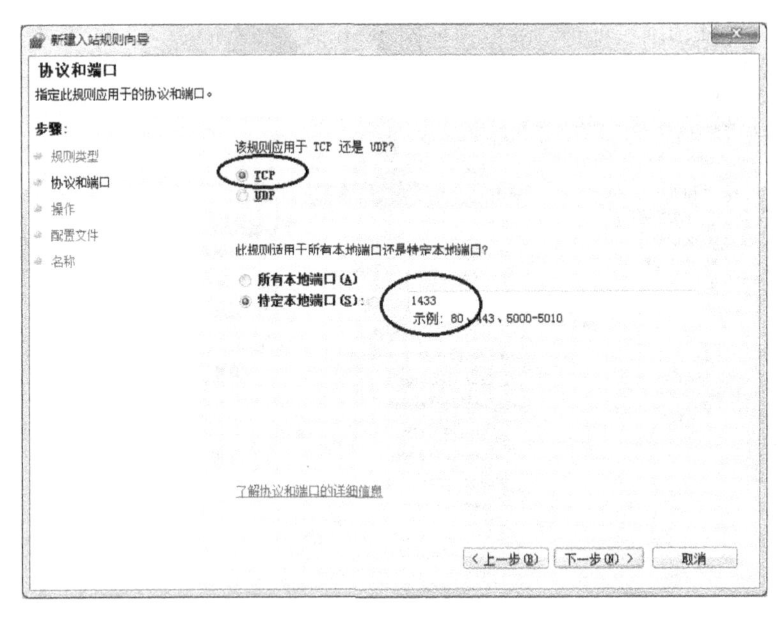

图 2-31　选择协议和设置端口

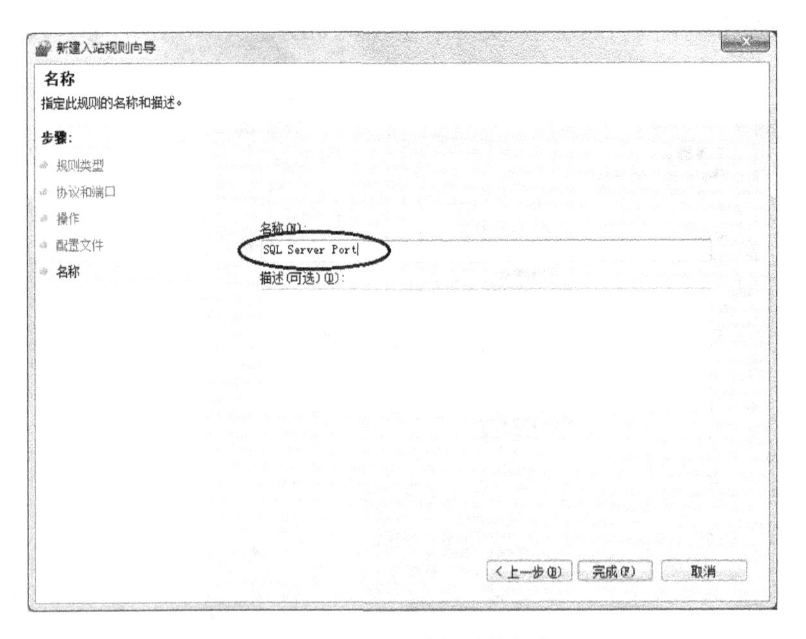

图 2-32　设置新建规则的名称

完成了上述步骤，并确认每一步操作都正确后，重新启动计算机，之后，用户的 SQL 服务器即可支持远程连接。

4. 配置本地客户端配置的安全性

默认情况下，客户端不使用安全套接字层（SSL），也不会尝试校验服务证书，但可以强制执行协议加密、服务器证书校验或者二者兼顾，其方法如下：

（1）在“SQL Server 配置管理器”中，右击左窗格中的“SQL Native Client 11.0 配置”

节点→单击“属性”命令，出现如图2-33所示的对话框。

（2）如果在“强制协议加密”框中选择“是”，会强制客户端使用SSL，否则，会使用未加密的连接。

（3）如果在“信任服务器证书”框中选择“是”，会强制客户端校验服务器证书，否则，会跳过对服务器证书的校验。

5．配置本地客户端协议的顺序

SQL Server提供了一项功能，即客户机可以选择使用一个协议，如果该协议不起作用，则再使用另一协议。本地连接的首选协议是Shared Memory协议，通过以下步骤可以改变其他协议的顺序。

（1）在“SQL Server配置管理器”中，展开左窗格中的“SQL Server网络配置”节点→右击“客户端协议”→单击“属性”命令，出现“客户端协议属性”对话框。

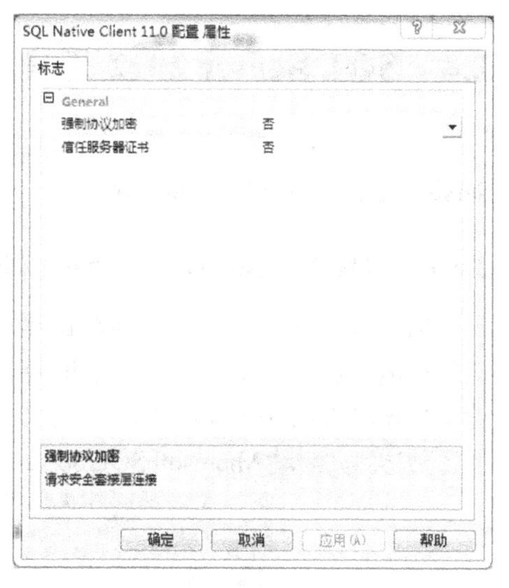

图2-33　设置本地客户端配置的安全性

（2）在该对话框中，可以进行以下操作，如图2-34所示。

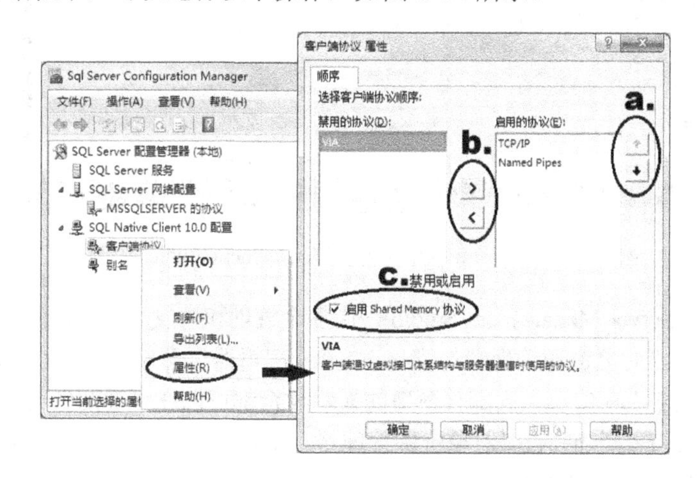

图2-34　设置本地客户端协议的顺序

a．改变启用协议的顺序。选中要调整顺序的协议→单击“上移”或“下移”按钮即可。

b．禁用或启用协议。在“启动的协议”列表框中，选中一个协议→单击“左移”按钮即可禁用该协议。在“禁用的协议”列表框中，选中一个协议→单击“右移”按钮即可启用该协议。

c．禁用或启用Shared Memory协议。清除“启用Shared Memory协议”复选框可以为本地客户端连接禁用Shared Memory协议。反之，则为本地客户端连接启用Shared Memory协议。

（3）单击“确定”按钮。

说明：关于本地客户端的Shared Memory配置、Named Pipes配置、TCP/IP配置，其方法与前面所述的方法大同小异，故这里不再重复。

2.4 SQL Server 2012 工具和实用程序

SQL Server 提供了丰富的管理工具和实用程序，如 SQL Server Management Studio、SQL Server Profiler、数据库引擎优化顾问、SQL Server PowerShell 等，本节将对它们逐一进行介绍。

2.4.1 SQL Server Management Studio

Microsoft SQL Server Management Studio（SSMS）是 Microsoft SQL Server 2012 提供的集成应用环境，它将各种图形化工具和多功能的脚本编辑器组合在一起，完成访问、配置、控制、管理和开发 SQL Server 的所有工作，大大地方便了技术人员和数据库管理员对 SQL Server 系统的各种访问。启动 Microsoft SQL Server Management Studio 后，其窗口如图 2-35 所示。

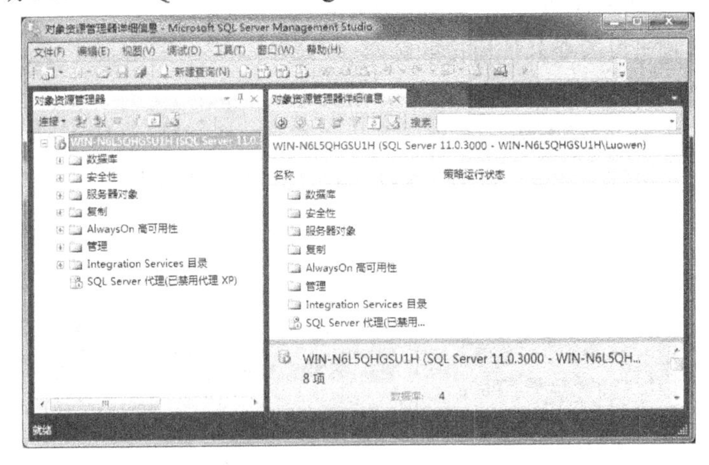

图 2-35　Microsoft SQL Server Management Studio 主窗口

Microsoft SQL Server Management Studio 是由多个管理和开发工具组成的，主要包括“已注册的服务器”窗口、“对象资源管理器”窗口、“查询编辑器”窗口、“模板资源管理器”窗口、“解决方案资源管理器”窗口等，大部分窗口的显示与否都可以在“视图”菜单中选择。下面主要介绍“已注册的服务器”窗口、“对象资源管理器”窗口、“查询编辑器”窗口。

1. “已注册的服务器”窗口

在该窗口中，可以完成注册服务器和将服务器组合成逻辑组的功能。通过该窗口可以选择数据库引擎服务器、分析服务器、报表服务器、集成服务器等。当选中某个服务器时，可以从右键的快捷菜单中进行新建服务器组、启动或停止服务器、查看服务器属性、导入或导出服务器信息等操作，例如，要启动或停止当前数据库服务器，可按如图 2-36 所示进行操作。

2. “对象资源管理器”窗口

在该窗口中，可以完成注册、启动和停止服务器，配置服务器属性，创建数据库以及表、视图、存储过程等数据库对象，生成 Transact-SQL 对象以创建脚本、创建登录账户、管理数据库对象权限等，配置和管理复制，监视服务器活动，查看系统日志等操作。

3. “查询编辑器”窗口

单击 SSMS 工具栏上的“新建查询”按钮，可打开“查询编辑器”窗口，该窗口用于编写和运行 Transact-SQL 脚本。它既可以在连接模式下工作，也可以在断开模式下工作。SQL

Server 2012 的“查询编辑器”支持彩色代码关键字，可视化地显示语法错误，允许开发人员运行和诊断代码等。

例如，要查看服务器上“XSCJ”数据库中“XSQK”表中的信息，可按图 2-37 所示在“查询编辑器”窗口中输入代码后，单击工具栏上的“执行”按钮，就可在“查询结果”窗格中看到结果。

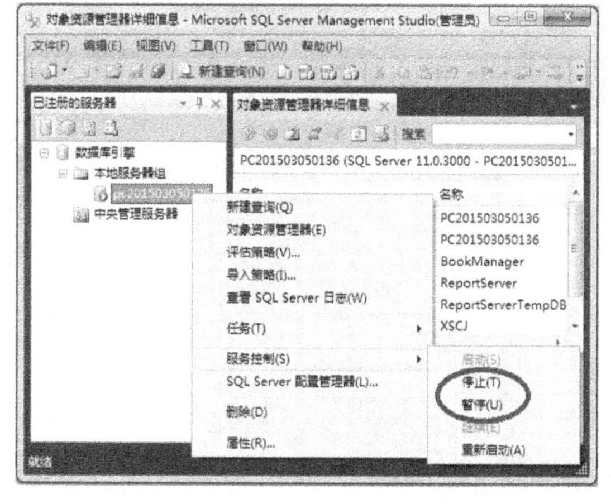

图 2-36　启动或停止服务器

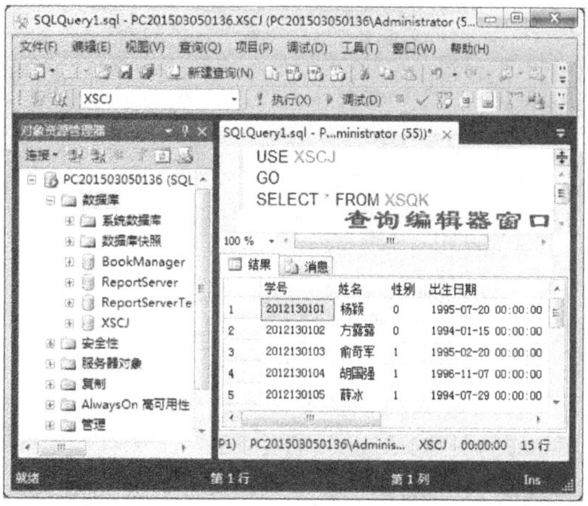

图 2-37　“查询编辑器”窗口

2.4.2　性能工具

1．SQL Server Profiler

使用 SQL Server Profiler 工具可以对 Microsoft SQL Server 2012 系统的运行过程像摄像机一样进行摄录。

SQL Server Profiler 是用于从服务器中捕获 SQL Server 2012 事件的工具。这些事件可以是连接服务器、登录系统、执行 Transact-SQL 语句等操作。它们被保存在一个跟踪文件中，以便日后对该文件进行分析或用来重新执行指定的系列步骤，从而有效地发现系统中性能比较差的查询语句等相关问题。SQL Server Profiler 的使用方法如下：

（1）单击 SSMS 窗口的“工具”菜单→“SQL Server Profiler”命令，会出现如图 2-38 所示的“连接到服务器”对话框。

图 2-38　“连接到服务器”对话框

（2）单击“连接”按钮后，会出现如图 2-39 所示的对话框。

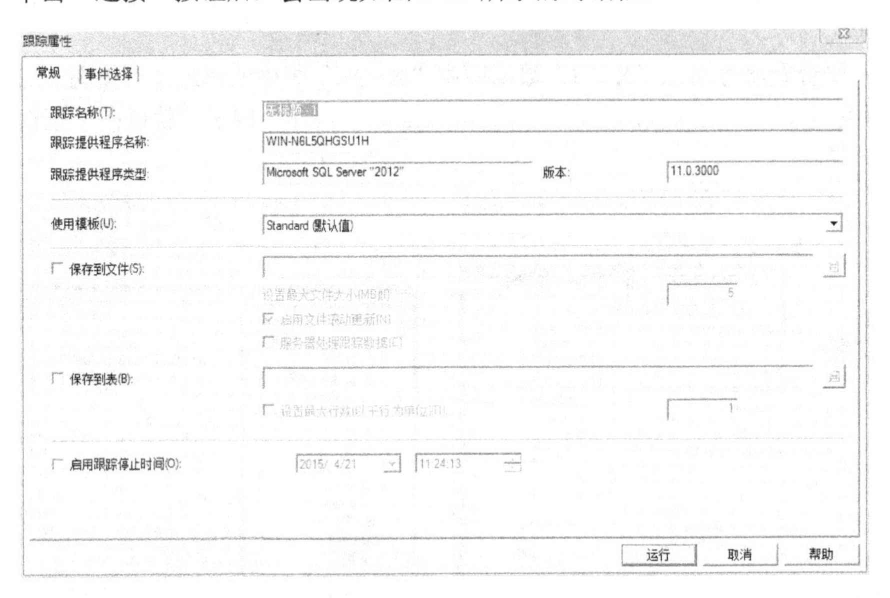

图 2-39 “跟踪属性”对话框

（3）在该对话框中，可以设置跟踪名称、使用模板、保存到文件的地址和名称、保存到表的服务器名和数据表名、跟踪的停止时间。

（4）单击“事件选择”选项卡，在如图 2-40 所示的对话框中，可以设置要跟踪的事件和事件列。

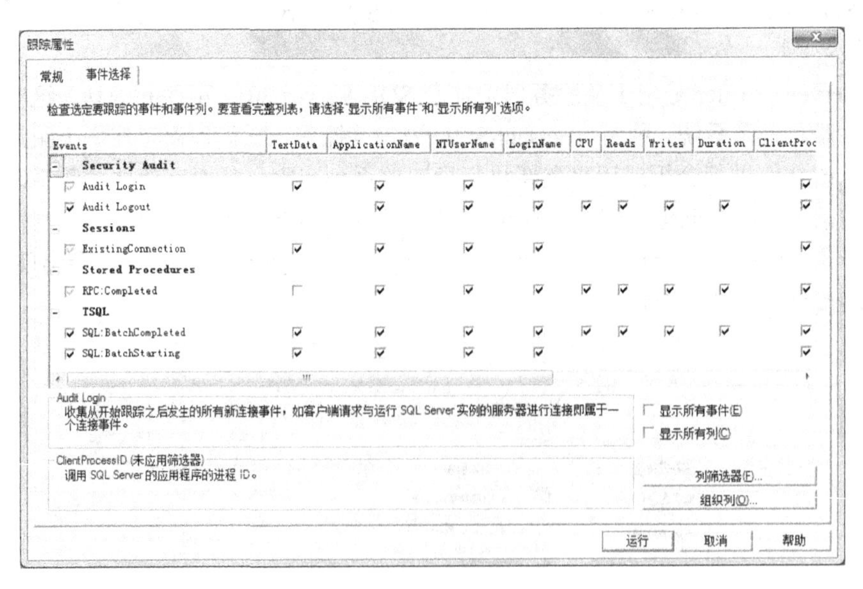

图 2-40 “事件选择”选项卡

（5）单击“运行”按钮，出现如图 2-41 所示的跟踪窗口，根据跟踪结果可以分析出现问题的原因。

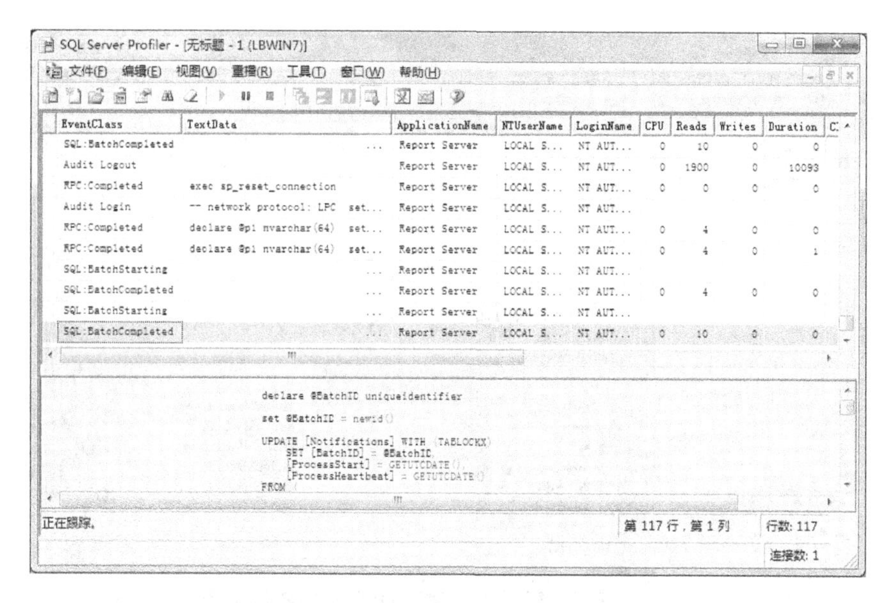

图 2-41　SQL Server Profiler 的运行窗口

提示：要运行“SQL Server Profiler”程序，也可单击“开始”菜单→“程序”→“Microsoft SQL Server 2012”→“性能工具”→“SQL Server Profiler”。

2．数据库引擎优化顾问

数据库引擎优化顾问（Database Engine Tuning Advisor）工具可以帮助用户分析工作负荷、提出创建高效率索引的建议等。借助数据库引擎优化顾问，用户不必详细了解数据库的结构就可以选择和创建最佳的索引、索引视图、分区等。工作负荷是对要优化的一个或多个数据库执行的一组 Transact-SQL 语句，可以通过 SSMS 中的查询编辑器创建 Transact-SQL 脚本工作负荷，也可以使用 SQL Server Profiler 中的优化模板来创建跟踪文件和跟踪表工作负荷。

使用数据库引擎优化顾问工具可以执行下列操作：

- 通过使用查询优化器分析工作负荷中的查询，推荐数据库的最佳索引组合。
- 为工作负荷中引用的数据库推荐对齐分区和非对齐分区。
- 推荐工作负荷中引用的数据库的索引视图。
- 分析所建议的更改将会产生的影响，包括索引的使用、查询在工作负荷中的性能。
- 推荐为执行一个小型的问题查询集而对数据库进行优化的方法。
- 允许通过指定磁盘空间约束等选项对推荐进行自定义。
- 提供对所给工作负荷的建议执行效果的汇总报告。

数据库引擎优化顾问的使用方法如下：

（1）单击 SSMS 窗口的“工具”菜单→“数据库引擎优化顾问”命令，会出现如图 2-38 所示的“连接到服务器”对话框。

（2）单击“连接”按钮后，会出现如图 2-42 所示的窗口。

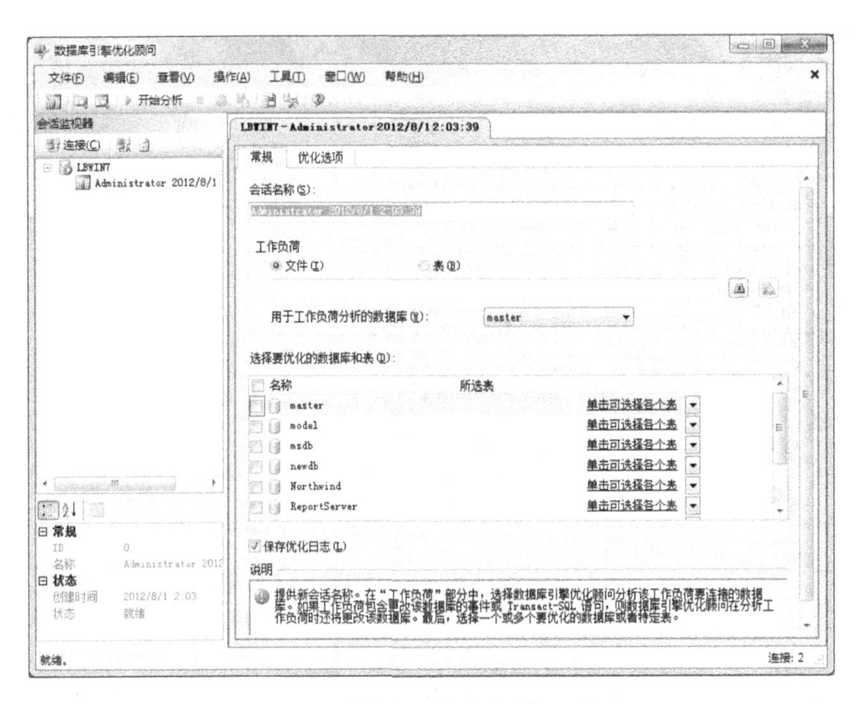

图 2-42 “数据库引擎优化顾问”窗口

（3）在该窗口中，设置会话名称、工作负荷所用的文件或表，选择要优化的数据库和表，如图 2-43 所示。

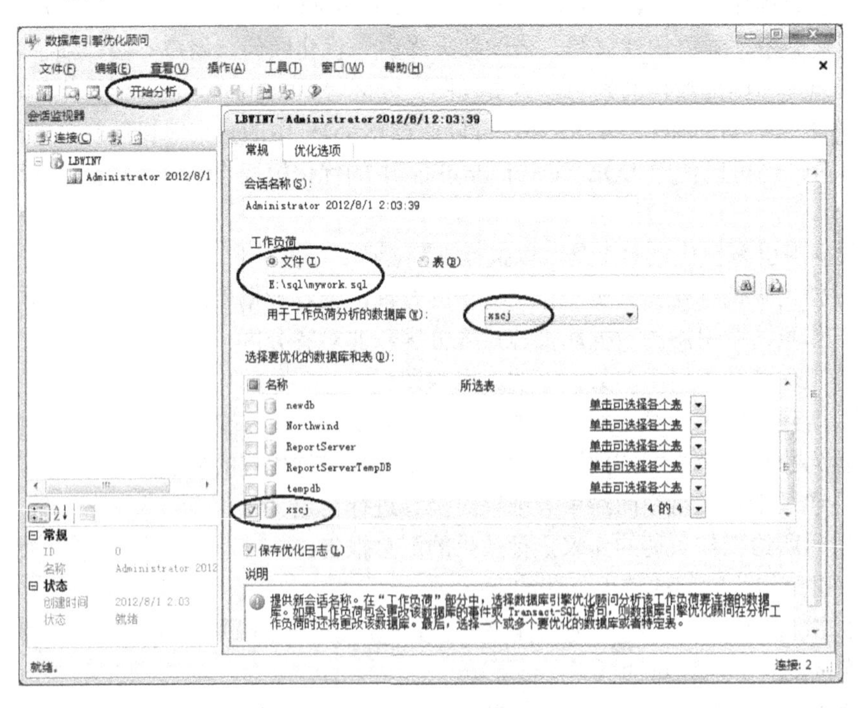

图 2-43 设置常规选项

（4）单击“开始分析”按钮进行分析。分析完毕，会出现如图 2-44 所示的窗口，在该窗口中，可以看到 SQL Server 2012 给出的优化建议。

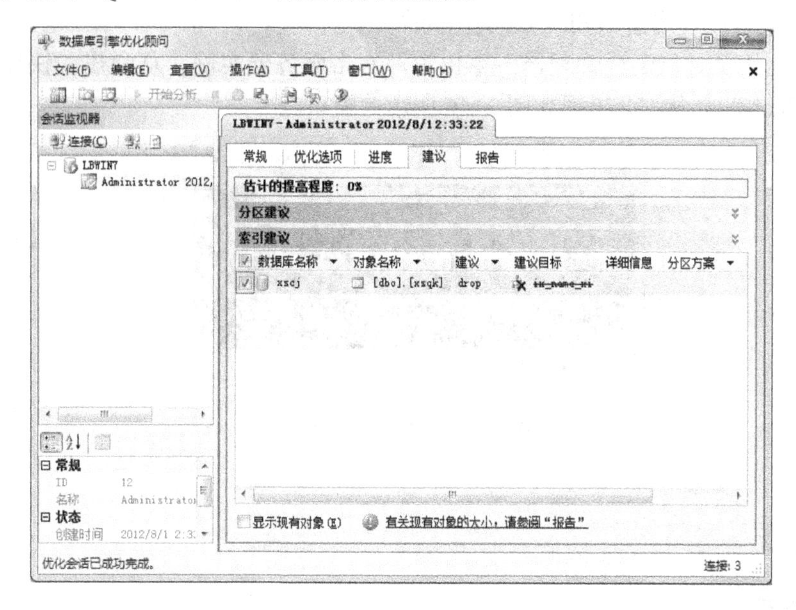

图 2-44 优化建议

（5）单击“报告”选项卡，可以看到各个选项的优化报告，如图 2-45 所示。

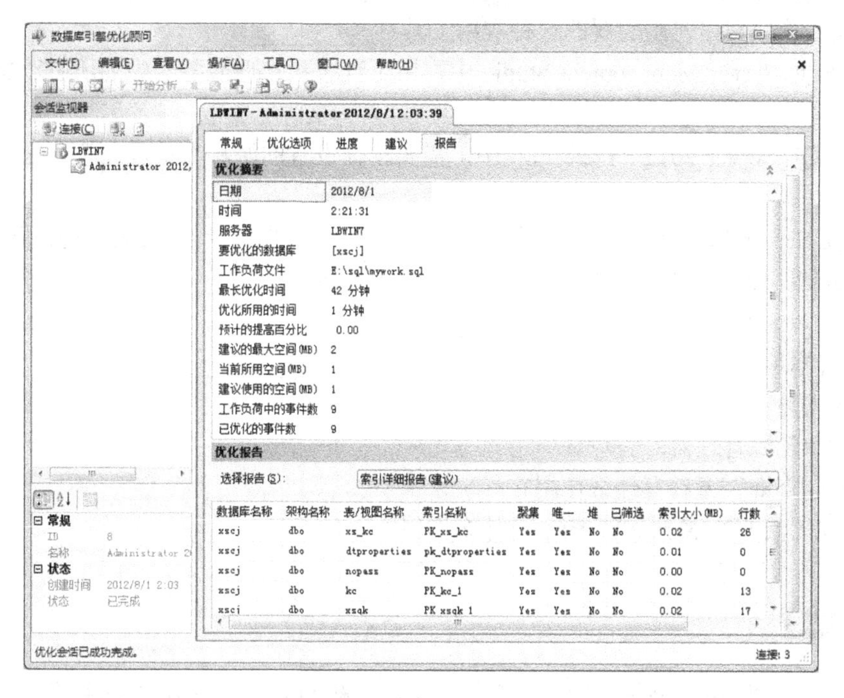

图 2-45 优化报告

2.4.3 PowerShell

PowerShell 是自 Microsoft SQL Server 2008 起新增的功能，是一个脚本和服务器导航引擎。用户可以使用该工具导航服务器上的所有对象，就好像它们是文件系统中目录结构的一部分一样，甚至可以使用诸如 dir、cd 类型的命令。

在 SSMS 的“对象资源管理器”窗口中，右击服务器实例，从弹出的快捷菜单中选择“启动 PowerShell”命令，会出现如图 2-46 所示的窗口。

图 2-46　PowerShell 窗口

【课后习题】

一、填空题

1. 在一台计算机机上可以多次安装 SQL Server，我们把每一次安装称为__________。

2. 在 SQL Server 2012 中，主要用于管理与 SQL Server 相关联的服务、配置 SQL Server 使用的协议、管理网络连接配置的一种实用工具是__________。

3. 在 SQL Server Management Studio 中，用于查看和管理服务器中的所有对象的组件是__________。

4. 在 SQL Server 2012 的安装过程中，需要选择设置的两种身份验证模式是__________和__________。

5. SQL Server 2012 中的服务可以通过__________和__________工具来进行管理。

6. SQL Server 的安装可以配置为__________连接和__________连接。

7. 用于本地连接的首选协议是__________。

8. 通过本地或远程连接到 SQL Server 的首选协议是__________。

二、简答题

1. “对象资源管理器”有什么作用?

2. “新建查询”窗口有什么作用?

3. 性能工具 SQL Server Profiler 有什么作用?

【课外实践】

任务 1：通过网络、书籍、期刊等媒体介质，了解 SQL Server 2012 的新增功能。

任务 2：上网查询，常见的数据库管理系统有哪些？了解其优缺点。

任务 3：安装合适的 SQL Server 版本至个人计算机上，并做好访问配置。

第3章　数据库的创建与管理

【学习目标】

- 掌握SQL数据库的基本结构
- 掌握数据库文件的类型
- 掌握数据库的创建、修改和删除
- 掌握数据库的备份与还原
- 掌握数据库的分离与附加

3.1　SQL Server 2012数据库概述

数据库是用来存储数据和数据库对象的逻辑实体，是数据库管理系统的核心内容。若要更好地理解数据库的含义，应该首先了解数据库文件、文件组、数据库对象、数据库的物理空间、数据库状态、数据库快照等基本概念。

3.1.1　数据库文件

在SQL Server 2012系统中，一个数据库在磁盘上可以保存为一个或多个文件，我们把这些文件称为数据库文件。数据库文件分成3类：主数据文件、次数据文件、事务日志文件。一个数据库至少有一个数据文件和一个事务日志文件。当然，一个数据库也可以有多个数据文件和多个事务日志文件。

1．主数据文件

每个数据库有且仅有一个主数据文件。它用于存放数据和数据库的启动信息等，其默认扩展名为.mdf。

2．次数据文件

如果数据库中的数据量很大，除了将数据存储在主数据文件中以外，还可以将一部分数据存储在次数据文件中，这样，有了次数据文件就可以将数据存在不同的磁盘中，便于操作管理。次数据文件是可选的，一个数据库可以没有次数据文件，也可以有多个次数据文件，它的默认扩展名为.ndf。

3．事务日志文件

SQL Server 2012系统具有事务功能，可以保证数据库操作的一致性和完整性，它使用事务日志文件来记录所有事务及每个事务对数据库所作的操作。如果数据库被损坏了，数据库管理人员可以利用事务日志文件恢复数据库。一个数据库至少有一个事务日志文件，它的默认扩展名为.ldf。

数据库文件在操作系统中存储的文件名称为物理文件名。每个物理文件名都具有明确的存储位置，其文件名称会比较长，由于在SQL Server系统内部要访问它们非常不方便，因此，每个数据库又有逻辑文件名，每一个物理文件名都对应一个逻辑文件名，逻辑文件名简单，引用起来非常方便。

说明：在 SQL Server 2012 中，默认的主数据文件的扩展名为.mdf、次数据文件的扩展名为.ndf、日志文件的扩展名为.ldf，但并不对扩展名强制要求。

3.1.2 数据库文件组

为了方便管理，可以将多个数据文件组织成为一组，我们称为文件组，每个文件组对应一个组名。用户可以将文件组中的文件存放在不同磁盘，以便提高数据库的访问性能。例如，在某个数据库中，创建了 3 个次数据文件，它们存储在 3 个不同的磁盘上，并将它们指定为同一个文件组 f1，当在文件组 f1 上创建了一个表，并对表中数据进行访问时，系统可以在不同的磁盘上实现并行访问，这样就能大大提高系统的性能。

在 SQL Server 2012 中，文件组有以下两种类型。

1．主文件组

主数据文件所在的组称为主文件组。在创建数据库时，如果用户没有定义文件组，系统会自动建立主文件组。当数据文件没有指定文件组时，默认都在主文件组中。

2．次文件组

用户定义的文件组称为次文件组。如果次文件组中的文件被填满，那么只有该文件组中的用户表会受到影响。

在创建表时，不能指定将表放在某个文件中，只能指定将表放在某个文件组中。因此，如果希望将某个表放在特定的文件中，则必须通过创建文件组来实现。

数据库文件和文件组必须遵循以下的规则：

① 一个文件或文件组只能被一个数据库使用。

② 一个数据文件只能属于一个文件组。

③ 事务日志文件不能属于文件组。

3.1.3 数据库对象

1．数据库对象的含义

SQL Server 数据库中的数据在逻辑上被组织成一系列对象，当一个用户连接到数据库后，他所看到的是逻辑对象，而不是物理的数据库文件。数据库对象就是存储、管理和使用数据的不同结构形式，包括数据表、视图、存储过程、触发器、类型、规则、默认值、索引等。

在如图 3-1 所示的窗口中，可看到 SQL Server 将服务器的数据库组织成一个逻辑结构，在该结构中有若干的节点，每个节点又包括很多子节点，它们代表与该特定数据库有关的不同类型的对象。

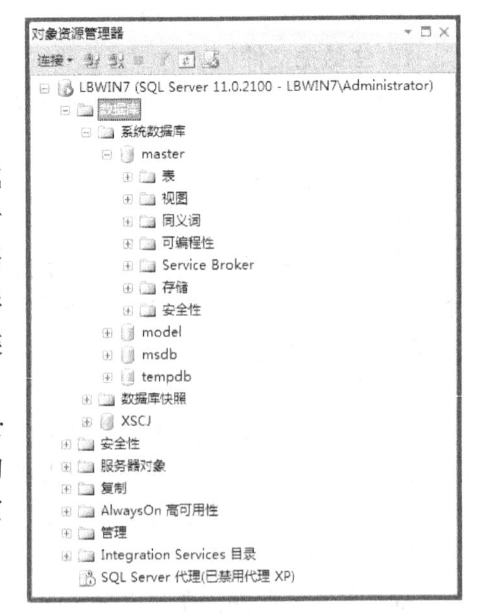

图 3-1 SQL Server 2012 的数据库对象

2．对象标识符

在 SQL Server 中的所有对象都需要命名。表 3-1

中列出的是已经命名的部分数据库对象。

表 3-1　部分命名对象

命名对象	命名对象	命名对象
Databases（数据库）	Tables（表）	Columns（列）
Rules（规则）	Constraints（约束）	Defaults（默认值）
Indexes（索引）	Filegroups（文件组）	Triggers（触发器）
Views（视图）	Servers（服务器）	Roles（角色）
Full-text catalogs（全文目录）	User Defined Functions（用户自定义函数）	User Defined Types（用户自定义类型）

3．对象标识符的命名规则

在 SQL Server 2012 中，主要的命名规则如下：

- 名称长度不能超过 128 个字符，本地临时表的名称不能超过 116 个字符。
- 名称的第一个字符必须是英文字母、下画线、中文、@、#等符号；除第一个字符之外的其他字符，还可以包括数字、$。
- 与 SQL Server 关键字相同或包含内嵌空格的名称必须使用双引号（“”）或方括号（[ ]）。

说明：在 T-SQL 中，“@”开头的变量表示局部变量；以“@@”开头的变量表示全局变量；以“#”开头的表示局部临时对象；以“##”开头的表示全局临时对象；所以，用户在命名数据库时不要以这些字符开头，以免引起混乱。

另外，SQL Server 可以在命名中嵌入空格，甚至有时可以使用关键字来命名，但建议避免这种命名方式，因为这可能带来混淆，甚至引起其他严重后果。

3.1.4　系统数据库

在 SQL Server 系统中，数据库可分为“系统数据库”和“用户数据库”两大类。用户数据库是用户自行创建的数据库，系统数据库则是 SQL Server 内置的，它们主要是用于系统管理。SQL Server 2012 中包括以下的系统数据库。

1．Master 数据库

Master 数据库用来追踪与记录 SQL Server 的相关系统级信息。这些信息包括：

- SQL Server 的初始化信息。
- 所有的登录账户信息。
- 所有的系统配置设置。
- 其他数据库的相关信息。

由此可见，Master 数据库在系统中是非常重要的，如果 Master 数据库不可用，则 SQL Server 也将无法启动。因此，在使用 Master 数据库时，比如进行了数据库的创建、修改或删除操作，更改了服务器或数据库的配置值，修改或添加了登录账户等操作时，应随时对 Master 数据库进行最新备份。

2．Model 数据库

Model 数据库是所有新建数据库的模板，即新建的数据库中的所有内容都是从模板数据库中复制过来的。如果Model数据库被修改了，那么以后创建的所有数据库都将继承这些修改。

3．Msdb 数据库

Msdb 数据库是代理服务数据库，也是由 SQL Server 系统使用的数据库，通常由 SQL Server 代理用来计划警报和作业，也可以由如 Service Broker 和数据库邮件等功能来使用。另外，有关数据库备份和还原的记录也会写在该数据库里。

4．Tempdb 数据库

Tempdb 数据库用于为所有临时表、临时存储过程提供存储空间，也为所有其他临时存储要求提供空间。Tempdb是一个全局资源，所有连接到SQL Server实例的用户都可以使用。

每次启动 SQL Server 时，系统都要重新创建 Tempdb，以保证该数据库为空。当 SQL Server 停止运行时，Tempdb 中的临时数据会自动删除。

5．Resource 数据库

Resource 数据库用来存储 SQL Server 所有的系统对象（如以 sp_开头的存储过程）。该库是只读数据库，它不会存储用户数据或者用户的元数据。它与 Master 数据库的区别，在于 Master 数据库存放的是系统级的信息，不是所有系统对象。

3.2 创建数据库

在 SQL Server 2012 中，创建数据库的方法有两种：一是使用 SQL Server Management Studio 中的“对象资源管理器”创建数据库；二是使用 T-SQL 语句创建数据库。前者是图形化界面操作，简单易学，适合初学者学习；后者需要对 T-SQL 语法非常熟悉，难度稍大，但对于高级用户，第2种方法使用起来更加得心应手。

3.2.1 在“对象资源管理器”中创建数据库

【例 3-1】 创建一个 DB 数据库，要求：将所有数据库文件创建在 D 盘，其中 DB 数据库中包括 1 个主数据文件、1 个次数据文件、1 个日志文件；主数据文件和日志文件使用默认名或自定义；主数据文件的初始大小为 20 MB，最大容量为 100 MB，增量为 10%，日志文件的其他属性使用默认值；次数据文件名为 DB_D，属于USER 组，其他属性使用默认值。

实施步骤如下：

（1）在“对象资源管理器”窗口中展开服务器，右击“数据库”节点，会出现如图 3-2 所示的快捷菜单。

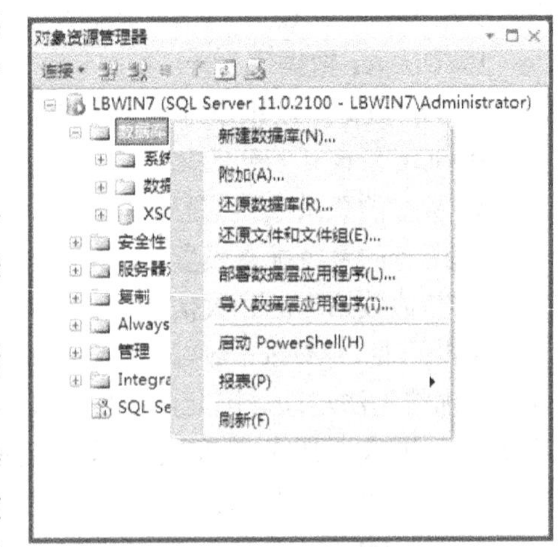

图 3-2 “新建数据库”的快捷菜单

（2）单击“新建数据库”命令，在出现的对话框的“数据库名称”框内输入数据库名称“DB”。在数据库文件列表中列出了该数据库的主数据文件和日志文件，SQL Server 2012 系统会默认产生主数据文件 DB.mdf 和日志文件 DB_log.ldf，并显示了这些文件的默认属性，如图 3-3 所示的对话框。

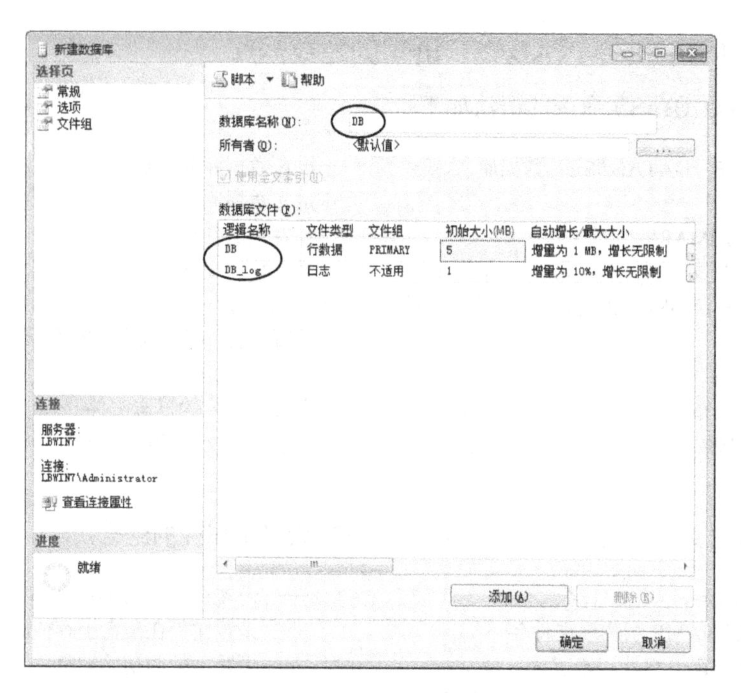

图 3-3　输入数据库名称“DB”

（3）修改主数据文件的属性。单击“初始大小(MB)”框，输入“20”；单击“自动增长”框中的按钮，弹出“更改 DB 的自动增长设置”对话框，按如图 3-4 所示设置属性，然后单击“确定”按钮；单击“路径”框中的按钮，在弹出的“定位文件夹”对话框中选择“D:\”，然后单击“确定”按钮。

（4）增加文件组和次数据文件。在“新建数据库”对话框中单击“添加”按钮，在“数据库文件”列表的“逻辑名称”框中输入“DB_D”；在“文件组”框中单击按钮，选择“<新文件组>”命令，弹出如图 3-5 所示的对话框，在“名称”框中输入“USER”，单击“确定”按钮。

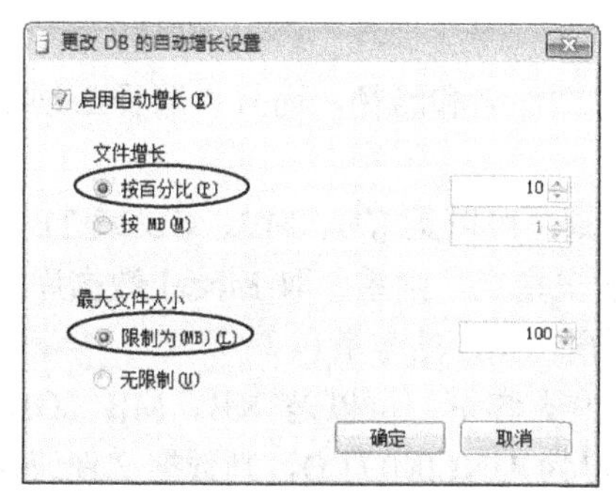

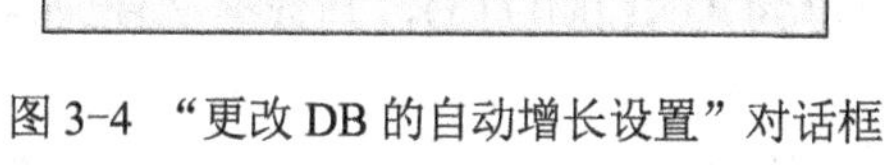
图 3-4　“更改 DB 的自动增长设置”对话框

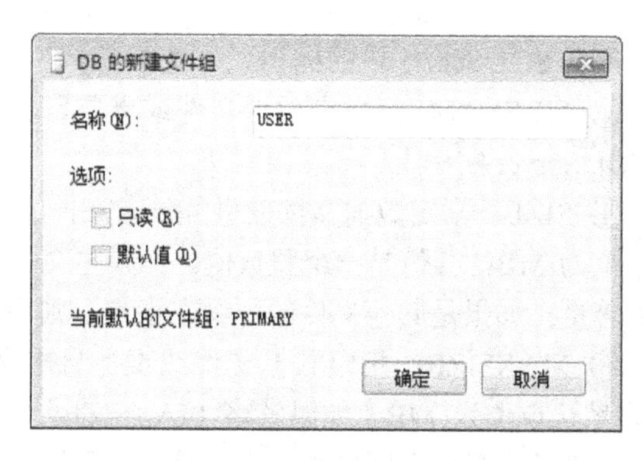

图 3-5　新建 USER 文件组

如果要增加日志文件，其方法与增加次数据文件的操作类似，所不同的是日志文件不属于任何文件组。

（5）单击“确定”按钮可完成数据库的创建。

3.2.2 使用 CREATE DATABASE 语句创建数据库

CREATE DATABASE 命令的语法如下：

```
CREATE  DATABASE  数据库名                ——设置数据库的名称
[ON                                       ——定义数据库的数据文件
   [PRIMARY]                              ——设置主文件组
   <数据文件描述符> [,… n ]               ——设置数据文件的属性
   [, FILEGROUP 文件组名<数据文件描述符> [,… n]]
                                          ——设置次文件组及数据文件的属性
]
[LOG  ON                                  ——定义数据库的日志文件
   {<日志文件描述符>} [ ,… n ]            ——设置日志文件的属性
]
```

其中，<数据文件描述符>和<日志文件描述符>为以下属性的组合：

```
(NAME =  逻辑文件名 ,                       ——设置在 SQL Server 中引用时的名称
  FILENAME = '物理文件名'                   ——设置文件在磁盘上存放的路径和名称
  [, SIZE =  文件初始容量]                  ——设置文件的初始容量
  [, MAXSIZE = {文件最大容量 | UNLIMITED } ]  ——设置文件的最大容量
  [, FILEGROWTH =  文件增长幅度] )            ——设置文件的自动增量
```

该命令的选项说明如下。

① ON：用于定义数据库的数据文件。

② PRIMARY：用于指定其后所定义的文件为主数据文件，如果省略的话，系统将第一个定义的文件作为主数据文件。

③ FILEGROUP：用于指定用户自定义的文件组。

④ LOG ON：指定存储数据库日志的磁盘文件列表，列表中的<事务日志文件>用“，”分隔。如果不指定，则由系统自动创建事务日志文件。

⑤ NAME：指定 SQL Server 系统引用数据文件或事务日志文件时使用的逻辑名，它是数据库在 SQL Server 中的标识。

⑥ FILENAME：指定数据文件或事务日志文件的文件名和路径，而且该路径必须是某个 SQL Server 实例上的一个文件夹。

⑦ SIZE：指定数据文件或事务日志文件的初始容量，可以是 KB、MB、GB 或 TB，默认单位为 MB，其值是一个整数值。如果主文件的容量未指定，则系统取 Model 数据库的主文件容量；如果是其他文件的容量未指定，则系统自动取 1MB 的容量。

⑧ MAXSIZE：指定数据文件或事务日志文件的最大容量，可以是 KB、MB、GB 或 TB，默认单位为 MB。如果省略 MAXSIZE，或者指定为 UNLIMITED，则数据文件或事务日志文件的容量可不断增加，直到整个磁盘满为止。

⑨ FILEGROWTH：指定数据文件或事务日志文件的增长幅度，可以是 KB、MB、GB、TB 或百分比（%），默认单位为 MB。当 FILEGROWTH=0 时，表示不让文件增长。增幅既可以用具体的容量表示，也可以用文件大小的百分比表示。默认情况下，增幅为按 1MB 或文件大小的 10%增长。任何小于 64KB 的增幅都近似成 64KB。

1. 创建简单数据库

【例 3-2】 创建一个不带任何参数的数据库 DB1。

```
CREATE  DATABASE  DB1
```

由该命令创建的数据库，所有设置都采用默认值，其主数据文件名为 db1.mdf，初始容量为 3MB，最大容量为不限制，增幅为 1MB；事务日志文件名为 db1_log.ldf，初始容量为 1MB，最大容量为 2 097 152MB，增幅为 10%；数据库文件放在“数据库默认位置”里。

2. 创建单个数据文件和日志文件的数据库

在创建以下数据库前，请先在 D 盘根目录里创建一个“TEST”的文件夹，因为下面实例里的数据库文件都将放在这个文件夹里。

【例 3-3】 创建一个数据库，指定数据库的数据文件所在位置。

```
CREATE  DATABASE  DB2
   ON
   ( NAME =DB2,
    FILENAME = 'D:\TEST\DB2.MDF'
)
```

【例 3-4】 创建一个数据库，指定数据库的数据文件所在位置、初始容量、最大容量和文件增量。

```
CREATE  DATABASE  DB3
   ON
   ( NAME =DB3,
    FILENAME = 'D:\TEST\DB3.MDF',
    SIZE = 10,
    MAXSIZE = 50,
    FILEGROWTH = 5%
)
```

【例 3-5】 创建一个数据库，指定数据库的数据文件和日志文件的存放位置。

```
CREATE  DATABASE  DB4
   ON
   ( NAME =DB4,
    FILENAME = 'D:\TEST\DB4.MDF',
    SIZE = 10,
    MAXSIZE = 50,
    FILEGROWTH = 5%
)
LOG  ON
( NAME = DB4LOG ,
   FILENAME = 'D:\TEST\DB4.LDF'
)
```

3. 创建多个数据文件和日志文件的数据库

【例 3-6】 创建一个数据库，该库共包含 3 个数据文件和 2 个日志文件。

```
CREATE   DATABASE   DB5
   ON
    ( NAME = DB51, FILENAME = 'D:\TEST\DB51.MDF' ,
    SIZE = 100, MAXSIZE = 200, FILEGROWTH = 20 ) ,
                                        ——此处右括号后有逗号，表示继续创建数据文件
    ( NAME = DB52, FILENAME = 'D:\TEST\DB52.NDF' ,
    SIZE = 100, MAXSIZE = 200, FILEGROWTH = 20 ) ,
    ( NAME = DB53, FILENAME = 'D:\TEST\DB53.NDF' ,
    SIZE = 100, MAXSIZE = 200, FILEGROWTH = 20)
                                        ——此处右括号后无逗号，表示结束创建数据文件
   LOG   ON
    ( NAME = DB5LOG1, FILENAME = 'D:\TEST\DB5LOG1.LDF') ,
                                        ——此处右括号后有逗号，表示继续创建日志文件
    ( NAME = DB5LOG2, FILENAME = 'D:\TEST\DB5LOG2.LDF' ,
    SIZE = 50, MAXSIZE = 200, FILEGROWTH = 20 )
                                        ——此处右括号后无逗号，表示结束创建日志文件
```

4. 创建多文件组的数据库

【例 3-7】 创建一个数据库，该库共包含 3 个数据文件和 2 个自定义文件组。

```
CREATE   DATABASE   DB6
   ON
    ( NAME = DB61, FILENAME = ' D:\ TEST \DB61.MDF' ,
      SIZE = 100, MAXSIZE = 200, FILEGROWTH = 20) ,
    FILEGROUP   FDB61          ——创建次文件组，表示其后的次数据文件保存在 FDB61 组中
    ( NAME = DB62, FILENAME = ' D:\ TEST \DB62.NDF' ,
      SIZE = 100, MAXSIZE = 200, FILEGROWTH = 20 ) ,
    FILEGROUP   FDB62          ——创建次文件组，表示其后的次数据文件保存在 FDB62 组中
    ( NAME = DB63, FILENAME = ' D:\ TEST \DB63.NDF' ,
      SIZE = 100, MAXSIZE = 200, FILEGROWTH = 20 )
```

3.3 修改数据库

创建数据库后，可以对它原来的定义进行修改。修改的主要内容包括以下几点：

- 扩充数据库的数据或事务日志空间。
- 收缩数据库的数据或事务日志空间。
- 增加或减少数据文件和事务日志文件。
- 更改数据库的配置设置。
- 更改数据库的名称。

数据库可以在 SQL Server Management Studio 中修改，也可以用 T-SQL 语句修改。

3.3.1 在“对象资源管理器”中修改数据库

【例 3-8】 修改数据库 DB，要求：在数据库 DB 中增加一个文件组 USER2。

实施步骤如下：

（1）在“对象资源管理器”窗口中展开服务器，定位到要修改的数据库 DB。

（2）右击 DB 数据库，在弹出的快捷菜单中选择“属性”命令，会出现如图 3-6 所示的对话框。

图 3-6 “数据库属性”对话框

（3）在该对话框的“常规”选项卡里，可查看该数据库的基本信息。

（4）单击“文件”选项卡，会出现如图 3-7 所示的对话框。

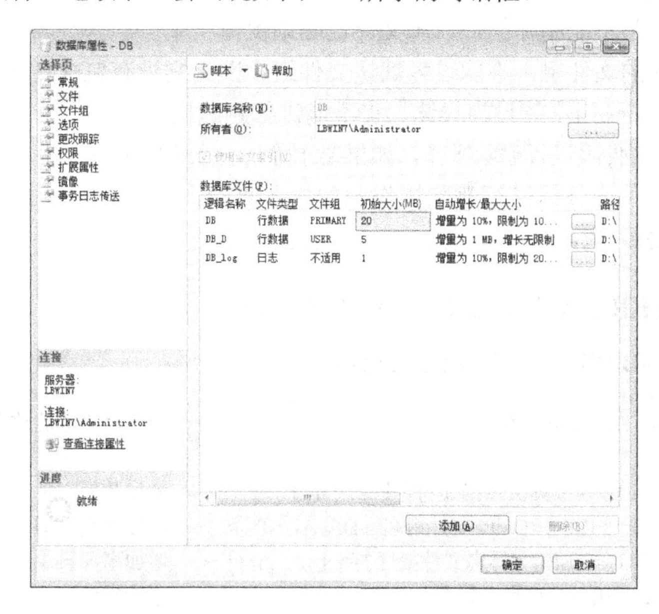

图 3-7 “文件”选项卡对话框

（5）在该对话框中，可以修改数据库文件的属性。其中，单击“添加”按钮可以增加数据文件和日志文件，单击“删除”按钮可以删除数据文件。

（6）单击“文件组”选项卡，单击“添加”按钮，在新增行的名称框中输入“USER2”，如图 3-8 所示，单击“确定”按钮即可增加一个次文件组。

图 3-8 “文件组”选项卡对话框

（7）在该对话框中，还可以指定默认文件组、修改现有文件组和删除文件组。

在修改数据库时，必须注意以下几点：

① 如果是修改数据库文件属性，不能对文件类型、所属文件组和路径进行修改。

② 主数据文件是不能删除的，日志文件也必须保留一个。

③ 如果是新建的文件组，不能设为默认文件组，因为它没有包含任何文件。

④ PRIMARY 文件组不能设为只读，也不能进行删除操作。

⑤ 不能对默认文件组进行删除操作，如果要删除，必须先将其他文件组设为默认文件组。

⑥ 不能对非空的文件组进行删除操作，如果要删除，必须先删除文件组内的所有数据文件，保证该文件组为空。

3.3.2 使用 ALTER DATABASE 语句修改数据库

ALTER DATABASE 命令的基本语法如下：

```
ALTER  DATABASE  数据库名                        ——指定要修改的数据库名
{
   ADD  FILE  <数据文件描述符> [ ,… n ]          ——增加数据文件
       [ TO  FILEGROUP 文件组名 | DEFAULT ]      ——将数据文件添加到指定的文件组
|  ADD  LOG  FILE  <日志文件描述符> [ ,… n ]     ——增加事务日志文件
|  REMOVE  FILE  逻辑文件名                      ——删除文件
|  MODIFY  FILE  <数据文件描述符>      ——修改文件的逻辑名、物理名、大小、自动增量等
|  ADD  FILEGROUP  文件组名            ——增加文件组
|  REMOVE  FILEGROUP  文件组名         ——删除文件组
|  MODIFY  FILEGROUP  文件组名
```

```
        { NAME = 新文件组名          ——修改文件组的名称
         | DEFAULT                   ——将文件组设置为数据库的默认文件组
         | <文件组属性>              ——修改文件组的属性
        }
    | MODIFY  NAME = 新数据库名      ——修改数据库的名称
    }
```

其中，<数据文件描述符>和<日志文件描述符>为以下属性的组合：

```
(
   NAME = 逻辑文件名 ,
  [ , NEWNAME = 新逻辑文件名]
  [ , FILENAME = '物理文件名' ]
  [ , SIZE = 文件初始容量]
  [ , MAXSIZE = { 文件最大容量 | UNLIMITED } ]
  [ , FILEGROWTH = 文件增长幅度]
)
```

<文件组属性>可取值 READ（只读）、READWRITE（读写）和 DEFAULT（默认）。

1．修改数据库的名称

【例 3-9】 将数据库 DB1 的数据库名称改为“DB8”。

```
ALTER  DATABASE  DB1
   MODIFY  NAME = DB8
```

2．增加数据文件、事务日志文件

【例 3-10】 在数据库 DB8 中增加一个数据文件和一个事务日志文件。

在增加数据文件时，如果不指定 TO FILEGROUP 文件组名，那么所增加的文件属于主文件组。

```
ALTER  DATABASE  DB8
   ADD  FILE  ( NAME = DB81 ,  FILENAME = ‘D:\TEST \DB81.NDF '  )
ALTER  DATABASE  DB8
   ADD  LOG  FILE ( NAME = DB8LOG1 , FILENAME = ‘D:\TEST \DB8LOG1.LDF '  )
```

3．增加文件组

【例 3-11】 在数据库 DB8 中增加一个名为“FDB8”的文件组。

```
ALTER  DATABASE  DB8
   ADD  FILEGROUP  FDB8
```

4．修改文件组的名称

【例 3-12】 将数据库 DB8 中的 FDB8 文件组的名称改为“FG8”。

```
ALTER  DATABASE  DB8
   MODIFY  FILEGROUP  FDB8  NAME = FG8
```

5．增加数据文件到文件组

【例 3-13】 在数据库 DB8 中增加两个数据文件到文件组“FG8”中，并将该文件组设为默认文件组。

```
ALTER  DATABASE  DB8
   ADD  FILE ( NAME= DB82 ,  FILENAME= 'D:\TEST \DB82.NDF' ) ,
       ( NAME= DB83 ,  FILENAME= 'D:\TEST \DB83.NDF' )
   TO  FILEGROUP  FG8
GO
ALTER  DATABASE  DB8
   MODIFY  FILEGROUP  FG8  DEFAULT
```

6. 修改数据库文件的名称

【例 3-14】 将数据库 DB8 中增加的“DB83”的数据库文件名称改为“DDD”。

```
ALTER  DATABASE  DB8
   MODIFY  FILE (NAME= DB83, NEWNAME= DDD, FILENAME= 'D:\TEST \DDD.NDF ' )
```

7. 删除数据文件和事务日志文件

【例 3-15】 将数据库 DB8 的文件组“FG8”中的数据文件“DB82”删除，并将事务日志文件“DB8LOG1”删除。

```
ALTER  DATABASE  DB8
   REMOVE  FILE  DB82
ALTER  DATABASE  DB8
   REMOVE  FILE  DB8LOG1
```

8. 删除文件组

【例 3-16】 将数据库 DB8 中的文件组“FG8”删除。

```
ALTER  DATABASE  DB8  ——DB8 是默认文件组，先将 PRIMARY 文件组设为默认文件组
   MODIFY  FILEGROUP  [PRIMARY]  DEFAULT
GO
ALTER  DATABASE  DB8  ——删除 FG8 文件组中的“DDD”数据文件
   REMOVE  FILE  DDD
GO
ALTER  DATABASE  DB8  ——删除空文件组“FG8”
   REMOVE  FILEGROUP  FG8
```

3.4 删除数据库

当数据库不再需要使用时，就可以将其从 SQL Server 服务器上删除。数据库的删除是彻底地将相应的数据库文件从物理磁盘中删除，是永久性、不可恢复的，所以，用户应当小心使用删除操作。

3.4.1 在“对象资源管理器”中删除数据库

【例 3-17】 删除数据库 DB2。

实施步骤如下：

（1）在“对象资源管理器”窗口中展开服务器，定位到要删除的数据库 DB2。

（2）右击数据库 DB2，在弹出的快捷菜单中选择“删除”命令，会出现如图 3-9 所示的对话框。

图 3-9 “删除对象”对话框

（3）单击“确定”按钮即可完成删除操作。

如果在如图 3-9 所示的“删除对象”对话框的下方勾选了“删除数据库备份和还原历史记录信息”选项，那么在删除数据库的同时，也将从“msdb”数据库中删除该数据库的备份和还原历史记录。

如果勾选了“关闭现有连接”选项，在删除数据库前，SQL Server 会自动将所有与该数据相连的连接全部关闭后，再删除数据库。如果没有勾选该项，而且有其他活动连接，在删除数据库时，将会出现如图 3-10 所示的错误信息。

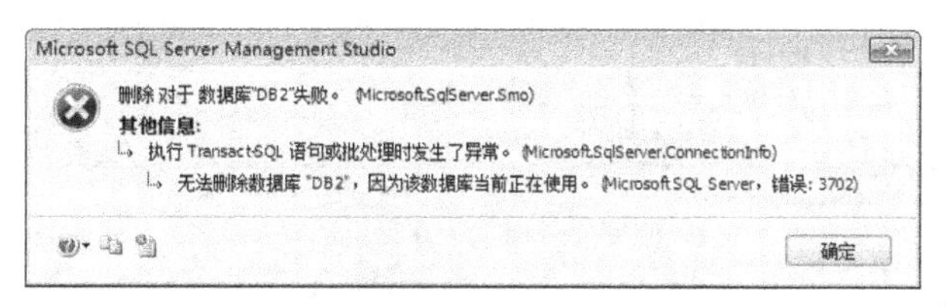

图 3-10 删除数据库时的出错信息框

3.4.2 使用 DROP DATABASE 语句删除数据库

DROP DATABASE 命令的语法如下：

```
DROP  DATABASE  数据库名 [, … n]
```

【例 3-18】 将数据库 DB3、DB4、DB5、DB6、DB7 删除。

```
DROP  DATABASE  DB3,DB4,DB5,DB6,DB7
```

3.5 查看数据库信息

创建数据库后，在实际工作中，经常需要查看数据库的基本信息，以了解它的名称、状态、所有者、创建日期、大小、可用空间、用户数、文件和文件组等详细内容。

3.5.1 在“对象资源管理器”中查看数据库信息

【例 3-19】 查看数据库 DB 的基本信息。

实施步骤如下：

（1）在“对象资源管理器”窗口中展开服务器，定位到要查看的数据库 DB。

（2）右击数据库 DB，在弹出的快捷菜单中选择“属性”命令，会出现如图 3-6 所示的对话框。

（3）在该对话框的“常规”选项卡里，可看到该数据库的基本信息，如数据库备份信息，数据库的名称、状态、所有者，创建数据库的时间、大小，所有数据文件和日志文件剩余的可用空间大小，连接到数据库的用户数等信息。

（4）单击“确定”按钮，关闭对话框。

3.5.2 用 T-SQL 语句查看数据库信息

T-SQL 语句的语法如下：

```
[EXEC]  sp_helpdb  [[ @dbname= ] 'name' ]
```

其中，[@dbname=] 'name' 用于指定要查看其信息的数据库名称。如果未指定 name，则显示 SQL Server 服务器上所有数据库的信息。

【例 3-20】 查看指定数据库的信息，如图 3-11 所示。

```
sp_helpdb  db
```

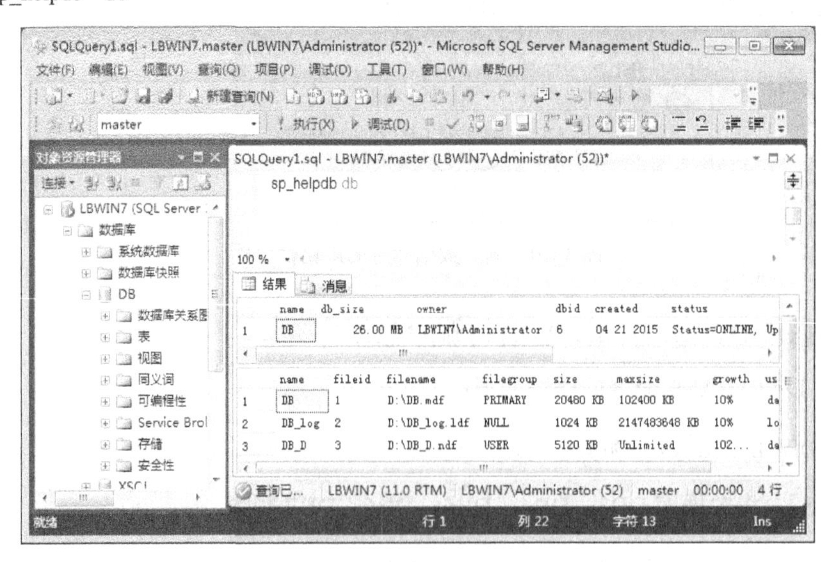

图 3-11 查看指定数据库的信息

【例 3-21】 查看服务器上所有数据库的信息，如图 3-12 所示。

```
sp_helpdb
```

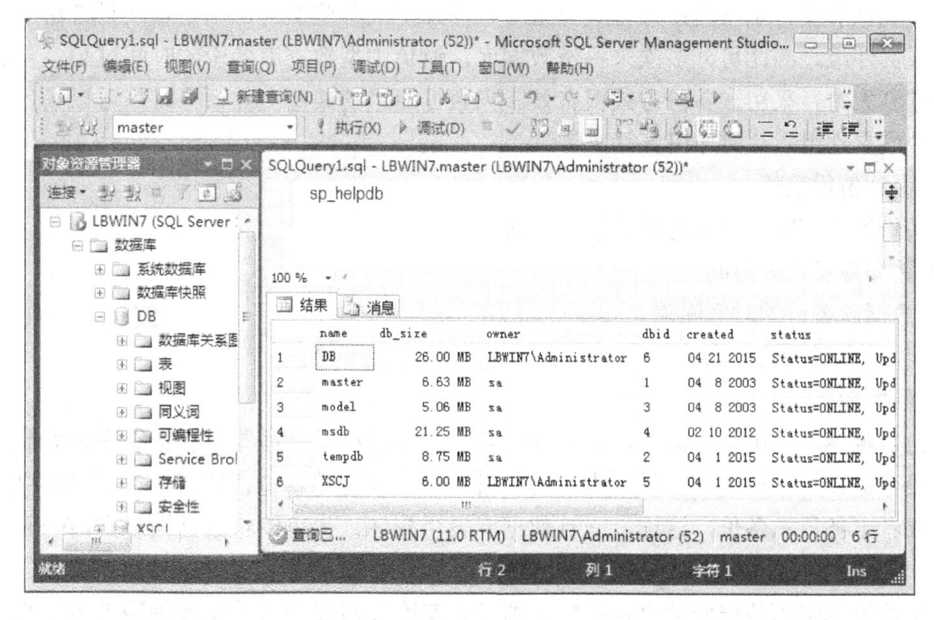

图 3-12 查看服务器上所有数据库的信息

3.6 备份与还原数据库

近年来计算机软件和硬件系统的可靠性都有了很大改善，但即使是最可靠的软件和硬件，也可能会出现系统故障和产品故障问题。同时，还存在其他一些可能造成数据丢失的因素，如用户的错误操作和蓄意破坏、病毒攻击和自然界不可抗力等。因此，为了保证在发生这些意外时可以最大限度地挽救数据，用户必须定期对数据库进行备份。当数据丢失或被破坏后，可以从数据库备份中将数据库恢复到原来的状态。另外，除了保护数据库安全外，在制作数据库副本和在不同服务器之间移动数据库时，也要用到数据库备份。SQL Server 2012 提供了强大的数据库备份和还原功能。

3.6.1 备份数据库

1. 数据库备份的类型

SQL Server 2012 提供了 4 种备份数据库的方式。

（1）完整备份：备份整个数据库的所有内容，包括事务日志。该备份类型需要比较大的存储空间，而且备份的时间也比较长。

（2）差异备份：完整备份的补充，只备份上次完整备份后更改的数据。差异备份比完整备份的数据量小，所以速度较快，因此可以经常使用，以减少丢失数据的危险。

（3）事务日志备份：事务日志备份只备份事务日志里的内容。事务日志记录了上一次完整备份或事务日志备份后数据库的所有变动过程，可以使用事务日志备份将数据库恢复到故障点。但在做事务日志备份前，也必须先做完整备份。在还原数据时，除了先要还原完整备份之外，还要依次还原每个事务日志备份，而不是只还原最近一个事务日志备份。

（4）文件和文件组备份：该方式只备份数据库中的某些文件，由于每次只备份一个或几个文件或文件组，因此可分多次来备份数据库，避免大型数据库备份的时间过长。当数据库文件非常庞大时，采用该备份方式很有效。当数据库里的某些文件损坏时，可以只还原被损坏的文件或文件组，从而加快恢复速度。

2．设计备份策略

在备份数据库时，应该考虑以下几个问题：

① 数据库备份的时间。

② 数据库备份的时间间隔。

③ 数据库备份的方式。

④ 数据库备份的地方。

备份数据库会占用系统资源，如果有很多人在使用数据库时最好不要备份数据库。

如果数据库里改变的数据量不大，可以每周做一次完整备份，然后每天下班前做一次差异备份或者事务日志备份，这样，一旦数据库发生损坏，也可以将数据恢复到前一天下班时的状态。

如果数据库中的数据变动比较频繁，则可以使用 3 种备份方式交替使用的方法来备份数据库。例如每天下班时做一次完整备份，在两次完整备份之间每间隔 8 个小时做一次差异备份，在两次差异备份之间每隔一个小时做一次事务日志备份。这样，一旦数据损坏可以将数据恢复到最近一个小时以内的状态，同时又能减少数据库备份数据的时间和减少备份数据文件的大小。

如果数据库文件过大，可以分别备份数据库文件或文件组，将一个数据库分多次备份。例如一个数据库中，某些表里的数据变动得很少，而某些表里的数据却又经常改变，那么可以将这些数据表分别存储在不同的文件或文件组里，然后通过不同的备份频率来备份这些文件和文件组。

在 SQL Server 2012 中可以将数据备份到磁盘或磁带。如果要将数据库备份到磁盘，有两种方式：一是“文件”方式；二是“备份设备”方式。这两种方式在磁盘中都体现为文件形式。

3．创建备份设备

【例 3-22】 在“D:\TEST”下创建一个磁盘备份设备，其物理备份设备名为“mydb_back.bak”，逻辑备份设备名为“mydb_back”。

实施步骤如下：

（1）在“对象资源管理器”窗口中展开服务器，定位到“服务器对象”→“备份设备”。

（2）右击“备份设备”，在弹出的快捷菜单中选择“新建备份设备”命令，会出现如图 3-13 所示的对话框，在“设备名称”框中输入逻辑备份设备名“mydb_back”。

（3）在“目标”区的“文件”框中，输入物理备份设备名“D:\test\mydb_back.bak”。

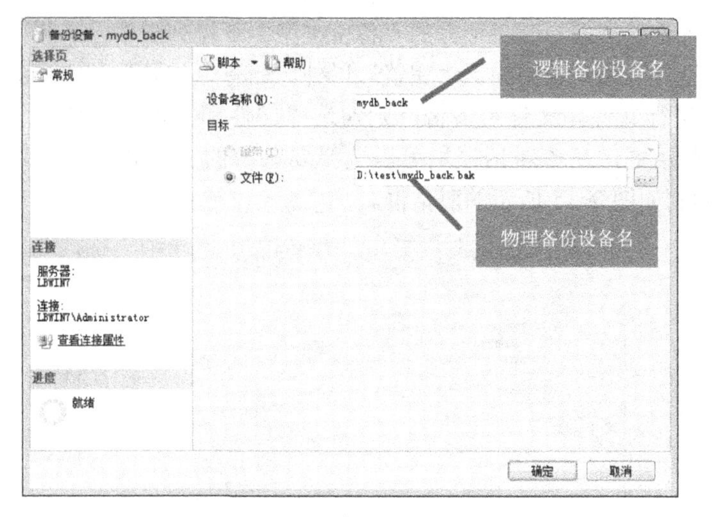

图 3-13 “备份设备”对话框

（4）单击“确定”按钮即完成备份设备的创建。

（5）在“对象资源管理器”的“备份设备”节点中，可查看新建的备份设备，如图 3-14 所示。

图 3-14 新建的备份设备 mydb_back

4. 在“对象资源管理器”中备份数据库

【例 3-23】 将数据库 DB 完整备份到 mydb_back 备份设备中，要求：备份在 90 天后过期。

实施步骤如下：

（1）在“对象资源管理器”窗口中展开服务器，定位到 DB 数据库。

（2）右击 DB 数据库，在弹出的快捷菜单中选择“任务”→“备份”命令，会出现如图 3-15 所示的对话框。

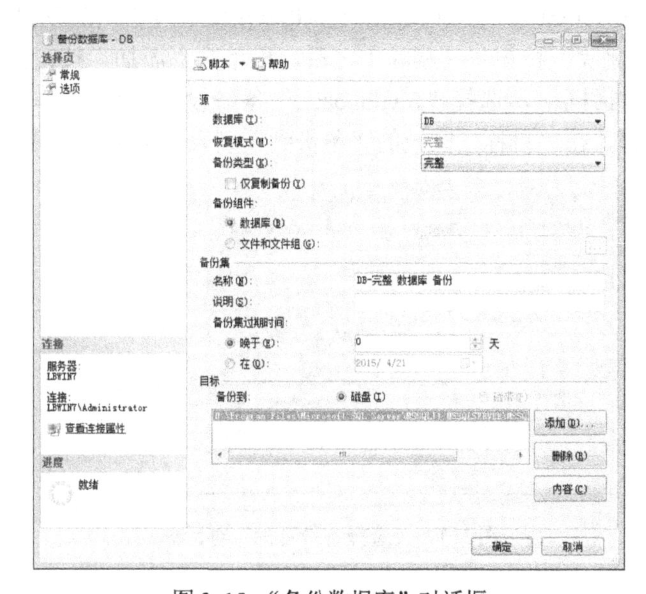

图 3-15 “备份数据库”对话框

（3）选择要备份的类型。在对话框的“备份类型”下拉列表中，选择“完整”备份。

在“备份类型”下拉列表中除了“完整”以外，还有“差异”和“事务日志”共 3 种备份类型。如果要进行文件和文件组备份，则勾选“文件和文件组”单选框，此时会出现如图 3-16 所示的对话框，在该对话框里可以选择要备份的文件和文件组，选择完毕，单击“确定”按钮返回到如图 3-15 所示的对话框。

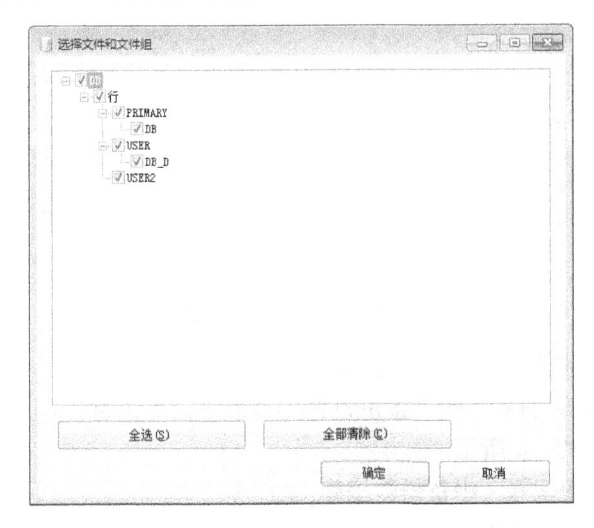

图 3-16 “选择文件和文件组”对话框

（4）设置备份的过期时间。在对话框的“备份集”区域的“晚于天数”框中输入“90”，表示 90 天后过期。

在该区域里，还可以设置备份集的名称、对备份集的说明内容以及备份在哪一天过期。在“晚于天数”框里可以输入的值为 0～99 999，如果为 0 则表示不过期。

（5）选择数据库备份的位置。默认情况下，数据库将备份到安装目录中（此处为“D:\program files\Microsoft SQL Server\MSSql11.MSSQLSERVER\MSSQL\Backup\ DB.bak”），在本例中需要单击“删除”按钮将其删除。之后，再单击“添加”按钮会出现如图 3-17 所示的对话框。在该对话框中，选择“mydb_back”备份设备，单击“确定”按钮返回到如图 3-18 所示的对话框，在“目标”区域的“备份到”列表框中选择“mydb_back”。

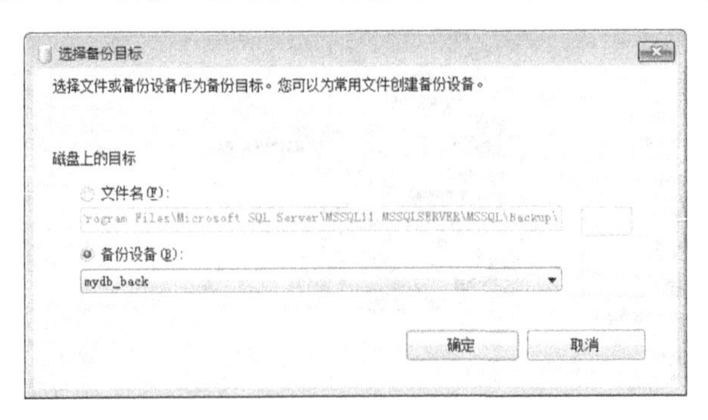

图 3-17 “选择备份目标”对话框

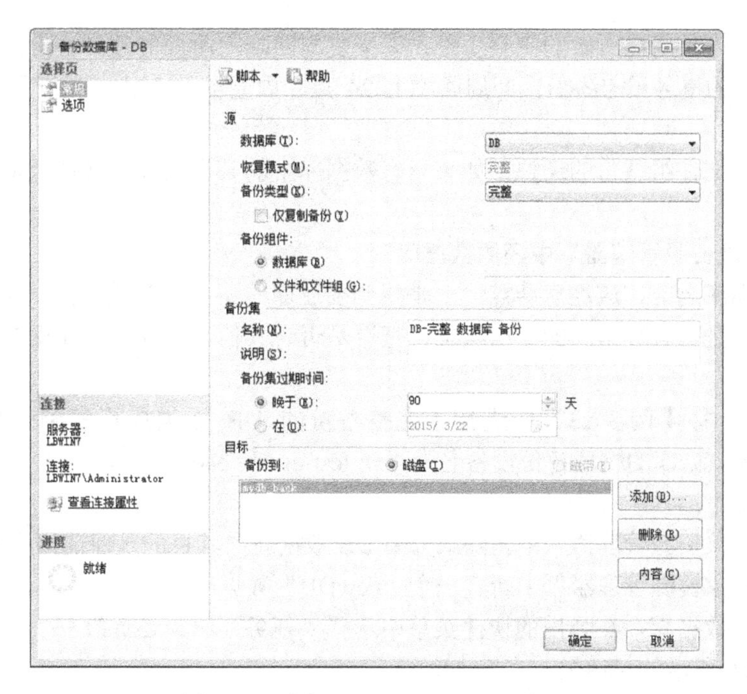

图 3-18　选择“mydb_back”备份设备

（6）单击“确定”按钮，开始备份数据库。当备份完成后，系统会给出如图 3-19 所示的提示框。

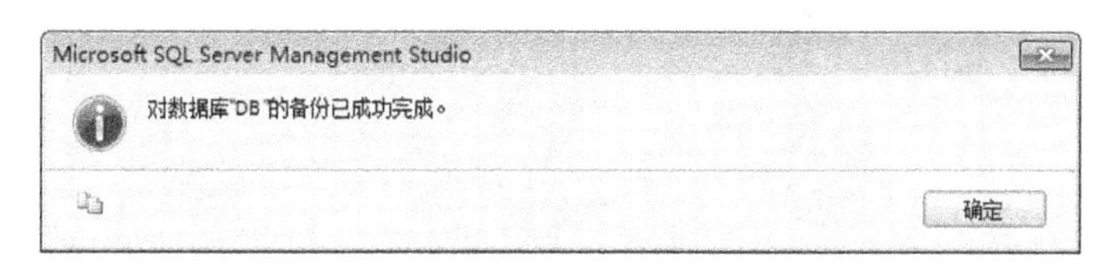

图 3-19　备份数据库完成提示框

3.6.2　还原数据库

1．还原数据库的方式

当数据库的软硬件出了故障或者是因为做了大量的误操作时，都需要将数据库还原到最初的状态。还原数据库的方式有以下几种。

（1）完整备份的还原：无论是完整备份、差异备份还是事务日志备份的还原，在第一步都要先做完整备份的还原。完整备份的还原只需要还原完整备份文件即可。

（2）差异备份的还原：差异备份的还原需要两个步骤，一是先还原完整备份；二是还原最后一次所做的差异备份。只有这样，才能让数据库里的数据恢复到与最后一次差异备份时相同的内容。

（3）事务日志备份的还原：事务日志备份的还原比较复杂，需要步骤较多。例如某个数据库在每个周日做一次完整备份，每天晚上 21 点做一次差异备份，在白天里每隔 3 个小时做一次事务日志备份。假设在周五早上 8 点上班时发现数据库发生故障，那么还原数据库的步骤应该是：①恢复周日所做的完整备份；②恢复周四晚上所做的差异备份；③依次恢复周四差异备份之后的事务日志备份，即周四晚上 24 点、周五早上 3 点、周五早上 6 点所做的事务日志备份。

（4）文件和文件组备份的还原：如果只有数据库中的某个文件或文件组损坏了，可使用该还原模式。

2．在“对象资源管理器”中还原数据库

在还原数据库之前，应注意两点：一是找到要还原的备份设备或文件，检查其备份集是否正确无误；二是查看数据库的使用状态，查看是否有其他人在使用，如果有，则无法还原数据库。

【例 3-24】 将【例 3-23】中进行了完整备份的 DB 数据库恢复到一个新的数据库 newDB 中，DB 数据库的物理备份设备名为“D:\test\mydb_back.bak”。

实施步骤如下：

（1）在“对象资源管理器”中删除或分离 DB 数据库（其目的是保证该库没有使用）。

（2）在“对象资源管理器”中新建一个“newDB”数据库。

（3）右击该数据库，在弹出的快捷菜单中选择“任务”→“还原”→“数据库”命令，会出现如图 3-20 所示的对话框。

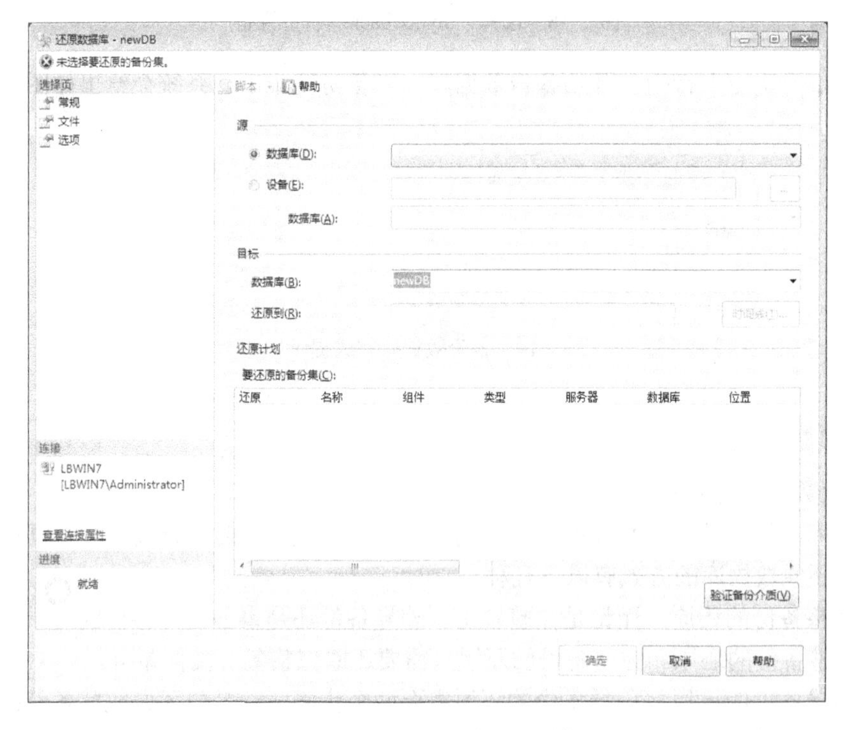

图 3-20 “还原数据库”对话框

（4）在该对话框的“源”区域中选择“设备”单选按钮，并在其右侧的框中输入“D:\test\mydb_ back.bak”，或者通过单击⋯按钮，在出现的“选择备份设备”对话框中添加备份介质后，单击“确定”按钮，返回到图 3-21 所示的对话框。

（5）单击图 3-21 左侧的“选项页”区域中的“选项”，在出现的对话框中勾选“覆盖现有数据库”选项，如图 3-22 所示。

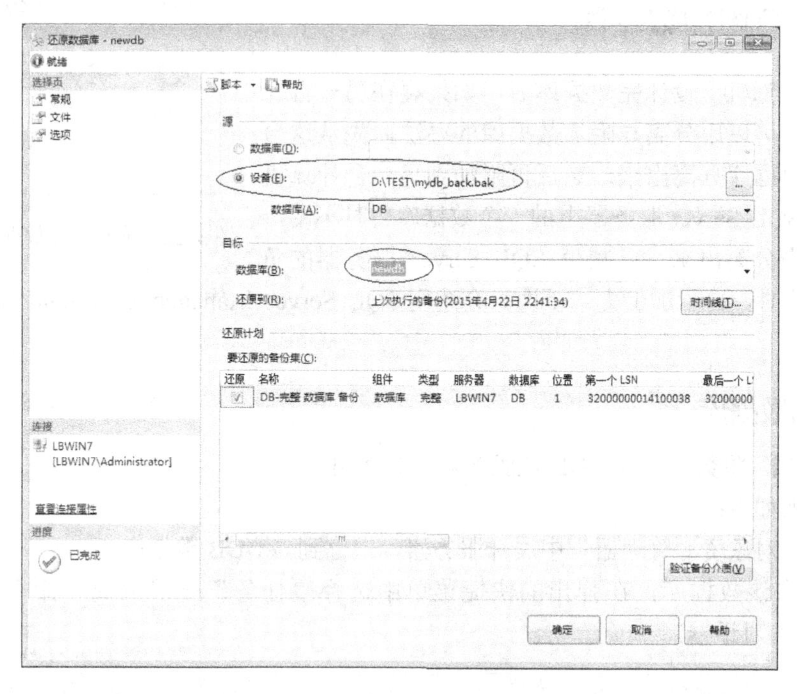

图 3-21　选择源设备和选择目标数据库

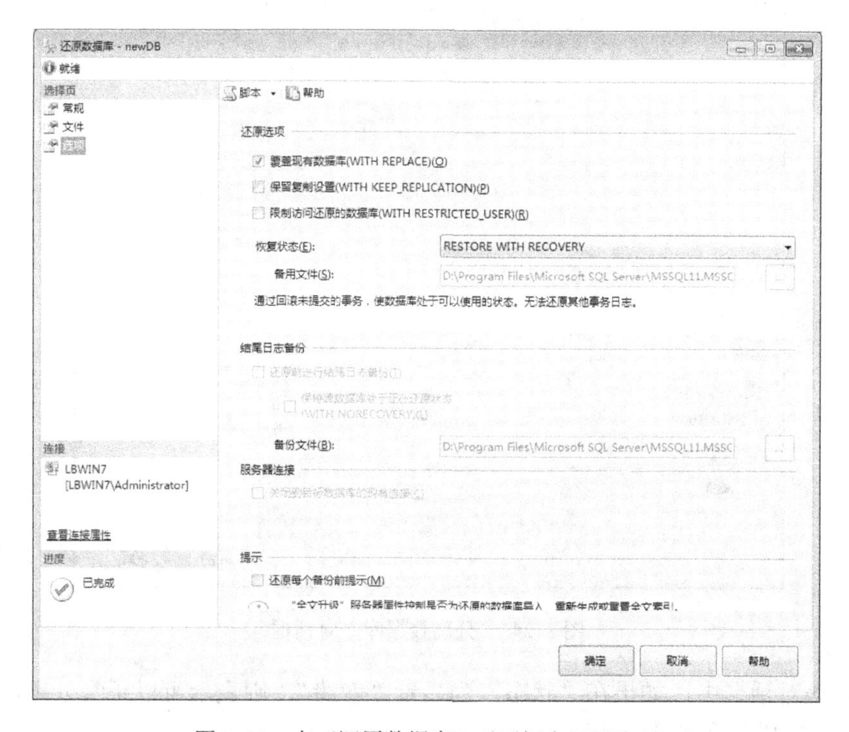

图 3-22　在“还原数据库”对话框中设置选项

（6）单击“确定”按钮即可完成还原数据库的操作，如图 3-23 所示。

图 3-23　成功还原数据库后的消息框

3.7　分离与附加数据库

在一台计算机上设计完数据库后，如果要在另一台计算机上使用，可以用分离与附加数据库的办法，先从这台计算机上将数据库分离出来，然后再附加到另一台计算机上。如果在 SQL Server 服务器上的一个数据库暂时不用，也可以将它先分离出来，以减少 SQL Server 服务器的负担，等到要用时，再附加上去。下面只介绍用 SQL Server Management Studio 分离与附加数据库的方法。

3.7.1　分离数据库

【例 3-25】 将数据库 newDB 从服务器上分离出来。

实施步骤如下：

（1）在“对象资源管理器”中展开服务器，定位到 newDB 数据库。

（2）右击该数据库，在弹出的快捷菜单中选择“任务”→“分离”命令，会出现如图 3-24 所示的对话框。

图 3-24　“分离数据库”对话框

（3）在该对话框中，如果在“状态”列显示“就绪”，则表示可以正常分离，单击“确定”按钮即可完成分离操作。

分离数据库后，刷新“对象资源管理器”，会发现 newDB 数据库已经不在该窗口里了，说明分离成功。

注意，如果有用户与数据库连接，在“状态”列显示“未就绪”，此时分离数据库会操作失败，在单击“确定”按钮后会出现如图 3-25 所示的对话框。

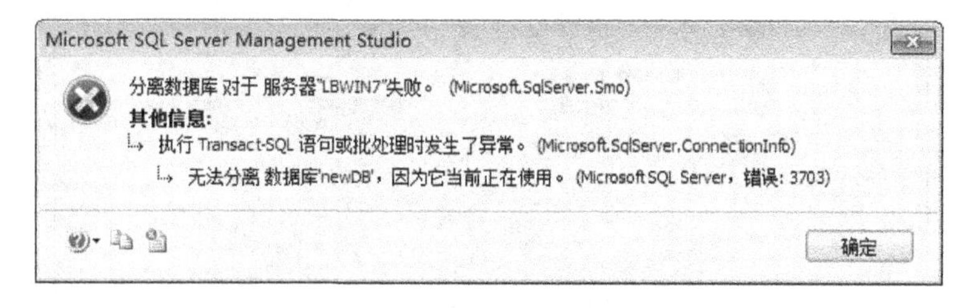

图 3-25　分离数据库失败消息框

如果要顺利分离数据库，需要勾选“删除”列，如图 3-26 所示。

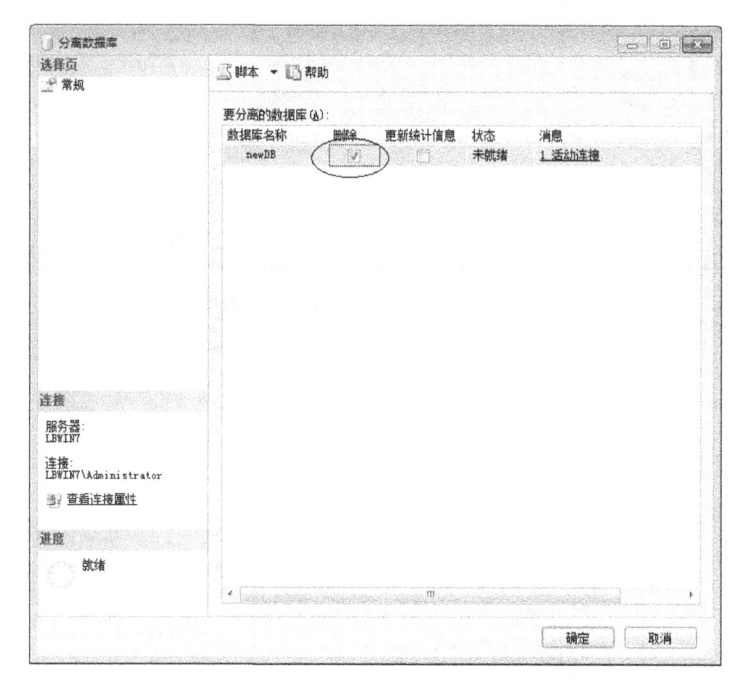

图 3-26　“分离数据库”未就绪对话框

3.7.2　附加数据库

【例 3-26】 将数据库 newDB 附加到服务器上。

实施步骤如下：

（1）在“对象资源管理器”中展开服务器，定位到“数据库”节点。

（2）右击“数据库”，在弹出的快捷菜单里选择“附加”命令，会出现如 图 3-27 所示的“附加数据库”对话框。

（3）单击“添加”按钮，会出现如图 3-28 所示的对话框。

（4）在该对话框中，默认只显示了数据库的主数据文件，即“DB.mdf”文件，选择要附加的数据文件，单击“确定”按钮后，会返回到“附加数据库”对话框，如图 3-29 所示，此时可看到数据库文件已添加进去了。

图 3-27 “附加数据库”对话框

图 3-28 “定位数据库文件”对话框

（5）单击“确定”按钮即可完成附加操作。

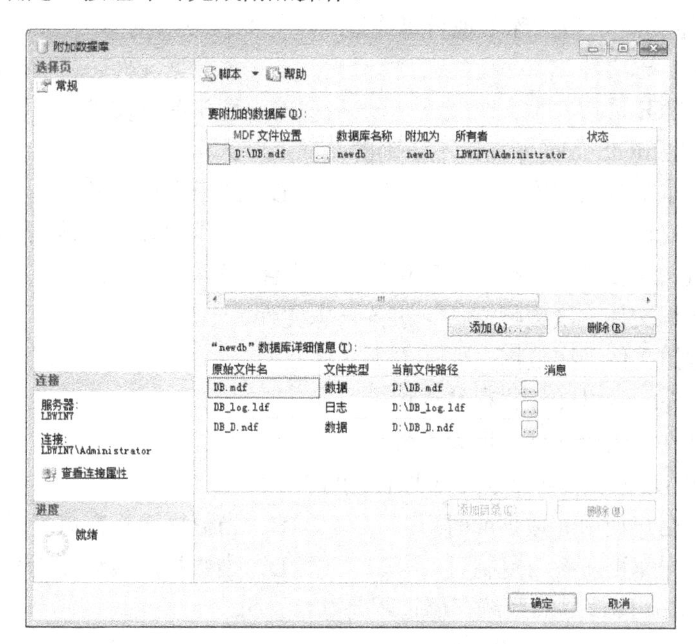

图 3-29　添加了数据文件的“附加数据库”对话框

说明：在数据库的主数据文件中存放了其他文件的相关信息，所以在附加数据库时，只要指定了主数据文件，其他文件的位置也就都知道了。但是，如果在数据库分离后，移动了其他文件，就会出现“找不到”的提示，这时需要用户自己手动查找文件了。

【课后习题】

一、填空题

1．SQL Server 的系统数据库有________、________、________、________、________。

2．数据库中的数据库文件有 3 类：________、________、________。

3．事务日志文件的作用是________。

4．创建数据库的命令是________。

5．修改数据库的命令是________。

6．删除数据库的命令是________。

7．查看 XSCJ 数据库信息的存储过程命令是________。

8．删除文件组前必须保证该文件组________，若该文件组中有文件，则应先________。

9．在增加数据文件时，如果用户没有指明文件组，则系统将该数据文件增加到________文件组。

10．找回被删除表的唯一方法是事先做好数据库的________工作。

二、选择题

1. 当数据库损坏时，数据库管理员可通过（　　）恢复数据库。

　A. 事务日志文件　　B. 主数据文件

　C. DELETE 语句　　D. 联机帮助文件

2. 下面关于 Tempdb 数据库描述不正确的是（　　）。

　A. 是一个临时数据库　　B. 属于全局资源

　C. 没有权限限制　　D. 是用户建立新数据库的模板

3. SQL Server 2012 的物理存储主要包括 3 类文件，即（　　）。

　A. 主数据文件、次数据文件、事务日志文件

　B. 主数据文件、次数据文件、文本文件

　C. 表文件、索引文件、存储过程

　D. 表文件、索引文件、图表文件

4. 数据库中的数据在哪种情况下可以被删除?（　　）

　A. 当有用户使用此数据库时　　B. 当数据库正在恢复时

　C. 当数据库正在参与复制时　　D. 当数据库被设置为只读时

5. 用来显示数据库信息的系统存储过程是（　　）。

　A. sp_dbhelp　　B. sp_db　　C. sp_help　　D. sp_helpdb

6. 在修改数据库时不能完成的操作是（　　）。

　A. 添加或删除数据和事务日志文件　　B. 更改数据库名称

　C. 更改数据库的所有者　　D. 更改数据库的物理路径

7. 在创建数据库时，用来指定数据库文件物理存放位置的参数是（　　）。

　A. FILEGROWTH　　B. FILENAME　　C. NAME　　D. FILE

三、判断题

1. 创建数据库时，FILEGROWTH 参数是用来设置数据库的最大容量的。（　　）
2. 创建数据库时，不需要指定逻辑名和物理名。（　　）
3. 当数据文件没有指定文件组时，默认都在主文件组中。（　　）
4. 事务日志文件不属于任何文件组。（　　）
5. 用户可以创建若干个主文件组。（　　）
6. 在数据库中可以没有事务日志文件，也可以没有次数据文件。（　　）
7. 修改数据库文件时，可以对文件类型、所属文件组和路径进行修改。（　　）
8. 除了不能删除默认文件组外，可以删除任何文件组。（　　）
9. 主数据文件不能被删除，且日志文件也必须保留一个。（　　）

【课外实践】

任务 1：用命令方式创建 TESTDB 数据库。

	逻辑名称	物理名称	初始长度	最大长度	增量
主文件组	TD1	E:\SQL\TD1.MDF	5MB	20MB	10%

（续）

	逻辑名称	物理名称	初始长度	最大长度	增量
主文件组	TD2	E:\SQL\TD2.NDF	10MB	30MB	2MB
USER1 文件组	TD3	E:\SQL\TD3.NDF	5MB	不受限制	2MB
日志文件	TLOG	E:\SQL\TLOG.LDF	4MB	不受限制	20%

任务 2：用命令方式修改 TESTDB 数据库。

（1）在数据库 TESTDB 中增加一个 U3 文件组。

（2）将数据库 TESTDB 中的文件组 U3 更名为 U2。

（3）将数据库 TESTDB 中的数据文件 TD2 的初始大小改为 20MB，最大容量为 50MB，增长幅度为 15%。

（4）将数据库 TESTDB 的数据库名改为 GLDB。

任务 3：完整备份 GLDB 数据库。

任务 4：将 GLDB 数据库从服务器上分离。

第 4 章　数据表的创建与管理

【学习目标】

- 掌握数据表的基本类型
- 掌握数据表的创建、修改、查看和删除方法
- 掌握数据表中数据的添加、修改和删除方法
- 掌握数据表中约束的添加、修改和删除方法

4.1　SQL Server 2012 表概述

在 SQL Server 2012 中，数据表按用途可以分为系统表、用户表、已分区表和临时表 4 类。

（1）系统表：用于存储服务器的配置信息、数据表的定义信息的一组特殊表，称为系统表。系统表是只读的，不允许用户更改，它们的作用是维护 SQL Server 2012 服务器和数据库正常工作。

（2）用户表：用户自己创建和维护的表。

（3）已分区表：已分区表是将超大表按照某种业务规则分别存储在不同的文件组中，以提高性能和方便管理。已分区表是将一个表分为两个或多个表，这些表在物理上来说是多个表，但是从逻辑上来说，是同一个表。当一个超大表被拆分为多个相对较小的表时，对单个表的维护工作更加有效和容易。

（4）临时表：临时表是一种因为暂时需要所产生的数据表，它存放在 Tempdb 数据库中，当使用完临时表且关闭连接后，系统会自动删除临时表。根据使用范围的不同，临时表可分为两种：一是本地临时表，以“#”开头命名，只有创建它的用户可以使用它；二是全局临时表，以“##”开头命名，在创建后，任何用户和连接都可以使用它。

在第 1 章中我们已经了解到，数据表是一张二维表，它由行和列组成。在创建数据表时，最主要的工作就是设计表的结构即设计列，包括列名、列的数据类型、列的属性等。

4.1.1　数据类型

数据类型是指用于存储、检索及解释数据值类型的预先定义的命名方法，它决定了数据在计算机中的存储格式，代表不同的信息类型。在 SQL Server 2012 中，数据类型通常指列、存储过程参数和局部变量的数据特征。

在 SQL Server 2012 中，数据类型分为两大类：一是系统数据类型，即由系统定义，提供给用户使用的数据类型；二是用户自定义类型，即用户根据自己的需要自定义的数据类型。

1．系统数据类型

在 SQL Server 中，为列选择合适的数据类型尤为重要，因为它影响着系统的空间利用、

性能、可靠性和是否易于管理等特性。因此，在开发一个数据库系统之前，最好能够真正理解各种数据类型的存储特征。

在表中创建列或者声明一个局部变量时，都必须为它选择一种数据类型，选择数据类型后，就确定了如下特性：

在列中可以存储何种数据（数字、字符串、二进制串、位值或日期值）。

对于数值或日期数据类型，确定了允许在列中使用值的范围。

对于字符串和十六进制数据类型，确定了允许在列中存储的最大数据长度。

表 4-1 列出了 SQL Server 2012 支持的主要数据类型，用户应该先对它们有一个总体上的印象。

表 4-1　SQL Server 2012 的系统数据类型

数 据 类 型	定 义 标 识	存 储 长 度
整数型	bigint int smalint tinyint	占 8 字节，取值范围为-2^{63} ～ $2^{63}-1$ 占 4 字节，取值范围为-2 147 483 648 ～ 2 147 483 647 占 2 字节，取值范围为-32 768 ～ 32 767 占 1 字节，取值范围为 0 ～ 255
位类型	bit	占 1 字节，存放逻辑值，只能取 0、1、NULL
精确数型	decimal(p,s) mumeric(p,s)	长度可变，固定精度，取值范围为$-10^{38}-1$ ～ $10^{38}-1$
浮点数型	float(n) real(n)	长度可变，近似小数，取值范围为-1.79E+308 ～ 1.79E+308
字符型	char(n) varchar(n) text	存放固定长度的字符数据，n 的取值范围为 1～8 000 存放可变长度的字符数据，n 为取值范围为 1～8 000 存放最大长度为 $2^{31}-1$ 的字符数据
Unicode 宽字符型	nchar(n) ncarchar (n) ntext	存放固定长度的字符数据，n 的取值范围为 1～4 000 存放可变长度的字符数据，n 的取值范围为 1～4 000 存放最大长度为 $2^{30}-1$ 的字符数据
二进制型	binary(n) varbinary (n) image	存放定长二进制数据，n 的取值范围为 1～8 000 存放变长二进制数据，n 的取值范围为 1～8 000 存放最大长度为 $2^{31}-1$ 的二进制数据
货币型	money smallmoney	占 8 字节，取值范围为-2^{63} ～ $2^{63}-1$，精确到 4 个小数位 占 4 字节，取值范围为-2 147 483 648 ～ 2 147 483 647
日期类型	date	占 3 字节，日期取值为 0001 年 1 月 1 日～9999 年 12 月 31 日
时间类型	time	占 3～5 字节，时间取值为 00:00:00.0000000～23:59:59.9999999
日期时间类型	datetime datetime2 smalldatetime datetimeoffset	占 8 字节，日期为从 1753 年 1 月 1 日～9999 年 12 月 31 日，精确到 0.03 秒 占 6～8 字节，支持更大的日期范围和更高的时间精度，精确到 100 纳秒 占 4 字节，日期为 1900 年 1 月 1 日～2079 年 6 月 6 日，精确到分钟 占 8～10 字节，类似 datetime，时间在内部存储为 UTC 时间
时间戳型	timestamp	占 8 字节，给定数据库的唯一特定值
特殊类型	uniqueidentifier	占 16 字节，特殊的全局唯一标识符（GUID），是由 SQL Server 根据计算机网络适配器地址和 CPU 时钟产生
	table	用于存储结果集，通常作为用户自定义函数结果输出或作为存储过程的参数。在表的定义中不作为可用的数据类型
	hierarchyid	维护层次结构位置信息的特殊数据类型
	sql_variant	用于存储其他数据类型的值（不包括 text、ntext、image、timestamp 和 Sql_variant）。当列或函数需要处理多种数据类型时可使用这种数据类型
	XML	用于保存整个 XML 文档，用于针对 XML 模式的数据验证和使用特殊的面向 XML 的函数
	CLR	随 CLR 对象的特性而变，CLR 对象支持基于自定义数据类型的 CLR
	cursor	占 1 字节，指向游标的指针

2．自定义数据类型

在 SQL Server 2012 中，除了使用系统数据类型外，还允许用户根据需要自己定义数据类型，并且可以用自定义数据类型来声明变量或字段。但自定义数据类型只允许用户通过已有的数据类型来派生，而不是定义一个具有新的存储及检索特性的类型。例如在一个数据库中，有许多数据表都需要用到 vchar（100）的数据类型，那么用户就可以自己定义一个数据类型，比如 vc100 来代表 vchar（100），之后，在所有数据表里需要用到 vchar（100）的列时，都可以将其设为 vc100。

4.1.2 列的属性

数据表的列具有若干属性，包括是否允许空属性、默认值属性、标识属性等。

1．允许空属性

允许空属性声明该列是不是必填的列。其值为 NULL，表示该列可以为空；其值为 NOT NULL，表示该列不能为空，必须填入内容。注意：NULL 是表示数值未知，没有内容，它既不是零长度的字符串，也不是数字 0，只意味着没有输入。它与空字符串不一样，空字符串是一个字符串，只是里面内容是空的。

如果某列不允许空值，用户在向表中插入数据时，必须在该列中输入一个值，否则该记录不能被数据库接收，会弹出类似如图 4-1 所示的错误提示框。

图 4-1　违反“不允许空属性”的提示框

在 SQL Server 2012 中，列的默认情况为“允许空值”。

2．默认值属性

在 SQL Server 2012 中，用户可以给列设置默认值。如果某列已设置了默认值，当用户在数据表中插入记录时，没有给该列输入数据，那么系统会自动将默认值填入该列。

3．标识属性

在 SQL Server 2012 中，可以将列设置为标识属性。如果某列已设置为标识属性，那么系统会自动地为该列生成一系列数字。这些数字在该表中能唯一地标识一行记录。设置了标识属性的列称为标识列。列的标识属性由两部分组成：一个是初始值，另一个是增量。初始值用于数据表标识列的第一行数据，以后每行的值依次为初始值加上增量。

说明：不是任何列都可以设置为标识列，这取决于该列的数据类型。只有数据类型为 bigint、int、smallint、tinyint、decimal、numeric 的列，才可以设置为标识列。指定为标识列后，不能再指定允许空（NULL）属性，系统自动指定为 NOT NULL。

4.1.3 表约束

为了减少输入错误、防止出现非法数据，用户可以在数据表的列字段上设置约束。例如，我们在 XSQK 表的“学号”列上设置了主键约束，这样就可以保证该列中不出现空值和重复的数据。表约束是为了保证数据库中数据的一致性和完整性而实现的一套标准机制。

1．表约束的类型

在 SQL Server 2012 中，表约束主要包括 4 种：主键约束、唯一性约束、外键约束、检查约束。

（1）主键约束。主键是能够唯一标识数据表中每一行的列或列的组合。所以，定义为主键的列或列的组合既不能为空值，也不能为重复的值。应该注意的是当主键是由多个列组成时，某一列上的数据可以重复，但其组合仍是唯一的。主键约束实现了实体完整性规则。

在一个数据表上只能定义一个主键，并且系统会自动为主键列创建索引，在默认情况下创建为聚集索引（clustered）。

（2）唯一性约束。唯一性约束用于保证列中不会出现重复的数据。在一个数据表上可以定义多个唯一性约束，定义了唯一性约束的列可以取空值。唯一性约束实现了实体完整性规则。

如果数据表的某列定义了唯一性约束，则系统会自动为该列创建索引，在默认情况下创建为非聚集索引（nonclustered）。

唯一性约束与主键约束的区别有两点：一是在一个表中可以定义多个唯一约束，但只能定义一个主键；二是定义了唯一约束的列可以输入空值（NULL），而定义了主键约束的列则不能。

（3）外键约束。外键约束是用于建立和强制两个表之间的关联的一个列或多个列。也就是说，将数据表中的某列或列的组合定义为外键，并且指定该外键要关联到哪一个表的主键字段上。

定义为主键的表称为主表，定义为外键的表称为从表（也称为相关表或明细表）。设置了外键约束后，当主表中的数据更新后，从表中的数据也会自动更新。外键约束实现了参照完整性规则。

（4）检查约束。检查约束通过限制列上可以输入的数据值来实现域完整性规则。检查约束的实质就是在列上设置逻辑表达式，以此来判断输入数据的合法性。

2．创建表约束的方法

创建表约束的方法主要有 3 种：一是在新建表时，在单个列定义之后，紧接着定义约束；二是在新建表时，在所有列定义完之后，再定义约束；三是在已经创建好的表上定义约束，通过修改该表的方式添加约束。

通常把非空和默认值也看成约束。非空约束只能在单列定义之后定义，默认值只能在单列定义之后定义和通过修改表的方式添加。

4.2 创建数据表和表约束

创建数据表一般分两个步骤进行：一是设计和定义表结构；二是向表中添加数据。下面我们以具体的实例来介绍数据表的创建。

4.2.1 在“对象资源管理器”中创建表和表约束

【例 4-1】 在 XSCJ 数据库中，创建一个名为“XSQK”的学生情况表，其表结构和列属性如表 4-2 所示。

表 4-2　学生情况表 XSQK 的结构描述

列　名	数 据 类 型	长度	属　性			约束
			是否允许为空值	默认值	标　识　列	
序号	int	4			初值、增量均为 1	
学号	char	10	×	无		主键
姓名	varchar	10	×	无		
性别	bit	1	×	1		
出生日期	smalldatetime	4	×	无		
专业名	varchar	20	×	无		
所在系	varchar	20	×	无		
联系电话	char	11	√	无		
总学分	tinyint	1	√	无		0～200
备注	varchar	50	√	无		

1．创建数据表

实施步骤如下：

（1）在“对象资源管理器”窗口中展开要创建的“XSCJ”数据库，定位到“表”节点。

（2）右击“表”节点，将出现如图 4-2 所示的快捷菜单。

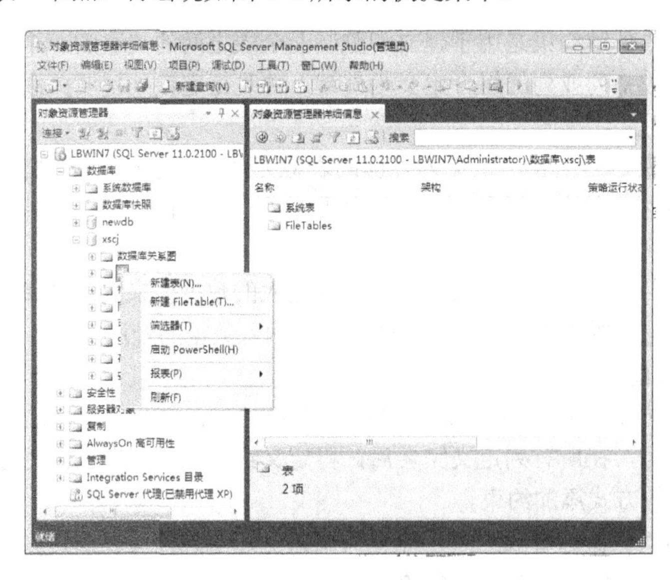

图 4-2　“新建表”的快捷菜单

（3）单击“新建表”命令，将出现如图 4-3 所示的窗口。

“表设计器”窗口主要分为上下两部分。上部分用来定义数据表的列，包括列名、数据类型、长度、允许空属性；下部分用来设置列的其他属性，如默认值、标识列等属性。

用户可用鼠标、〈Tab〉键或方向键在各单元格间移动和选择，完成“列名”“数据类型”“长度”“允许空”栏中相关数据的输入，创建完列后的“表设计器”窗口如图 4-4 所示。

注意：有些数据类型的长度是固定的，不能修改，如 bit 数据类型的长度固定为 1，datetime 数据类型的长度固定为 8 等。

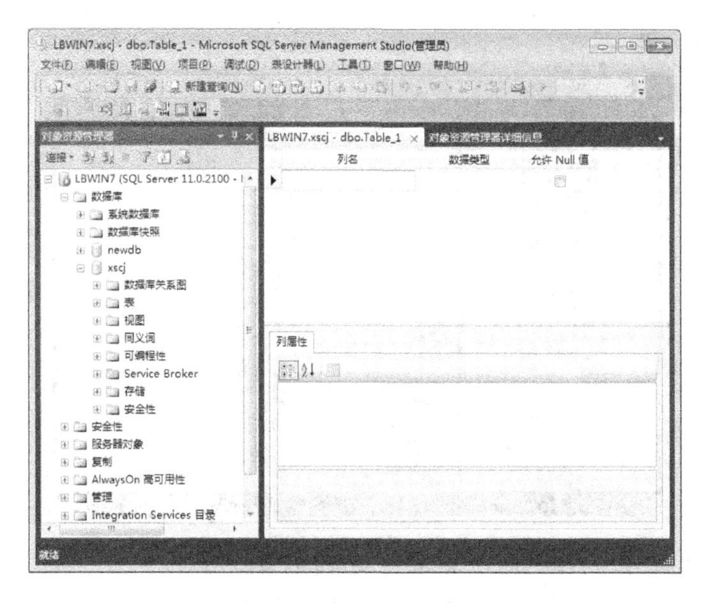

图 4-3 “表设计器”窗口

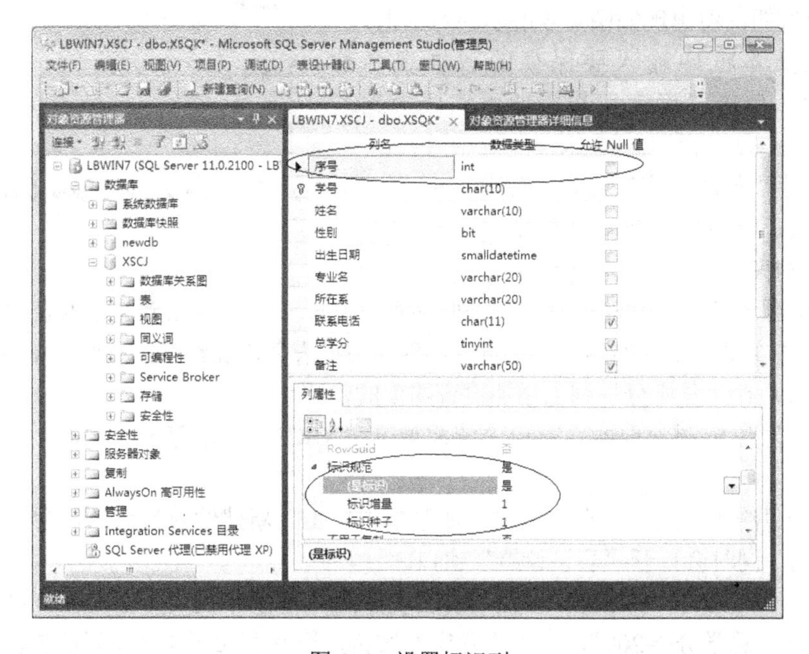

图 4-4 设置标识列

（4）设置标识列。在“表设计器”窗口选中“序号”列，然后在“列属性”对话框里展开“标识规范”项，将“是标识”设为“是”，“标识增量”设为 1，“标识种子”也设为 1，如图 4-4 所示。

（5）设置默认值约束。在“表设计器”窗口选中“性别”列，然后在“列属性”对话框里展开“常规”项，在“默认值或绑定”文本框里输入 1，如图 4-5 所示。

（6）设置主键约束。选中“学号”列，单击工具栏上的“设置主键/取消主键”按钮 ，可将该列设置为主键。

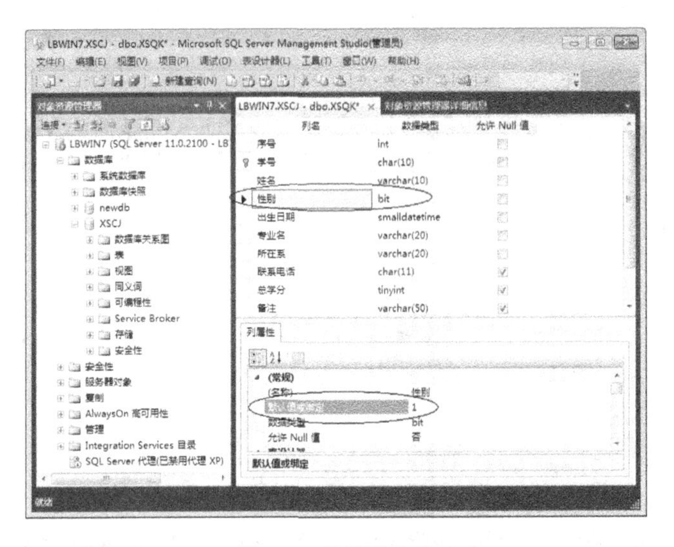

图 4-5　设置默认值

（7）单击“文件”→“保存”命令，或直接单击“保存”快捷按钮，将出现如图 4-6 所示的对话框。

（8）在文本框中输入要保存的数据表名称“XSQK”后，单击“确定”按钮即可完成数据表创建。

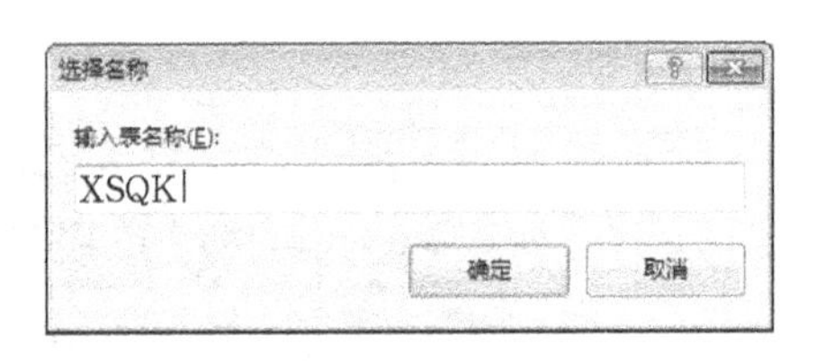

图 4-6　保存数据表对话框

（9）关闭“表设计器”窗口。之后，可在“对象资源管理器”窗口中看到创建的 XSQK 表。

2．创建约束

在对象资源管理器中创建约束可以采取两种方法：一是可以在创建数据表时添加约束，如【例 4-1】中主键约束的创建；二是可以在创建数据表后添加约束。下面是承接【例 4-1】创建 XSQK 表后在“总学分”列上添加检查约束的步骤：

（1）在“对象资源管理器”窗口中依次展开“XSCJ”数据库的“XSQK”表，定位到“约束”节点。

（2）右击“约束”节点，在弹出的快捷菜单中单击“新建约束”命令，会出现如图 4-7 所示的对话框，同时会打开“表设计器”窗口。

（3）单击“表达式”右边的...按钮，会出现如图 4-8 所示的对话框，在该对话框中输入“总学分>=0 and 总学分<=200”，单击“确定”按钮，返回到如图 4-7 所示的界面。

（4）单击“说明”右边的...按钮，会出现如图 4-9 所示的对话框，在该对话框中可以输入对该检查约束的说明信息，单击“确定”按钮，返回如图 4-10 所示的对话框。

（5）单击“关闭”按钮，返回到“表设计器”窗口。

4.2.2　使用 CREATE TABLE 语句创建表和表约束

CREATE　TABLE 命令的完整语法很复杂，下面只介绍其基本的语法。

```
CREATE  TABLE  [[ 数据库名.] 表所有者 .] 表名        ——设置表名
(  {  <列定义>                                        ——定义列属性
```

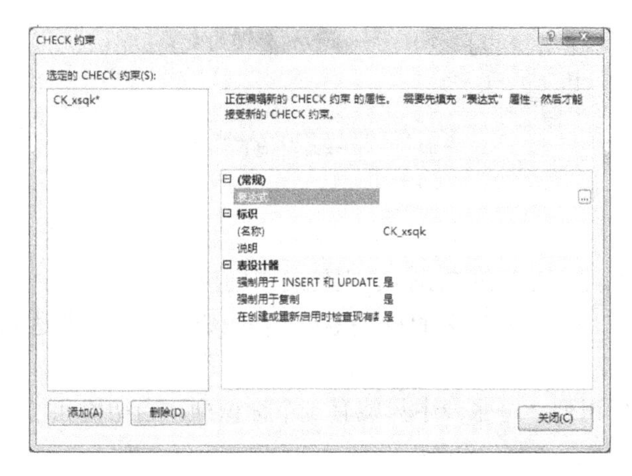

图 4-7 “CHECK 约束”对话框

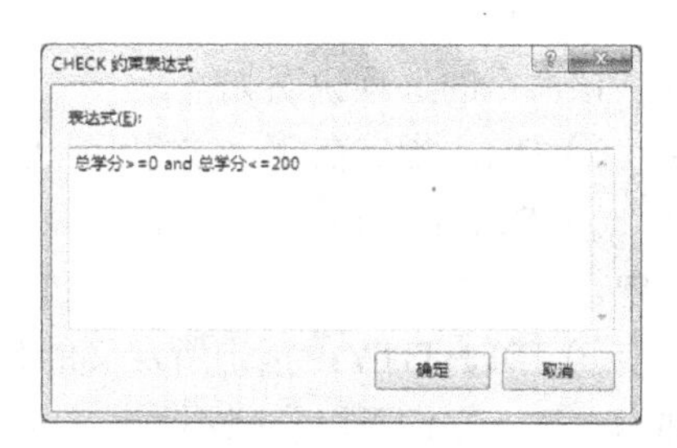

图 4-8 输入检查约束表达式

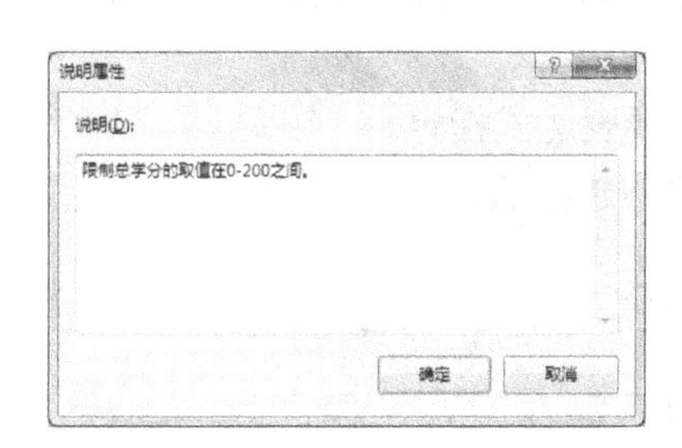

图 4-9 输入检查约束的说明信息

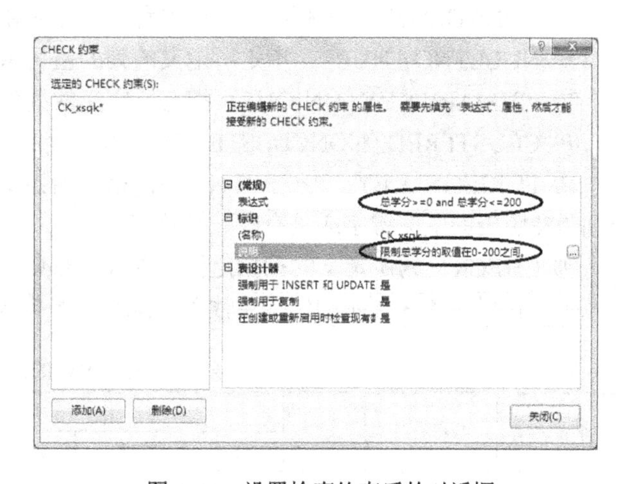

图 4-10 设置检查约束后的对话框

```
        [<列约束>]  }                          ——设置列约束
        [, ... n]                              ——定义其他的列
    )
    [ON  { 文件组名 | DEFAULT } ]              ——指定存放表数据的文件组
```

其中，<列定义>的语法为：

```
    { 列名数据类型[（长度）]  }                ——设置列名和数据类型
      [  [DEFAULT   常量表达式 ]               ——设置默认值
        | [ IDENTITY [ (初值, 增量 ) ]          ——定义标识列
      ]
    { 列名  AS  列表达式 }                     ——定义计算列
    <列约束>的语法为：
    [ CONSTRAINT  约束名 ]                     ——设置约束名
    {  [ NULL | NOT NULL ]                     ——设置空值或非空值约束
      |[ [ PRIMARY  KEY | UNIQUE ]             ——设置主键或唯一性约束
      [CLUSTERED | NONCLUSTERED ]              ——指定聚集索引或非聚集索引
        ]
```

```
    |[ [FOREIGN  KEY( 外关键字列 1 [, ... n])]          ——设置外键约束
         REFERENCES  参照表名( 列 1 [, ... n])
      ]
    | CHECK ( 逻辑表达式 )                           ——设置检查约束
  }
```

该命令的选项说明如下。

① ON：指定在哪个文件组上创建表，默认在 PRIMARY 文件组中创建表。

② DEFAULT：在<列定义>中使用，指定所定义的列的默认值，该值由常量表达式确定。

③ IDENTITY：指定所定义的列为标识列，每张表中只能有一个标识列。当初值和增量都为 1 时，它们可以省略不写。

④ AS：指定所定义的列为计算列，其值由计算列表达式后确定。

⑤ CONSTRAINT：为列约束指定名称，省略时由系统命名。

⑥ NULL | NOT NULL：指定所定义的列的值可否为空，默认为 NULL。

⑦ PRIMARY KEY | UNIQUE：指定所定义的列为主关键字或具有唯一性。

⑧ CLUSTERED | NONCLUSTERED：指定所定义的列为簇索引或非簇索引。

⑨ FOREIGN KEY REFERENCES：指定所定义的列为外关键字，且与该列相对的参照列是参照表的主关键字或具有唯一性约束。

⑩ CHECK：为所定义的列指定检查约束，规则由逻辑表达式指定。

下面将以表 4-3 所示的结构由浅入深地介绍数据表的创建方法。

表 4-3　课程表 KC 的结构描述

列　名	数据类型	长度	属　性			约　束
			是否允许为空值	默认值	标　识　列	
序号	int	4			初始值、增量均为 1	
课程号	char	3	×	无		主键
课程名	varchar	20	×	无		
授课教师	varchar	10	√	无		
开课学期	tinyint	1	×	1		只能为 1～6
学时	tinyint	1	×	无		
学分	tinyint	1	√	无		

1．创建简单表

【例 4-2】 在 XSCJ 数据库中，创建一个名为 KC1 的数据表，该表中只涉及列的定义。

```
CREATE  TABLE  XSCJ.DBO.KC1
(序号 INT,
 课程号 CHAR (3 ),
 课程名 VARCHAR (20 ),
 授课教师 VARCHAR (10 ),
 开课学期 TINYINT,
 学时 TINYINT,
```

```
  学分 TINYINT
)
```

注意，我们在创建时使用了数据库名 XSCJ 和默认的表所有者 DBO（Data Base Owner)，如果当前使用的数据库正是 XSCJ 数据库，且使用默认的表所有者 DBO，那么可以只写表名 KC1。在以后的例子中，我们假定所要操作的数据库为当前数据库，且使用默认表所有者 DBO 创建表。

2．创建有标识列的表

【例 4-3】 在 XSCJ 数据库中，创建一个名为 KC2 的数据表，该表中的“序号”列为标识列。

```
USE   XSCJ                                    ——将 XSCJ 库切换为当前数据库
CREATE   TABLE   KC2
( 序号 INT   IDENTITY ,                       ——初值和增量均为 1 时，可省去不写
  课程号 CHAR (3 ),
  课程名 VARCHAR (20 ),
  授课教师 VARCHAR (10),
  开课学期 TINYINT ,
  学时 TINYINT ,
  学分 TINYINT
)
```

3. 创建具有列约束的表

【例 4-4】 在 XSCJ 数据库中，创建一个名为 KC 的数据表，该表的结构如表 4-3 所示。

方法一：在新建表时，在单个列定义之后，紧接着定义约束。

```
USE   XSCJ                                    ——将 XSCJ 库切换为当前数据库
CREATE   TABLE   KC
( 序号 INT   IDENTITY ,                       ——初值和增量均为 1 时，可省去不写
  课程号  CHAR (3) NOT   NULL
  CONSTRAINT PK_KC_KCH PRIMARY KEY ,          ——设置非空和主键约束
  课程名  VARCHAR (20) NOT   NULL ,
  授课教师  VARCHAR (10) ,                     ——默认为 NULL，此处可以不写
  开课学期  TINYINT   NOT   NULL
  CONSTRAINT DF_KC_XQ DEFAULT   1             ——设置非空和默认值约束
  CONSTRAINT CK_KC_XQ CHECK (开课学期>=1 and  开课学期<=6 ) ,
                                              ——设置检查约束
  学时 TINYINT   NOT   NULL ,
  学分 TINYINT
)
```

方法二：在新建表时，在所有列定义完之后，再定义约束。

```
USE   XSCJ                                    ——将 XSCJ 库切换为当前数据库
CREATE   TABLE   KC
( 序号 INT   IDENTITY ,                       ——初值和增量均为 1 时，可省去不写
  课程号 CHAR (3)   NOT   NULL ,              ——设置非空约束
  课程名 VARCHAR (20)  NOT   NULL ,
```

```
授课教师 VARCHAR (10) ,                            ——默认为 NULL，此处可以不写
开课学期 TINYINT  NOT  NULL  DEFAULT  1,           ——默认值约束不能在所有列之后定义
学时 TINYINT  NOT  NULL ,
学分 TINYINT
CONSTRAINT PK_KC_KH PRIMARY KEY(课程号),           ——设置主键约束，约束名由用户指定
CONSTRAINT CK_KC_XQ CHECK (开课学期>=1  AND 开课学期<=6)
                                                   ——设置检查约束，约束名由用户指定
)
```

方法三：在已经创建好的表上定义约束，通过修改该表的方式添加约束。

```
ALTERTABLEKC
  ADD  CONSTRAINT  PK_KC_KH PRIMARY KEY(课程号),
                                                   ——设置主键约束，约束名由用户指定
  CONSTRAINT  DF_KC_XQ DEFAULT  1  FOR 开课学期,
                                                   ——设置默认值约束，约束名由用户指定
  CONSTRAINT  CK_KC_XQ CHECK (开课学期>=1  AND 开课学期<=6 )
                                                   ——设置检查约束，约束名由用户指定
```

说明：在创建表约束时，约束名既可以由用户定义，也可以由系统自动命名。用户可以用关键字 constraint 来给约束命名，当用户在指定约束名时，最好能遵照顾名思义的原则来命名，例如在给 KC 表中的课程号字段设置主键约束时，其约束名可命名为"PK_KC_KCH"，意思就是在 KC 表的课程号（KCH）上设置了主键约束（PK）。如果在创建约束时用户没有用关键字 constraint 给约束命名，那么系统会自动给该约束命名。

在上例创建表约束的 3 种方法中，约束名有时是由用户指定的，有时是由系统自动命名，请大家熟悉它们的书写格式，如果在以后的编程中需要对约束进行操作管理，建议还是采用由用户指定约束名的方式。

【例 4-5】 在 XSCJ 数据库中，创建一个名为 XS_KC 的数据表，该表的结构如表 4-4 所示。

表 4-4　学生与课程表 XS_KC 的结构

列　名	数据类型	长度	属　性		约　束	
			是否允许为空值	默认值		
学号	char	10	×	无	外键，参照 XSQK 表	组合为主键
课程号	char	3	×	无	外键，参照 KC 表	
成绩	tinyint	1	√	无	0～100	
学分	tinyint	1	√	无		

```
USE  XSCJ                          ——将 XSCJ 库切换为当前数据库
CREATE  TABLE  XS_KC
(学号   CHAR (10 )  NOT NULL   REFERENCES  XSQK(学号),
                                   ——设置非空和外键约束，约束名由系统命名
  课程号 CHAR (3 )  NOT NULL,
  成绩 TINYINT ,                   ——默认为 NULL，此处可以不写
  学分 TINYINT
```

```
    PRIMARYKEY (学号,课程号),                    ——设置组合主键约束，约束名由系统命名
    CHECK (成绩>=0  and  成绩<=100 ),            ——设置检查约束，约束名由系统命名
    FOREIGN  KEY(课程号)  REFERENCES  KC(课程号)
                                                 ——设置外键约束，约束名由系统命名
  )
```

4.3 修改数据表和表约束

如果数据表中的列数、列定义或列约束发生了变化，用户可以根据需要在“对象资源管理器”中使用图形化界面的方式或通过T-SQL语句来修改数据表。

4.3.1 在“对象资源管理器”中修改表和表约束

【例4-6】 修改XSCJ数据库中XSQK表的属性，在该表中完成以下操作：

① 在“总学分”字段前面增加“EMAIL”字段，varchar(30)，允许为空，限制该字段值中必须包含“@”字符，约束名为“CK_XSQK_EMAIL”。

② 删除“序号”字段。

③ 将“联系电话”字段移到“专业名”字段之前。

④ 修改“总学分”字段上的检查约束，限制总学分的取值在“0～200”，约束名修改为“CK_XSQK_ZXF”。

1．增加、删除和移动列

（1）在“对象资源管理器”中展开要修改的“XSCJ”数据库，定位到“XSQK”表上。

（2）右击“XSQK”表，在弹出的快捷菜单里单击“设计”命令，会出现“表设计器”窗口。

（3）增加“EMAIL”字段。右击“总学分”字段，在弹出的快捷菜单里单击“插入列”命令，会在“总学分”字段前面增加一个空行，如图4-11所示；然后在该行中输入要增加的字段名称、类型等属性。

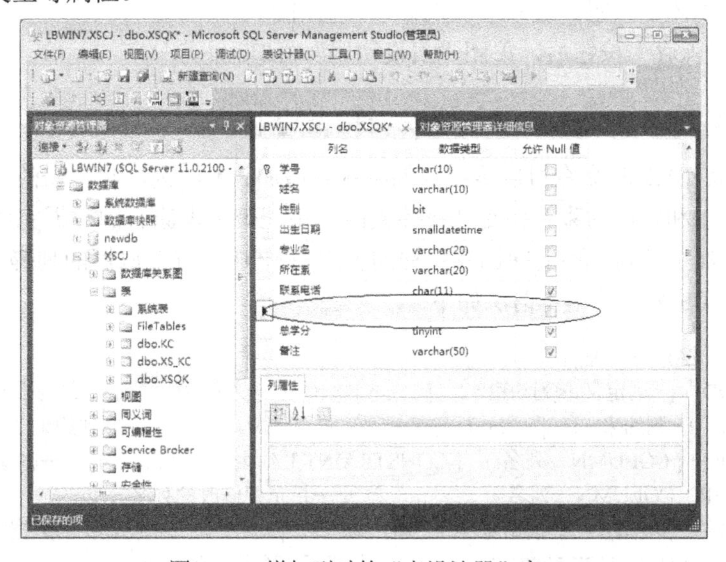

图4-11 增加列时的“表设计器”窗口

（4）删除“序号”字段。右击“序号”列的字段名称，在弹出的快捷菜单里单击“删除列”命令即可删除该列。

（5）移动“联系电话”字段。先选中该列，然后拖动该列到“专业名”字段前放开鼠标即可。注意在拖动列时，有一条黑线代表拖放的位置。

2．修改约束

承接前面步骤。

（6）修改“总学分”列上的约束名。单击工具栏上的“管理 Check 约束”按钮，会显示“CHECK 约束”对话框，该对话框中显示了已有检查约束的属性。

（7）在“名称”文本框中将约束名改为“CK_XSQK_ZXF”，修改后的属性如图 4-12 所示。

（8）在“EMAIL”列上增加约束。单击“添加”按钮，在“选定的 CHECK 约束”列表框里，自动添加了一个名为“CK_XSQK_2”的检查约束，在“表达式”文本框中输入“email like '%@%'”，在“名称”文本框中将约束名修改为“CK_XSQK_EMAIL”，如图 4-13 所示。

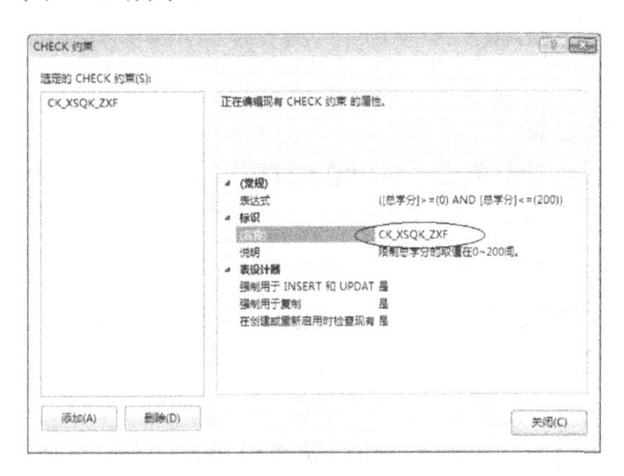

图 4-12　修改“总学分”列上的 CHECK 约束

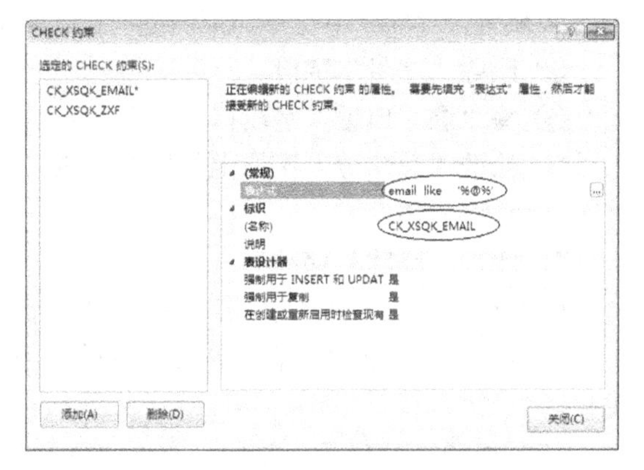

图 4-13　在“EMAIL”列上增加 CHECK 约束

（9）单击“关闭”按钮，返回“表设计器”窗口。

（10）单击“保存”按钮后，关闭“表设计器”窗口。

4.3.2　使用 ALTER TABLE 语句修改表和表约束

使用 ALTER TABLE 命令可以修改表的结构：增加、删除列，也能修改列的属性，还能增加、删除、启用和暂停约束。但是在修改表时，不能破坏表原有的数据完整性，例如不能向有主键的表添加主键列，不能向已有数据的表添加 NOT NULL 属性的列等。

ALTER TABLE 命令的基本语法如下：

```
ALTER  TABLE  表名
{  ADD  {<列定义><列约束>}  [,…n]    ——定义要添加的列：设置列属性、设置列约束
 | ADD  {<列约束>}  [,…n]                ——增加列约束
 | DROP  {COLUMN  列名 |  [CONSTRAINT] 约束名}  [,…n] ——删除列或列约束
 | ALTER  COLUMN  列名              ——指定要修改的列名
    { 新数据类型 [( 新数据宽度 [, 新小数位数 ])]       ——设置新的数据类型
       [NULL|NOT NULL]          ——设置是否允许空值属性
```

```
        }
    | [ WITH [ CHECK | NOCHECK ] ]                          ——启用或禁用约束检查
    | [ CHECK | NOCHECK ]  CONSTRAINT  {  ALL | 约束名 [ , … n ]  }      ——启用或禁用
约束
    }
```

其中，<列定义>的语法为：

```
    { 列名数据类型 }
     [ [ DEFAULT  常量表达式 ]  |  [ IDENTITY [ ( 种子值 ,递增量 ) ] ]
    { 列名  AS  列表达式 }
    <列约束>的语法为：
    [ CONSTRAINT  约束名 ]
     {  [ NULL | NOT NULL ]
       |  [  [ PRIMARY KEY | UNIQUE ]  [ CLUSTERED | NONCLUSTERED ]
               ( 主关键字列 1  [ , … n ] ) ]
       |  [  [ FOREIGN KEY (外关键字列 1  [ , … n ] ) ]
              REFERENCES  参照表名(参照列 1  [ , … n ]) ]
       |  CHECK  ( 逻辑表达式 )
    }
```

1．增加列

【例 4-7】 在 XSQK 表中，增加两列：“籍贯”字段，char(12)，默认值为“重庆”；“EMAIL”字段，varchar(30) 。

```
ALTER  TABLE  XSQK
  ADD  籍贯  CHAR(12)  CONSTRAINT  DF_XSQK_JG  DEFAULT  '重庆',
    EMAIL  VARCHAR(30)
```

2．修改列

在修改数据表的列时，只能修改列的数据类型以及列值是否为空。但在下列这些情况下不能修改列的数据类型：

① 不能修改类型为 text、image、ntext、timestamp 的列。

② 不能修改类型为 varchar、nvarchar、varbinary 的列的数据类型，但可增加其长度。

③ 不能修改设置了主键、外键、默认值、检查或唯一性约束，包含索引的列的数据类型，但可增加其长度。

④ 不能修改用列表达式定义或被引用在列表达式中的列。

⑤ 不能修改复制列（FOR REPLICATION）。

【例 4-8】 将学生课程表 XS_KC 中的成绩列的数据类型修改为 numeric(4,1)。

```
ALTER  TABLE  XS_KC
  ALTER  COLUMN  成绩  NUMERIC(4,1)
```

3．添加约束

在前一节中，我们已经讲过当数据表已经存在的情况下，添加约束的方法（即通过修改表的方法添加约束）。用户在添加约束时，如果表中原有数据与新添加的约束发生冲突，将会导致异常，并终止命令执行。如果想忽略对原有数据的约束检查，可在命令中使用 WITH

NOCHECK 选项，使新增加的约束只对以后更新或插入的数据起作用。系统默认自动使用 WITH CHECK 选项，即对原有数据进行约束检查。注意，不能将 WITH CHECK 或 WITH NOCHECK 作用于主关键字约束和唯一性约束。

【例 4-9】 在 XSQK 表的“姓名”列上增加唯一性约束，约束名为 UK_XSQK_XM，并忽略对原有数据的约束检查。

```
ALTER  TABLE  XSQK
  WITH  NOCHECK
  ADD  CONSTRAINT  UK_XSQK_XM  UNIQUE(姓名)
```

【课堂练习】在学生与课程表 XS_KC 中，添加名 CK_XS_KC_CJ 的检查约束，该约束限制“成绩”在 0～100 范围内。

4．删除约束

【例 4-10】 将 XSQK 表中的“姓名”列上的约束删除。

```
ALTER  TABLE  XSQK
DROP  CONSTRAINT UK_XSQK_XM
```

5．删除列

在删除列时，如果该列上有约束或被其他列所依赖，则应先删除相应的约束或依赖信息，再删除该列。

【例 4-11】 将 XSQK 表中的“籍贯”“EMAIL”列删除。

```
ALTER  TABLE  XSQK
  DROP  CONSTRAINT  DF_XSQK_JG   ——因为“籍贯”列上有默认值约束，所以应先删除
ALTER  TABLE  XSQK
  DROP  COLUMN  籍贯, EMAIL     ——然后再删除“籍贯”和“EMAIL”两列
```

6．启用或暂停约束

使用 CHECK 或 NOCHECK 选项可以启用或暂停某些或全部约束，但是对于主键约束和唯一性约束不起作用。

【例 4-12】 暂停 XSQK 表中的所有约束。

```
ALTER  TABLE  XSQK
  NOCHECK  CONSTRAINT  ALL
```

4.4 管理表中的数据

在创建完数据表之后，就可以在数据表里添加、修改和删除记录了。

4.4.1 添加记录

1．在“对象资源管理器”中向表中添加记录

【例 4-13】 分别向 XSQK 表、KC 表、XS_KC 表中添加如表 4-5～表 4-7 中所示的数据。其中 XSQK 表的性别列中的“0”代表“女”，“1”代表“男”。

表 4-5　XSQK 表中的学生情况信息

学　号	姓名	性别	出生日期	专业名	所在系	联系电话	总学分	备注
2012130101	杨颖	0	1995-07-20	信息安全	计算机应用	13512345678	NULL	班长
2012130102	方露露	0	1994-01-15	信息安全	计算机应用	13501234567	NULL	NULL
2012130103	俞奇军	1	1995-02-20	信息安全	计算机应用	13600123456	NULL	NULL
2012130104	胡国强	1	1996-11-07	信息安全	计算机应用	13601234567	NULL	团支书
2012130105	薛冰	1	1994-07-29	信息安全	计算机应用	13660999888	NULL	NULL
2012130201	岑盈飞	0	1995-03-10	网络工程	计算机应用	13778000954	NULL	NULL
2012130202	董含静	0	1995-09-25	网络工程	计算机应用	13702123412	NULL	班长
2012130203	陈伟	1	1994-08-07	网络工程	计算机应用	13817900922	NULL	NULL
2012130204	陈新江	1	1996-07-20	网络工程	计算机应用	13809901223	NULL	NULL
2012130301	李江	1	1995-08-08	信息管理	计算机应用	13990088331	NULL	学习委员
2012130302	刘海	0	1996-12-05	信息管理	计算机应用	13304450879	NULL	NULL
2012130303	王长虹	1	1994-09-07	信息管理	计算机应用	13256732155	NULL	NULL
2012130401	黄梅	0	1996-01-01	多媒体技术	计算机应用	13255643234	NULL	NULL
2012130402	李多海	0	1996-09-11	多媒体技术	计算机应用	13334455667	NULL	NULL
2012130403	王丽丽	0	1996-12-30	多媒体技术	计算机应用	13998701123	NULL	学习委员

表 4-6　KC 表中的课程信息

课 程 号	课 程 名	授 课 教 师	开 课 学 期	学　时	学　分
101	计算机文化基础	陈竺	1	48	3
102	计算机硬件基础	王颐	1	80	6
103	计算机软件基础	武春岭	1	60	5
104	计算机网络基础	彭海深	2	80	6
105	可视化程序设计	赵怡	2	50	4
106	网络操作系统	吴文勇	3	60	5
107	网页设计	张建华	3	45	3
108	协议分析	余建军	4	64	5
109	数据备份与维护	何倩	4	80	5
110	网站建设实训	林婧	5	30	2
111	信息安全技术	龚小勇	5	80	5
112	网络安全技术	汪朝伟	5	50	4
113	网络管理实训	余萍	6	30	2

表 4-7　XS_KC 表中的学生成绩信息

学　号	课 程 号	成 绩	学 分	学　号	课 程 号	成 绩	学 分
2012130101	101	85.0	NULL	2012130202	108	80.0	NULL
2012130101	102	87.0	NULL	2012130203	103	57.0	NULL
2012130101	107	88.0	NULL	2012130204	103	71.0	NULL
2012130102	101	58.0	NULL	2012130301	101	88.0	NULL
2012130102	102	63.0	NULL	2012130301	102	73.0	NULL

（续）

学　号	课 程 号	成 绩	学 分	学　号	课 程 号	成 绩	学 分
2012130103	101	50.0	NULL	2012130301	107	69.0	NULL
2012130103	107	71.0	NULL	2012130302	101	67.0	NULL
2012130103	108	56.0	NULL	2012130302	103	52.0	NULL
2012130104	106	67.0	NULL	2012130303	107	77.0	NULL
2012130104	107	76.0	NULL	2012130303	108	65.0	NULL
2012130104	111	80.0	NULL	2012130303	111	73.0	NULL
2012130202	101	50.0	NULL	2012130401	101	77.0	NULL
2012130202	103	55.0	NULL	2012130401	102	69.0	NULL

实施步骤如下：

（1）在“对象资源管理器”中展开要修改的“XSCJ”数据库，定位到“XSQK”表上。

（2）右击该表，在弹出的快捷菜单中单击“打开表”命令，将出现如图 4-14 所示“结果窗格”窗口。

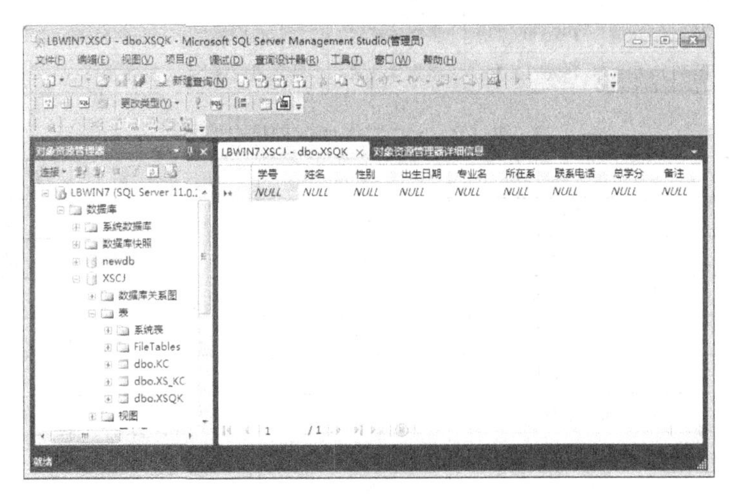

图 4-14 “结果窗格”窗口

（3）输入各记录的字段值后，只要将光标定位到其他记录上，或关闭“结果窗格”窗口，新记录就会自动保存。

（4）用相同的方法向 KC 表和 XS_KC 表中添加记录。

在输入新记录内容时，用户需要注意以下几点：

① 输入字段的数据类型要和字段定义的数据类型一致，否则会出现警告提示框。

② 不能为空的字段，必须要输入内容。

③ 有约束的字段，输入的内容必须满足这些约束。

④ 有默认值的字段，可以不输入任何数据，因为在保存记录时，系统会自动填入默认值。

提示：在 SQL Server 2012 中，数据的输入可以通过“复制”和“粘贴”方法来实现，这点与 Word 表格有点类似。

2．使用 INSERT 语句向表中添加记录

使用 INSERT 语句即可以一次插入一行数据，也可以从其他表中选择符合条件的多行数据一次插入表中。无论使用哪一种方式，输入的数据都必须符合相应列的数据类型，且符合相应的约束，以保证表中数据的完整性。

（1）插入一行数据。

INSERT 命令的语法如下：

```
INSERT  [ INTO ]  表名 [ ( 列名 [ , … n ] ) ]
  VALUES ( { 表达式 | NULL | DEFAULT } [ , … n ] )
```

在插入数据时，必须给出相应的列名，次序可任意，如果是对表中所有列插入数据，则可以省略列名。插入的列值由表达式指定，对于具有默认值的列可使用 DEFAULT 插入默认值，对于允许为空的列可使用 NULL 插入空值。对于没有在 INSERT 命令中给出的表中其他列，如果可自动取值，则系统在执行 INSERT 命令时，会自动给其赋值，否则执行 INSERT 命令会报错。

【例 4-14】 向 XSQK 表插入两行数据。

```
INSERT  INTO  XSQK (学号,姓名,性别,出生日期,专业名,所在系,联系电话,总学分,备注)
  VALUES('2012130501', '王成', 0, '1996-5-21', '硬件与外设', '计算机', '13367614111', 30, '学习委员')
INSERT  XSQK (学号,姓名,性别,专业名,所在系,出生日期)
  VALUES ('2012130405' , '田芳', 0 , '信息安全' , '计算机' , '1995-7-15')
```

由于 INSERT 语句一次只能插入一行数据，本例要求插入两行数据，因此要用两条 INSERT 语句来实现。第一条插入语句是对 XSQK 表中的所有列插入数据，所以该语句可以改写为：

```
INSERT  INTO  XSQK
  VALUES('2012130501', '王成', 0, '1996-5-21', '硬件与外设', '计算机', '13367614111', 30, '学习委员')
```

第二条插入语句中只列出了部分字段名，且列的次序与 XSQK 表中的列次序不同。需要注意的是，这种方法对于有“NOT　NULL”属性的字段必列出字段名，对有“NULL”属性的列才可以不列出字段名。

提示：凡是为字符型、日期型数据要用单引号括起来。

（2）使用 SELECT 子句插入多行数据。

使用 SELECT 子句的 INSERT 命令语法如下：

```
INSERT  [ INTO ]  目的表名 [ ( 列名 [ , … n ] ) ]
SELECT  [ 源表名. ] 列名 [ , … n ]
FROM  源表名  [ , … n ]
[ WHERE  逻辑表达式 ]
```

该命令先从多个数据源表中选取符合逻辑表达式的所有数据，从中选择所需要的列，将其数据插入到目的表中。当选取源表中的所有数据记录时，WHERE 子句可省略；当插入到目的表中的所有列时，列名可省略。

【例 4-15】 将 XS_KC 表中的成绩不及格的记录，插入到 NOPASS 表中。

```
USE  XSCJ
INSERT  INTO  NOPASS
SELECT  *  FROM  XS_KC
WHERE  成绩<60
GO
SELECT  *  FROM  NOPASS
```

说明： 该例中用到的 NOPASS 表必须是已经存在的，且该表的结构与 XS_KC 一致。如果还没有 NOPASS 表，则用户应该先定义该表。

4.4.2 更新表中的记录

1．在“对象资源管理器”中更新表中的记录

在“对象资源管理器”中，无论是插入记录，还是更新记录，都必须先打开数据表。打开数据表后，找到要修改的记录，然后可以在记录上直接修改字段内容，修改完毕之后，只需将光标从该记录上移开，定位到其他记录上，SQL Server 会自动保存修改的记录。在修改记录时，需要注意以下几点：

① 如果要在“允许为空”的字段中，输入 NULL，可以按〈Ctrl+O〉键。

② 如果要将修改过的字段内容恢复到修改前，可以将光标聚焦到该字段，然后按〈Esc〉键。

③ 如果想放弃整条记录的修改，可以连按两次〈Esc〉键。

2．使用 UPDATE 语句更新表中的记录

UPDATE 命令的语法如下：

```
UPDATE  表名
SET
{ 列名 = 表达式 | NULL | DEFAULT }  [ , ... n ] )
[ WHERE 逻辑表达式 ]
```

当省略 WHERE 子句时，表示对所有行的指定列都进行修改，否则只对满足逻辑表达式的数据行的指定列进行修改。修改的列值由表达式指定，对于具有默认值的列可使用 DEFAULT 修改为默认值，对于允许为空的列可使用 NULL 修改为空值。

【例 4-16】 将 XS_KC 表中课程号为“101”的不及格的学生成绩加 5 分。

```
UPDATE  XS_KC
SET 成绩=成绩+5
WHERE  (课程号='101'  AND  成绩<60)
```

【课堂练习】 将 XSQK 表中的“信息安全”专业改为“信息安全技术”。

4.4.3 删除表中的记录

1．在“对象资源管理器”中删除表中的记录

在“对象资源管理器”中删除记录，必须先打开数据表，然后选中要删除的记录，右击该记录，在弹出的快捷菜单里选择“删除”命令，此时将出现警告提示对话框，单击“是”

按钮即可完成删除操作。在删除记录时，需要注意以下几点：

① 记录删除后不能再恢复，所以在删除前一定要先确认。

② 可以一次删除多条记录，按住〈Shift〉键或〈Ctrl〉键，可以选择多条记录。

2．使用 DELETE 语句删除表中的记录

DELETE 命令的语法如下：

```
DELETE  表名
[ WHERE  逻辑表达式 ]
```

当省略 WHERE 子句时，表示删除表中所有数据，否则只删除满足逻辑表达式的数据行。

【例 4-17】 删除 XS_KC 表中所有不及格的记录。

```
DELETE  XS_KC  WHERE  (成绩< 60)
```

4.5 删除数据表

当数据表不再需要使用时，就可以将其从数据库中删除，释放空间给其他数据库对象使用。删除数据表也可以使用图形化界面方式和命令方式，下面分别讲述。

4.5.1 在“对象资源管理器”中删除数据表

当一个数据表不再使用时，可以将其删除。

【例 4-18】 删除数据表 KC1。

实施步骤如下：

（1）在“对象资源管理器”中展开“XSCJ”数据库，定位到要删除的“KC1”数据表。

（2）右击“KC1”，在弹出的快捷菜单里单击“删除”命令，将出现如图 4-15 所示的对话框。

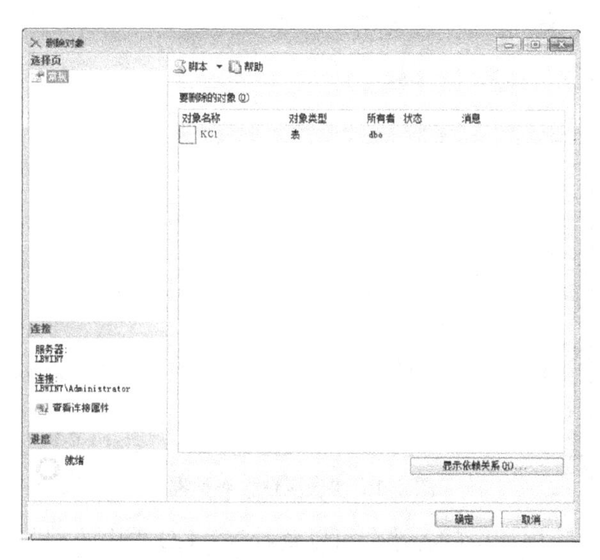

图 4-15 “删除对象”对话框

（3）在该对话框里可以看到要删除的数据表名称，单击“确定”按钮即可删除数据表。

注意：在删除数据表时，如果该数据表有外键依赖是不能被删除的，只有先将依赖于该数据表的关系都删除后才能删除。

4.5.2 使用 DROP TABLE 语句删除数据表

DROP TABLE 命令的语法如下：

```
DROP TABLE 表名 [,…n]
```

4.6 查看表信息

创建数据表后，在实际工作中，经常需要查看数据表的基本信息，以了解它的名称、所有者、类型、创建日期、列定义、约束和表的依赖关系等详细内容。

4.6.1 查看表的定义信息

创建好数据表后，可以查看表的定义信息。我们可以在“对象资源管理器”中查看表信息，也可以通过编写 T-SQL 语句查看表的定义信息。

【例 4-19】 在“对象资源管理器”中查看 XS_KC 数据表的相关信息。

实施步骤如下：

（1）在“对象资源管理器”中，定位要查看的“XS_KC”数据表。

（2）右击该表，在弹出的快捷菜单中选择“属性”命令，系统就会打开如图 4-16 所示的“表属性”对话框。

图 4-16 “表属性”对话框

（3）单击“选项页”区域中的各选项可以查看 XS_KC 表中的相关信息。

使用系统存储过程 SP_HELP 查看表的定义信息，其语法代码如下：

```
[EXEC]  SP_HELP  [ [ @OBJNAME = ] 'NAME' ]
```

【例 4-20】 用命令查看服务器上所有数据表的信息。

```
SP_HELP  ——未指定要查看的对象名，返回当前数据库中的所有对象
```

【例 4-21】 用命令查看 XS_KC 数据表的信息，查看的结果如图 4-17 所示。

```
SP_HELP XS_KC——返回 XS_KC 表中的所有对象，包括字段、约束等
```

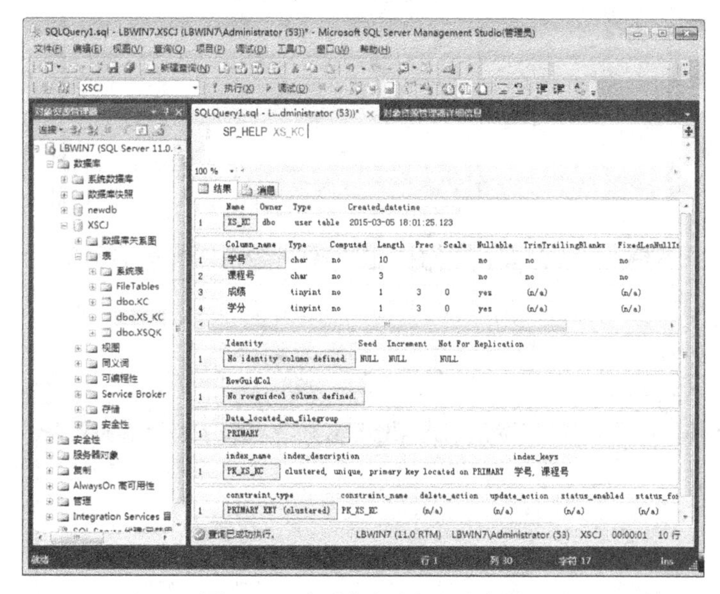

图 4-17 查看指定表的定义信息

4.6.2 查看表约束

【例 4-22】 在“对象资源管理器”中查看 KC 数据表的表约束。

实施步骤如下：

（1）在“对象资源管理器”中，定位到要查看的“KC”数据表并展开该表。

（2）单击“约束”节点即可看到该表上定义的约束，如图 4-18 所示。

使用系统存储过程 sp_helpconstraint 查看表约束，其语法代码如下：

```
[EXEC]  sp_helpconstraint [ @OBJNAME = ] 'TABLE'
```

【例 4-23】 查看 XS_KC 数据表的表约束，查看结果如图 4-19 所示。

```
sp_helpconstraint XS_KC
```

4.6.3 查看表的依赖关系

【例 4-24】 在“对象资源管理器”中查看 KC 表的依赖关系。

实施步骤如下：

（1）在“对象资源管理器”中，定位要查看的“KC”数据表。

（2）右击该表，在弹出的快捷菜单中单击“查看依赖关系”命令，会出现如图 4-20 所

示的对话框。

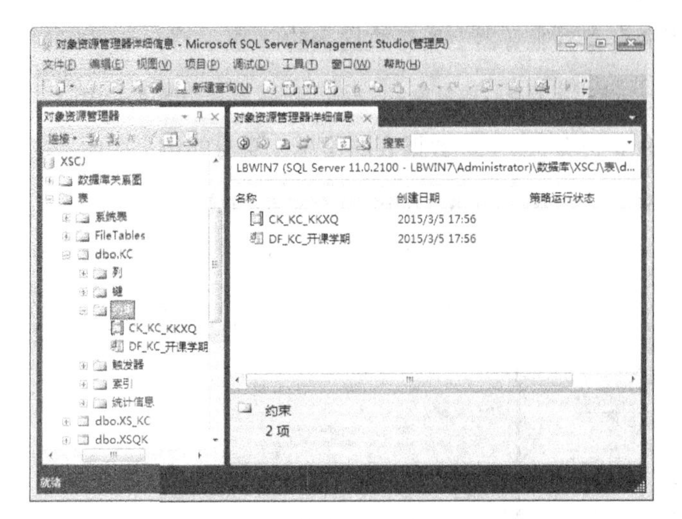

图 4-18　查看 KC 表的表约束

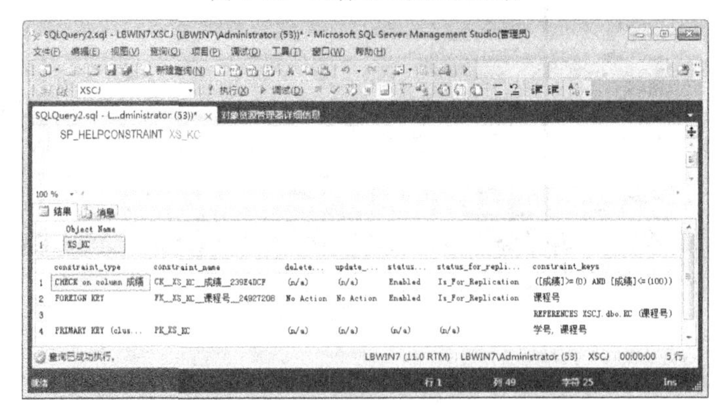

图 4-19　查看 XS_KC 表的表约束

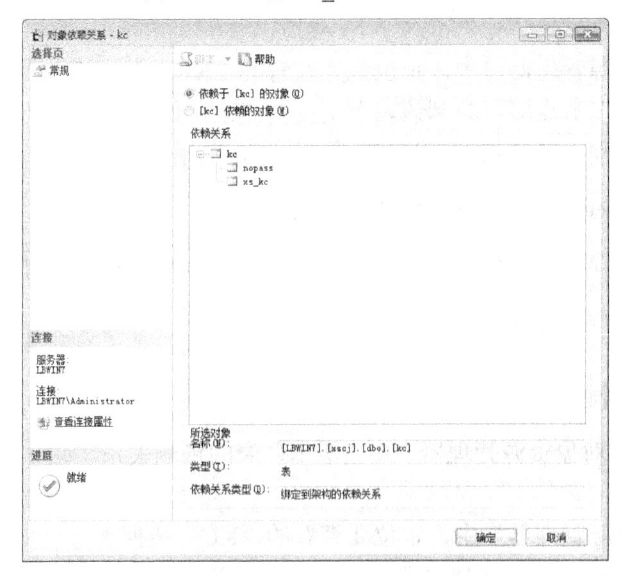

图 4-20　查看 KC 表的依赖关系

4.7 数据库关系图

在关系数据库中，数据库关系图是实现良好的数据库设计的重要工具。特别是对于一个较大的数据库来说，关系图显得非常重要，因为通过数据库关系图可以快速可视化并了解表与表之间的关系。在 SQL Server 2012 中，提供了一个简单易用的数据库关系图工具，使用它可以快速构建数据库关系图。

【例 4-25】 在对象资源管理器中为“XSCJ”数据库创建一个名为“Dia_xscj”的关系图。

其实施步骤如下：

（1）在“对象资源管理器”中，依次展开“数据库”节点下的“XSCJ”数据库节点，定位到“数据库关系图”。

（2）右击该节点，在弹出的快捷菜单中选择“新建数据库关系图”命令，将出现如图 4-21 所示的对象框。

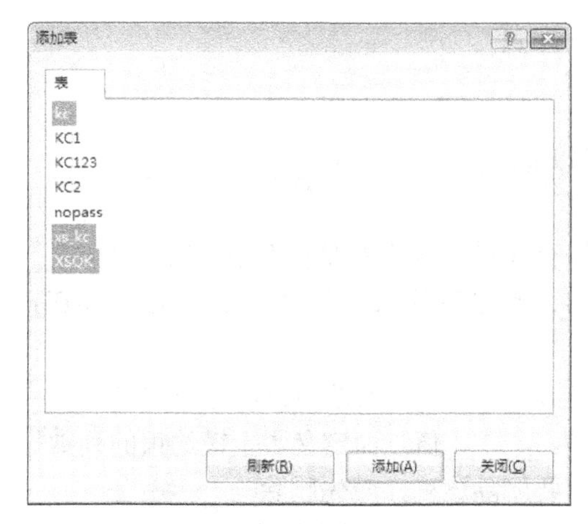

图 4-21 “添加表”对话框

（3）在该对话框中，选择要添加到关系图中的“XSQK”“KC”“XS_KC”表→单击“添加”按钮→单击“关闭”按钮，将显示如图 4-22 所示的数据库关系图。

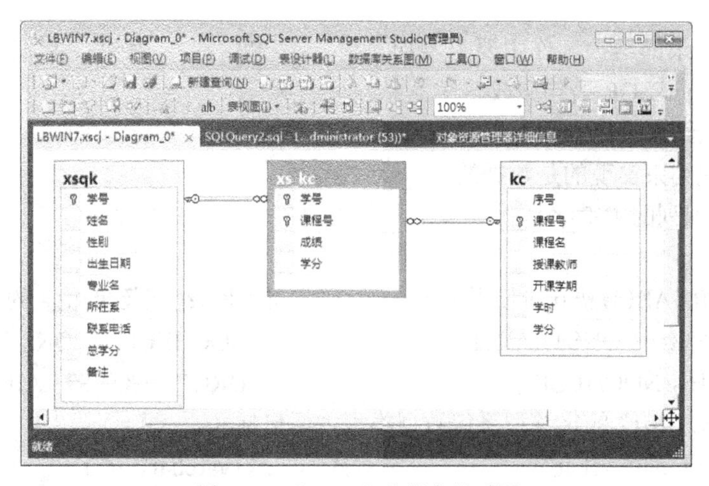

图 4-22 “XSCJ”数据库关系图

（4）单击工具栏上的“保存”按钮，将出现如图 4-23 所示的对话框。

（5）在对话框中输入关系图的名称“Dia_xscj”后，单击“确定”按钮。

提示： 如果是第一次创建数据库关系图，将弹出如图 4-24 所示的警告对话框，这时只有单击“是”按钮后，才可以创建数据库关系图。

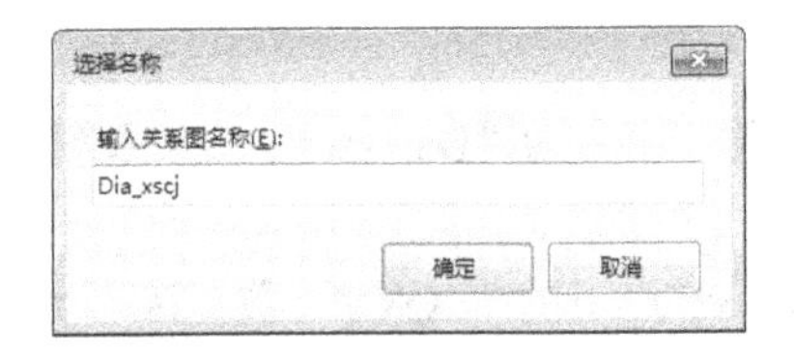

图 4-23　输入关系图名称

图 4-24　警告提示框

【课后习题】

一、填空题

1．在数据表上可以创建的约束有________、________、________、________、________、________等。

2．创建表约束的方法有 3 种：第 1 种是在新建表时，在________之后创建约束；第 2 种是在新建表时，在________之后创建约束；第 3 种是表已经存在，可以通过________添加约束。

3．在一个表中只能定义________个主键约束，但可以定义________个唯一性约束；定义了唯一约束的列数据可以为________值，而定义了主键约束的列数据为________值。

4．如果列上有约束，要删除该列，应先删除________。

5．如果要删除的表 T1 是其他表 T2 的参照表，则应先取消 T2 表中的________约束，或者先删除________表，再删除 T1 表。

6．在一个已存在数据的表中增加不带默认值的列，一定要保证所增加的列允许________值。

7．对表中记录的维护工作主要有增加、________和________操作，它们均可通过对象资源管理器或 Transact-SQL 语句完成。

8．表的检查约束是用来强制数据的________完整性。

9．表的外键约束实现的是数据的________完整性。

10．定义标识列的关键字是________。

二、选择题

1．在 ALTER TABLE 语句中使用了（　　）子句可以使表上创建的检查约束暂时无效。

A．CHECK　CONSTRAINT　　　　B．NOCHECK　CONSTRAINT

C．WITH　NOCHECK　　　　D．DROP　CONSTRAINT

2．SQL Server 2012 的字符型系统数据类型主要包括（　　）。

A．int、money、char　　　　B．char、varchar、text

C．datetme、binary、int　　　　　　D．char、varchar、int

3．不允许在关系中出现重复记录的约束是通过（　　）实现。

A．外键约束　　B．非空约束　　C．检查约束　　D．唯一约束

4．表的主键约束是用来实现数据的（　　）。

A．实体完整性　　B．参照完整性　　C．域完整性　　D．都是

5．用于自动产生唯一的系统值的列属性是（　　）。

A．NULL　　B．NOT NULL　　C．IDENTITY　　D．SEED

三、判断题

1．NULL 表示一个空字符串。（　　）

2．参照完整性通常由外键约束来实现。（　　）

3．INSERT 语句后面必须要 INTO。（　　）

4．指定为标识列后，系统自动将该列设定为 NOT　NULL。（　　）

5．WITH　NO　CHECK 选项可以暂停所有约束。（　　）

6．任何数据类型的列都可以设置为标识列。（　　）

7．在修改数据表时，可以向已有数据的表添加 NOT　NULL 属性的列。（　　）

8．用一条 INSERT 语句一次可以插入多行数据。（　　）

9．在定义约束时，用户必须为该约束定义约束名。（　　）

10．在创建数据表时，如果没有指明表所有者，则使用默认的表所有者 DBO。（　　）

【课外实践】

任务 1：创建“XSDA”数据库。

要求：在 E 盘以“班级”为名创建一个一级文件夹，在该文件夹中再以“姓名学号”创建一个二级文件夹。在二级文件夹中，创建一个“XSDA”数据库。

任务 2：创建“学生”和“成绩”数据表。

要求：在“XSDA”数据库中创建“学生表”和“成绩表”，其结构和数据如表 4-8 和表 4-9 所示。

表 4-8　学生表

学　号	姓　名	性　别	电　话	EMAIL
201213001	李红	女	66113456	lihong@163.com
201213002	张勇	男	66111234	zhangy@21cn.com
201213003	刘芳	女	65678901	lifang@sina.com
201213004	刘丽	女	62345678	liuli@163.com
201213005	林冲	男	68765432	linchong@163.com

表 4-9　成绩表

学　号	课 程 名	成绩
201213001	数据库	87
201213002	数据库	56
201213001	C++	78
201213002	C++	66
201213003	C++	55

任务 3：修改数据表。

按下列要求完成对数据库和数据表的修改。

（1）在“学生表”中完成如下操作。

● 学号：设置主键约束。

- 姓名：设置非空约束。
- Email：设置唯一约束。
- 性别：设置默认值为“男”。

（2）在“成绩表”中完成如下操作。

- 学号：设置主键和外键约束。
- 课程名：设置主键和非空约束（注：学号、课程名为组合主键）。
- 成绩：设置检查约束为“0～100”。

（3）添加数据：向两张表中各添加 1 行自己的个人信息。

（4）增加列：在“学生表”中增加“序号”列，且定义为标识列，初始值为 1，增量为 1。

（5）修改列：将“学生表”中的“电话”改为 char(11)类型。

（6）将“学生表”名更名为“XSB”；将“成绩表”名更名为“CJB”。

任务 4：分离数据库。

要求：分离“XSDA”数据库，并连同“班级+姓名学号”文件夹一起复制到指定位置。

第 5 章　数 据 查 询

【学习目标】

- 掌握查询语句的基本语法格式
- 掌握简单查询
- 掌握汇总查询
- 掌握连接查询
- 理解子查询

5.1　SELECT 语句的基本语法格式

SELECT 语句的完整语法比较复杂，下面只介绍其基本语法格式：

```
SELECT　字段列表                                  ——选择列
[ INTO　新表名 ]                                  ——将查询结果保存在一个新表中
FROM　表名　[ , … n ]                             ——指出要查询的表及各表之间的逻辑关系
[ WHERE　条件 ]                                   ——设置查询条件
[ GROUP　BY　列名　]                              ——设置数据按指定字段分组
[ HAVING　逻辑表达式 ]                            ——为分组统计的数据设置条件
[ ORDER　BY　列名　[ASC|DESC]　]                  ——对查询结果设置排序方式
[ COMPUTE　聚合函数(列名)　[ BY　列名]　]          ——按指定字段进行分组统计
```

5.2　简单查询

SELECT 语句可以很简单，也可以很复杂，下面先从简单查询开始介绍，只涉及了对一张数据表中的原始数据进行查询。

5.2.1　使用 SELECT 子句选择列

SELECT 子句的作用是指定查询返回的列。最基本的 SELECT 语句格式：

```
SELECT　字段列表
FROM　　表名
```

其中，字段列表指定了查询结果集中要包含的列的名称，有多个字段名时用逗号分隔。在字段列表中可以是以下这些参数。

（1）字段名：指定在查询结果集中要包含的字段名。在字段名前可以加上 ALL 和 DISTINCT 参数。

- ALL：指定在查询结果集中包含所有行，此参数为默认值。
- DISTINCT：指定在查询结果集中只能包含不重复的数据行。

（2）*：返回指定表中的所有列。

（3）TOP 表达式：限制查询结果集中返回的数据行的数目。

（4）常量表达式：使用常量表达式在查询结果集中增加说明列。

（5）列表达式：使用列表达式在查询结果集中增加计算列。

（6）字段名 AS 别名：在查询结果集中为列重新指定名称。

（7）使用聚合函数：在查询结果集中返回数据的统计信息。

1．查询表中所有列

【例 5-1】 查看 XSQK 表中的所有记录，查询结果如图 5-1 所示。

```
SELECT  * FROM  XSQK
```

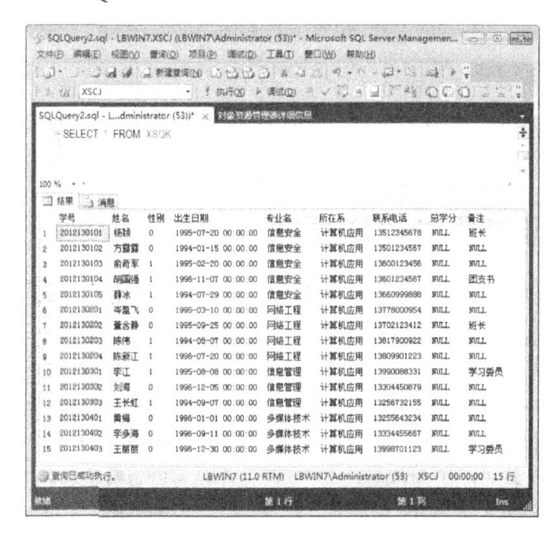

图 5-1　查询表中的所有列

2．查询表中的某几列

【例 5-2】 查询 XSQK 表中的学号、姓名和专业名信息，查询结果如图 5-2 所示。

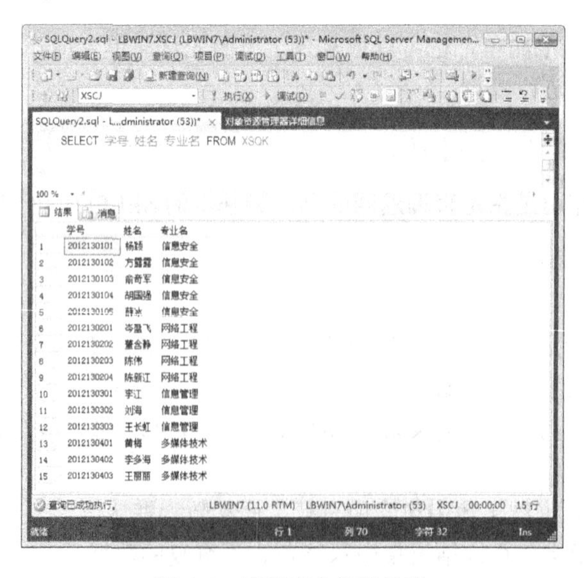

图 5-2　查询表中的某几列

```
SELECT  学号, 姓名, 专业名
FROM  XSQK
```

说明： 在数据检索时，列的顺序由 SELECT 子句指定，顺序可以和列定义时的顺序不同，这不会影响数据在表中的存储顺序。

3. 查看最前记录

【例 5-3】 查询 XSQK 表中的前 3 条记录，查询结果如图 5-3 所示。

```
SELECT  TOP  3  *
FROM  XSQK
```

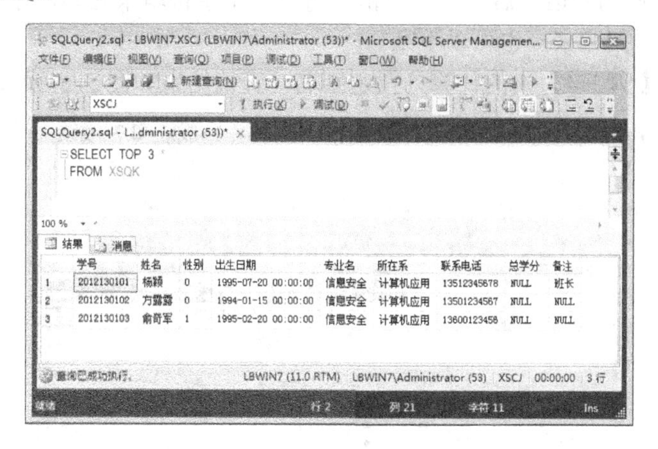

图 5-3 查询表中的前 3 条记录

4. 为查询增加计算列

【例 5-4】 查看 XS_KC 表中的信息，其中，要求查询折算成绩，折算成绩为原成绩的 70%。查询结果如图 5-4 所示。

```
SELECT  学号, 课程号, 成绩, 成绩*0.7
FROM  XS_KC
```

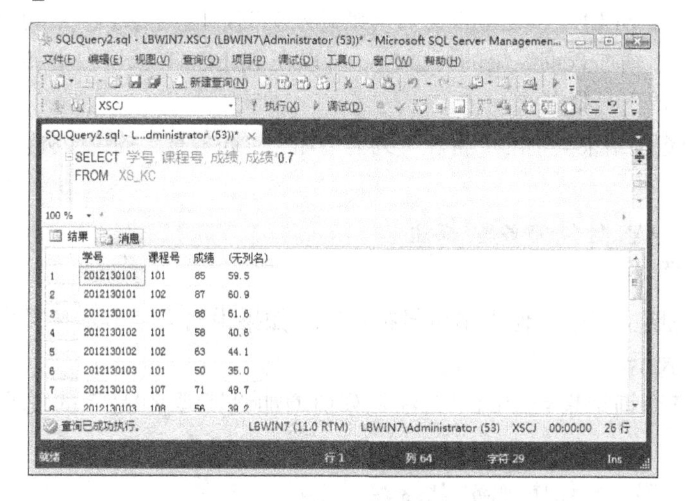

图 5-4 为查询结果集增加计算列

5．改变查询结果中的列名

在默认情况下，数据查询结果中所显示的列名就是在创建表时使用的列名，但是对于新增列，如图 5-4 中所示的计算列，系统不指定列名，而以“无列名”标识。如果用户想改变查询结果中所显示的列名，可以用以下 3 种方法来实现。

第 1 种方法是在列表达式前冠以一个后接等号（=）的字符串来为列表达式指定列名，其中字符串可以用单引号括起来，也可以不括。

第 2 种方法是在列表达式后用关键字 AS 接一个字符串来为列表达式指定列名，其中字符串可以用单引号括起来，也可以不括。关键字 AS 也可以省略。

第 3 种方法是在列表达式后留一个空格，再接一个字符串来为列表达式指定列名，其中字符串可以用单引号括起来，也可以不括。

【例 5-5】 为【例 5-4】中的计算列指定别名，查询结果如图 5-5 所示。

```
SELECT  学号, 课程号, 成绩 AS 原成绩, 调整成绩 1=成绩*0.7 ,成绩+5 调整成绩 2
FROM  XS_KC
```

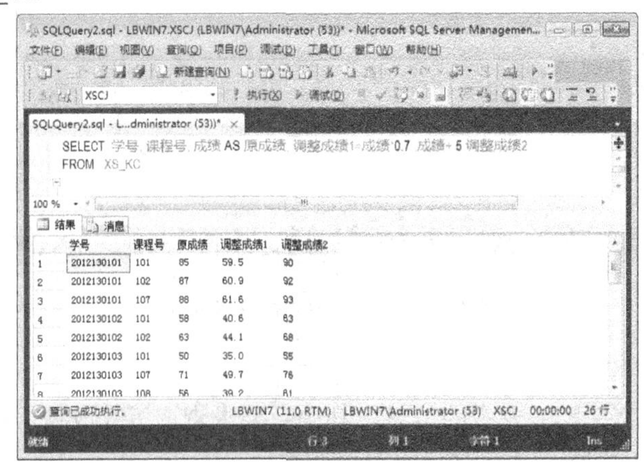

图 5-5　改变查询结果集中的列名

6．增加说明列

有时，直接阅读 SELECT 语句的查询结果是困难的，因为显示出来的数据有时只是一些不连贯的信息。为了增加查询结果的可读性，可以在 SELECT 子句中增加一些说明列。增加的说明文字串使用单引号括起来。

【例 5-6】 在查询结果集中的“备注”列前增加了“职务是”的说明列，查询结果如图 5-6 所示。

```
SELECT  学号, 姓名, '职务是', 备注
FROM  XSQK
```

因为增加的说明文字串要使用单引号括起来，如果说明文字串本身又含有单引号，则用两个单引号（''）表示。

【例 5-7】 在查询结果集中的“备注”列前增加“其'职务'是”的说明列，查询结果如图 5-7 所示。

```
SELECT  学号, 姓名, '其''职务''是', 备注
FROM  XSQK
```

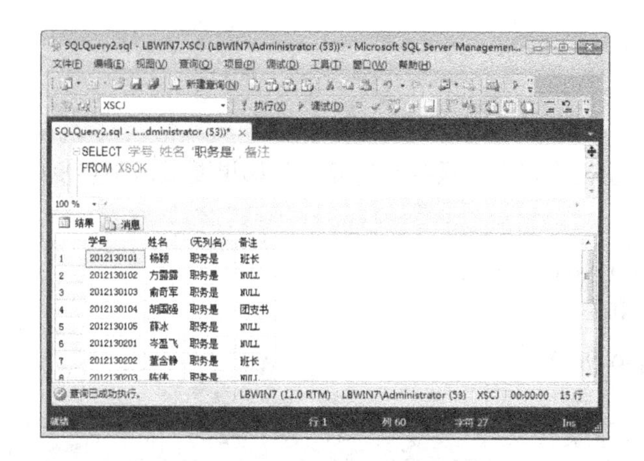

图 5-6　在查询结果集中增加说明列

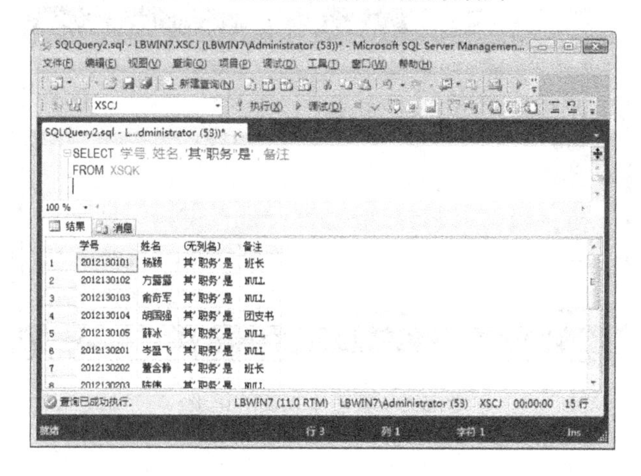

图 5-7　在查询结果集中增加带引号的说明列

7. 查看不重复记录

【例 5-8】 查看 XS_KC 表中学生选修了哪些课程，查询结果如图 5-8 所示。

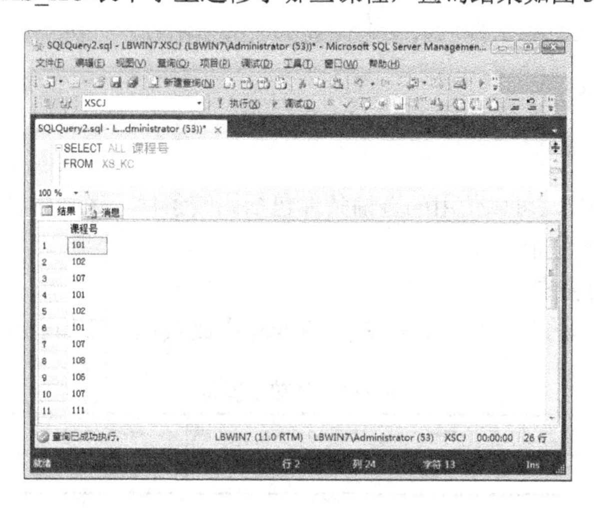

图 5-8　查看学生选修的课程

```
SELECT  课程号  FROM  XS_KC
```

或

```
SELECT  ALL  课程号 FROM  XS_KC
```

由图 5-8 可以看出，有很多记录都是重复的。如果要显示不重复的记录，可以使用以下代码：

```
SELECT  DISTINCT  课程号
FROM  XS_KC
```

查询结果如图 5-9 所示。

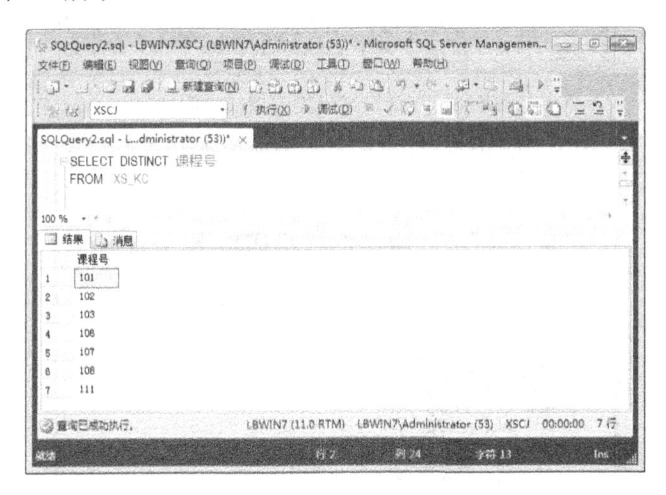

图 5-9　查看不重复的记录

5.2.2　使用 WHERE 子句选择行

在前面的示例中，查询的都是数据表中所有的记录，但在实际情况中，用户通常只要求查询部分数据记录，即找出满足某些条件的数据记录。此时，用户可以在 SELECT 语句中使用 WHERE 子句来指定查询条件，过滤不符合条件的记录行。其基本的语法形式如下：

```
SELECT  字段列表
FROM    表名
WHERE   查询条件
```

在 WHERE 子句中，可以使用的查询条件包括比较条件、逻辑条件、范围条件、模糊匹配条件、列表条件以及空值判断条件。

1．使用比较条件查询

比较条件适合简单的条件查询。在 SQL Server 中比较运算符如表 5-1 所示。

表 5-1　比较运算符

>	<	=	>=	<=	<>或!=	!>	!<
大于	小于	等于	大于等于	小于等于	不等于	不大于	不小于

【例 5-9】 查询 XS_KC 表中成绩不及格的学生记录，查询结果如图 5-10 所示。

```
SELECT  学号, 课程号, 成绩
FROM  XS_KC
WHERE  成绩<60
```

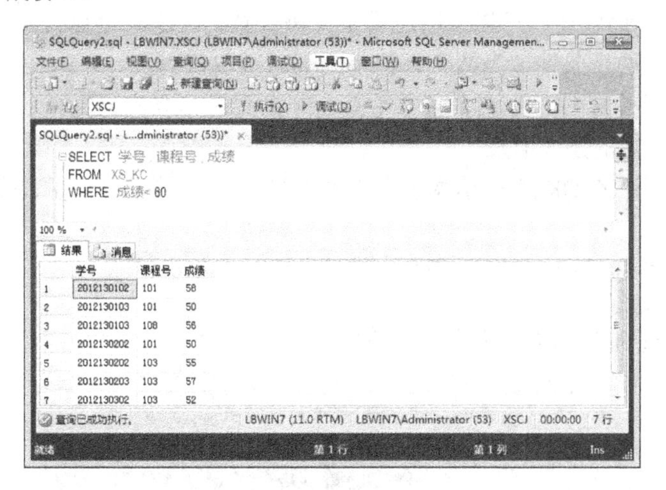

图 5-10　查询成绩不及格的信息

比较运算符不仅可用于比较数字类型的列，也可用于比较字符类型的列，这是因为 SQL Server 的字符都用其二进制 ASCII 码表示，故不仅可比较等于（=）或不等于（!= ，<>），也可以比较其大小。如字符'A'的二进制值比'B'小，字符'9'的二进制值比'0'大。除此之外，还可比较日期类型的列，规则是日期靠后的值比日期靠前的值大。如日期'2015-3-31'的值就比'2015-3-30'大。

【例 5-10】 查询 XSQK 表中 1996 年及其后出生的学生信息，查询结果如图 5-11 所示。

```
SELECT  *
FROM  XSQK
WHERE  出生日期>'1995-12-31'
```

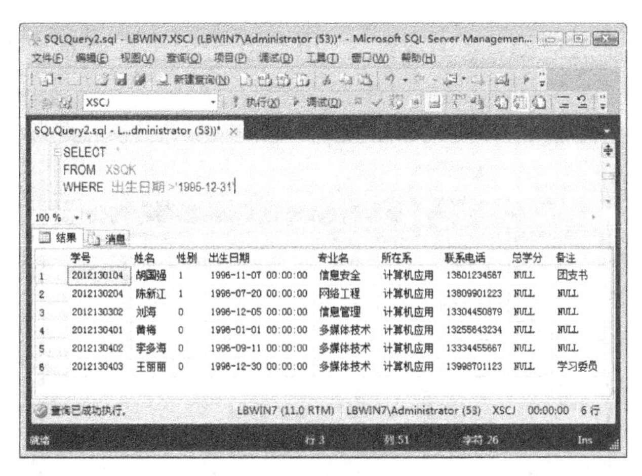

图 5-11　查询 1995 年及其后的学生信息

【课堂练习 1】 在 XSQK 表中，查询女同学的姓名和电话号码。

【课堂练习 2】 在 XSQK 表中，查询网络工程专业的学生学号和姓名。

【课堂练习 3】 在 XS_KC 表中，查询成绩在 80 分以上学生的学号、课程号和成绩。

2．使用逻辑条件查询

如果查询的条件比较多，可以使用逻辑条件进行查询。逻辑运算符号有以下 3 种。

① AND：组合两个条件，当两个条件都为真时其取值为真。

② OR：组合两个条件，当两个条件中有一个为真时其取值为真。

③ NOT：对指定的条件取反。

【例 5-11】 查询 XSQK 表中信息安全专业、性别是 1 的学生信息，查询结果如图 5-12 所示。

```
SELECT   学号, 姓名, 性别, 专业名
FROM   XSQK
WHERE   性别=1   AND   专业名='信息安全'
```

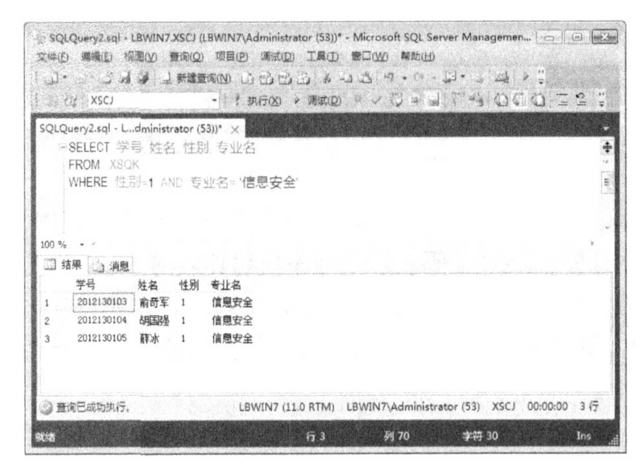

图 5-12 查询信息安全专业男生的信息

【课堂练习 4】 查询 XS_KC 表中成绩在 80 分以上和不及格学生的信息。

【例 5-12】 查询 XS_KC 表中成绩在 70～80 分的学生信息，查询结果如图 5-13 所示。

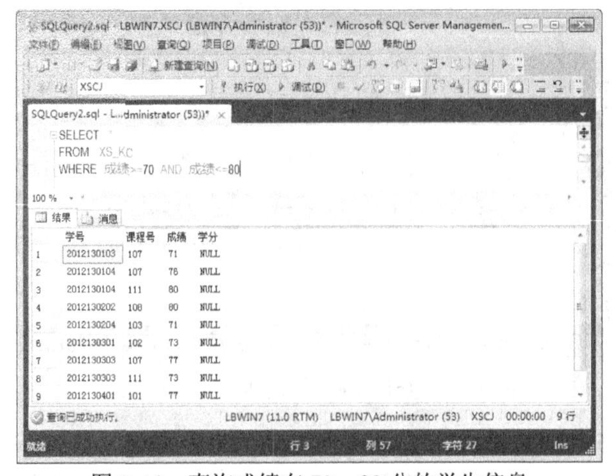

图 5-13 查询成绩在 70～80 分的学生信息

```
SELECT  *
FROM  XS_KC
WHERE  成绩>=70  AND  成绩<=80
```

3．使用范围条件查询

在查询某个取值范围内的数据时，除了使用逻辑条件查询（AND）外，还有另一种指定列值取值范围的方法，就是使用“BETWEEN...AND”来指定查询的范围。其语法形式如下：

```
SELECT  字段列表
FROM  表名
WHERE  列名  BETWEEN  取值范围下界  AND  取值范围上界
```

【例 5-13】 查询 1996 年 12 月出生的学生信息，查询结果如图 5-14 所示。

```
SELECT 姓名, 性别,出生日期
FROM  XSQK
WHERE 出生日期  BETWEEN  '1996-12-01'  AND  '1996-12-31'
```

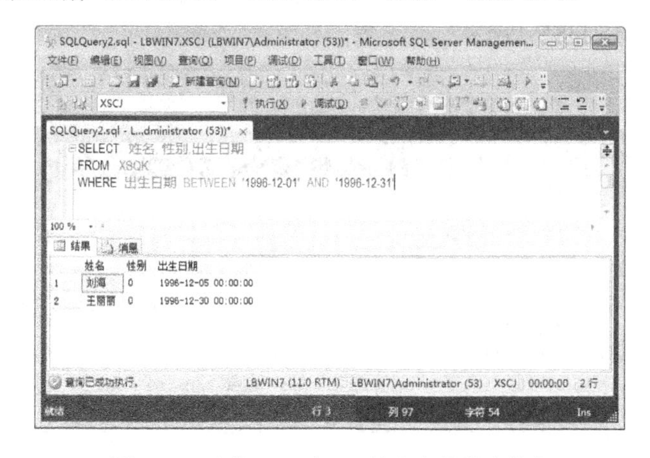

图 5-14　查询 1996 年 12 月出生的学生信息

范围条件查询与逻辑条件查询的关系：使用“BETWEEN...AND”设置的查询条件与使用一个逻辑运算符“AND”设置的查询条件作用相同。

请思考：使用“NOT BETWEEN...AND”设置的查询条件与使用一个逻辑运算符“OR”设置的查询条件作用是否相同？

【课堂练习 5】 在 XSQK 表中，查询不在 1996 年 7、8、9 月出生的学生信息。

4．使用模糊匹配条件查询

通常，查询中的条件都是确定的，如“成绩>=60”或者“专业名='计算机网络'”等，但有时也可能这个条件是不确定的，或者用户不想进行精确查询。例如用户想找一本关于 SQL Server 2012 的书，但是用户并不知道书的全名，此时可以使用模糊匹配的方法查找书名中有“SQL Server 2012”字符串的书，然后再挑选；又如用户想查找班中所有陈姓学生的记录等。

为了进行模糊匹配查询，T-SQL 语言提供了 LIKE 关键字用以查询与特定字符串匹配的数据。其语法形式如下：

```
SELECT  字段列表
FROM    表名
WHERE   列名  [NOT]  LIKE  '匹配字符串'
```

在“'匹配字符串'”中可以使用如表 5-2 所示的 4 种通配符。

表 5-2　通配符的含义

通　配　符	说　　明	通　配　符	说　　明
%	代表任意长度的字符串	[ ]	指定某个字符的取值范围
_（下画线）	代表任意一个字符	[^]	指定某个字符要排除的取值范围

【例 5-14】 查询 XSQK 表中的所有陈姓的学生信息，查询结果如图 5-15 所示。

```
SELECT  学号, 姓名
FROM  XSQK
WHERE  姓名  LIKE  '陈%'
```

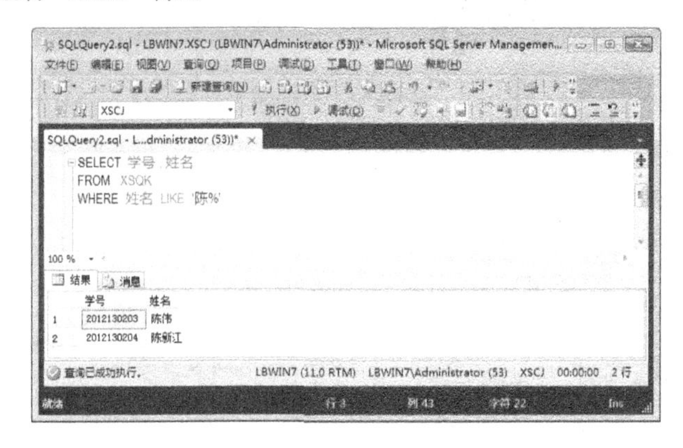

图 5-15　查询所有陈姓的学生信息

【例 5-15】 查询 XSQK 表中电话号码尾数为 3 的学生信息，查询结果如图 5-16 所示。

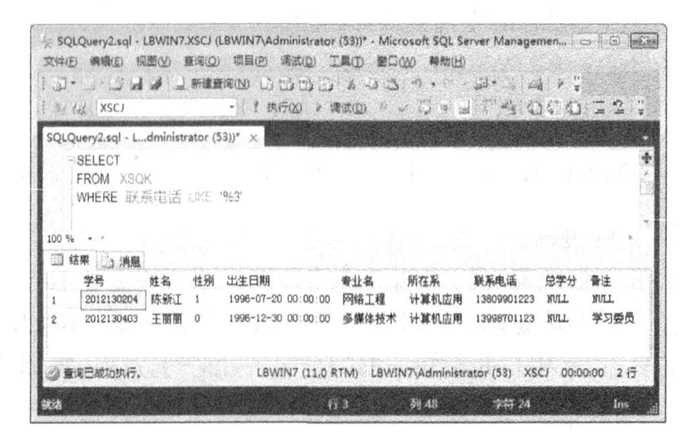

图 5-16　查询电话号码尾数为 3 的学生信息

```
SELECT  *
FROM  XSQK
WHERE  联系电话  LIKE  '%3'
```

【例 5-16】 查询 XSQK 表中学号尾数不为 1、2、3 的学生信息，查询结果如图 5-17 所示。

```
SELECT  *  FROM  XSQK  WHERE  学号  LIKE  '%[^123]'
```

或

```
SELECT  *  FROM  XSQK  WHERE  学号  NOT  LIKE  '%[123]'
```

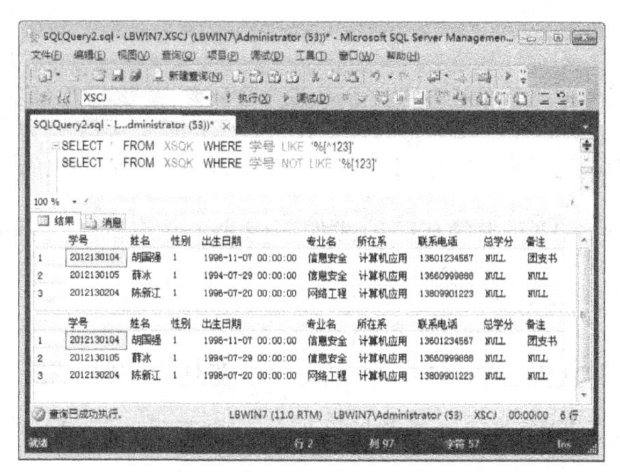

图 5-17 查询学号尾数不为 1、2、3 的学生信息

此外要注意的是，当使用 LIKE 关键字进行模糊匹配查找时会导致 SQL Server 不使用与指定表相关联的索引，它（模糊查询）通知 SQL Server 比较所指定的字符串，并且查询与所提供的字符串匹配的数据记录。因此，不推荐在大型表上使用模糊匹配，因为在这种情况下查询符合条件的数据记录的时间会很长。

【课堂练习 6】 在 XSQK 表中，查询学号中含有 1 的学生信息。

【课堂练习 7】 在 XSQK 表中，查询电话号码第 7 位为 4 或 6 的学生信息。

5. 使用列表条件查询

如果列值的取值范围不是一个连续的区间，而是该区间范围内的某些值，此时就不能使用 BETWEEN...AND 关键字，SQL Server 提供了另外一个关键字 IN，其语法形式如下：

```
SELECT  字段列表
FROM  表名
WHERE  列名  [NOT]  IN  （列值表）
```

【例 5-17】 查询 XS_KC 表中课程号为“101”、“105”或“108”的学生成绩信息，查询结果如图 5-18 所示。

```
SELECT  学号, 课程号, 成绩
FROM  XS_KC
WHERE  课程号  IN  ('101', '105', '108')
```

提示：关键字 IN 可以看作是多个 OR 运算符连接的查询条件的一种简化形式。

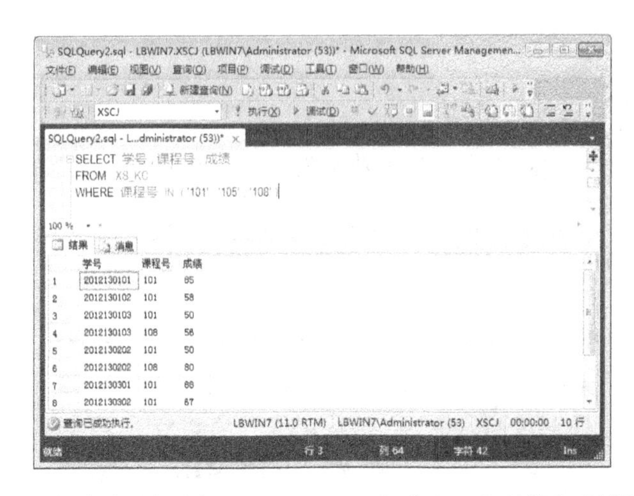

图 5-18　查询课程号为“101”、“105”或“108”的学生成绩信息

【例 5-18】 将【例 5-17】中的代码改成如下形式，其查询结果不变。

```
SELECT  学号, 课程号, 成绩
FROM  XS_KC
WHERE  课程号='101'  OR  课程号='105'  OR  课程号='108'
```

【课堂练习 8】 在 XSQK 表中，查询所有非张、李、王、陈姓的学生信息。

6．使用空值查询

如果要查询字段中的空值 NULL，可以使用“IS”运算符设置条件进行判断，其语法形式如下：

```
SELECT  字段列表
FROM 表名
WHERE  列名 IS  [NOT]  NULL
```

【例 5-19】 查询 XSQK 表中的学生干部的名单，查询结果如图 5-19 所示。

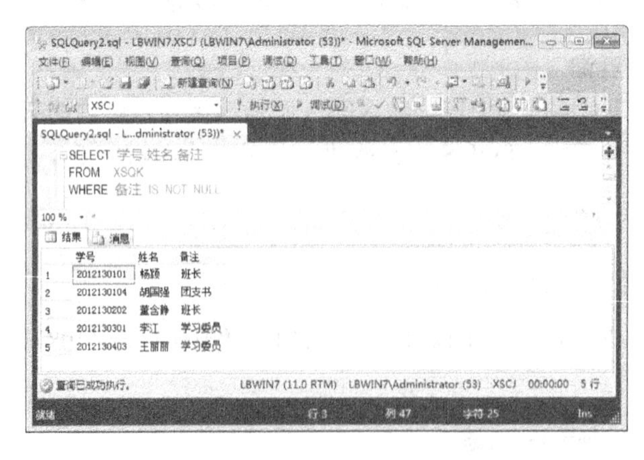

图 5-19　查询学生干部的名单

分析：在 XSQK 表的备注字段中记录了学生任职情况，如果该字段值非空，表示该学

生担任了干部职务，否则，表示该学生未任职。

```
SELECT 学号,姓名,备注
FROM  XSQK
WHERE  备注 IS  NOT  NULL
```

5.2.3 使用 FROM 子句选择数据源

在前面所有的例子中，用户在 SELECT 语句的 FROM 子句中指定的都是单个或多个的表，其实 SELECT 语句的查询数据源除了表以外还可以是视图，也可以既指定表又指定视图。指定视图与指定表的方法一样。

FROM 子句的语法如下：

```
FROM  { 表名 | 视图名 }  [,...n]
```

可以看出，当有多个数据源时，可以用逗号（,）分隔，但是最多只能有 16 个数据源。另外，用户也可以为数据源指定别名，该别名只在当前 SELECT 语句中起作用。其方法类似于为列指定别名，但是只能使用“数据源名 AS 别名”和“数据源名　别名”两种形式。指定别名的好处在于能以较短的名字代替原本的长名，如用“USA”代替原名“United_States_of_America”。

【例 5-20】 为数据源指定别名。

```
SELECT  *  FROM  XS_KC  CJ
```

5.2.4 使用 ORDER BY 子句排序查询结果

ORDER BY 子句的作用是设置排序顺序，使用它可以使查询结果按照用户的要求对一个列，或者是多个列排序，其语法形式如下：

```
SELECT  字段列表
FROM  表名
ORDER  BY  { 列名 | 列号  [ASC|DESC]}  [,...n]
```

其中的参数含义如下。

① 列号：表示该列在 SELECT 子句指定的列表中的相对顺序号。

② ASC：表示按升序排列，为默认值，可省略。

③ DESC：表示按降序排列。

1．按一个字段排序

【例 5-21】 查询 XSQK 表的记录，并以姓名降序排列。

```
SELECT  *
FROM  XSQK
ORDER  BY  姓名  DESC
```

【例 5-22】 查询 XSQK 表的记录，并以出生日期升序排列。

```
SELECT  学号, 姓名, 出生日期
FROM  XSQK
```

```
ORDER  BY  3
```

2．按多个字段排序

当 ORDER BY 子句指定了多个列时，系统先按照 ORDER BY 子句中第 1 列的顺序排列，当该列出现相同值时，再按照第 2 列的顺序排列，依此类推。

【例 5-23】 查询 XS_KC 表的记录，并先按课程号升序排列，当课程号相同时再按成绩降序排列。查询结果如图 5-20 所示。

```
SELECT  学号, 课程号, 成绩
FROM XS_KC
ORDER  BY  2, 3  DESC
```

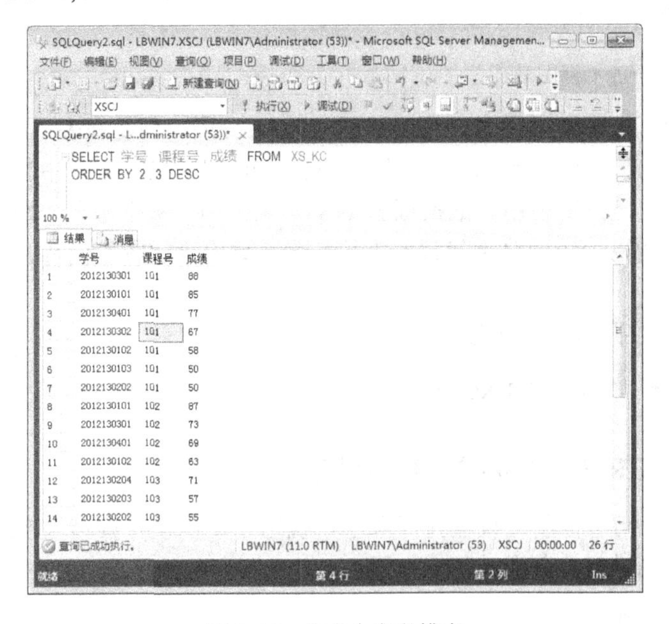

图 5-20 按多个字段排序

5.2.5 使用 INTO 子句保存查询结果

在第 4 章里，我们介绍了使用 INSERT 命令一次插入多行数据到数据表中的方法，那时是将一个查询结果插入到一个已经存在的表。其实在对表进行查询时，用户也可以使用 INTO 子句将查询结果生成一个新表，这种方法常用于创建表的副本或创建临时表。

新表的列为 SELECT 子句指定的列，且不改变原表中列的数据类型和允许空属性，但是忽略其他的所有信息，如默认值、约束等信息。其语法形式如下：

```
SELECT  字段列表  INTO  新表名
FROM  表名
[ WHERE  逻辑表达式 ]
```

【例 5-24】 将【例 5-23】的查询结果保存到新表 temp_KC 中。

```
SELECT  学号, 课程号, 成绩  INTO  temp_KC
FROM  XS_KC
```

```
ORDER BY 2, 3 DESC
```

5.3 汇总查询

在前面的简单查询中，只涉及了对一张数据表中的原始数据进行查询，而在实际应用中，用户的查询需求远远不止这些。例如：用户想在 XSCJ 库中查询平均成绩、最高成绩、最低成绩、男女生人数、各专业人数等，而这些数据又不是 XSCJ 库中的原始数据，那么该如何实现这些查询呢？

实际上，SQL Server 给用户提供了数据汇总查询方法，即可以对查询结果集进行求总和、平均值、最大值、最小值及计数等。下面只介绍汇总查询的两种使用形式，即使用聚合函数、GROUP BY 子句进行汇总查询。

5.3.1 使用聚合函数汇总

聚合函数可以将多个值合并为一个值，其作用是对一组值进行计算，并在查询结果集中返回一个单值。常用的聚合函数有 SUM、AVG、MAX、MIN 和 COUNT 等，其语法格式如下：

```
SELECT 聚合函数( [ * | [ ALL | DISTINCT ] ] 列名 ) [ ,…n ]
FROM 表名
[ WHERE 条件 ]
```

其中，各参数的含义如下。

① ALL：计算该列值非空的记录的个数，为默认值。

② DISTINCT：计算该列值非空且不同的记录的个数（不计算重复行）。

③ *：计算所有记录的个数，包括空值，该参数只能用于 COUNT 函数中。

1. 使用 SUM 函数

SUM 函数返回指定列中所有值的和或仅非重复值的和，该函数只能用于数值型数据。

【例 5-25】 计算 XS_KC 表中成绩列的总和，并为该列指定别名为“总分”。查询结果如图 5-21 所示。

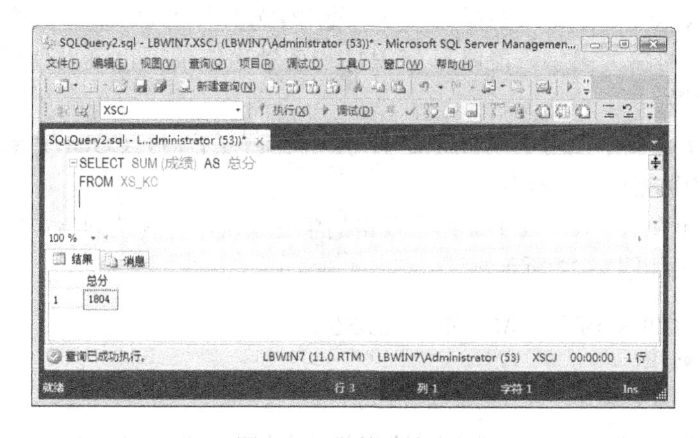

图 5-21 计算成绩总分

```
SELECT   SUM(成绩)   AS   总分
FROM   XS_KC
```

2．使用 AVG 函数

AVG 函数返回指定列的算数平均值，该函数只能用于数值型数据。

【例 5-26】 计算 XS_KC 表中成绩列的算数平均值，并为该列指定别名为“平均分”。

```
SELECT   AVG(成绩)   AS   平均分
FROM   XS_KC
```

3．使用 MAX 函数

MAX 函数返回指定列的最大值。

【例 5-27】 计算 XS_KC 表中成绩列的最大值，并为该列指定别名为“最高分”。

```
SELECT   MAX(成绩)   AS   最高分
FROM   XS_KC
```

4．使用 MIN 函数

MIN 函数返回指定列的最小值。

【例 5-28】 计算 XS_KC 表中成绩列的最小值，并为该列指定别名为“最低分”。

```
SELECT   MIN(成绩)   AS   最低分
FROM   XS_KC
```

5．使用 COUNT 函数

COUNT 函数返回指定列的数据记录行数，不包含全部为 NULL 值的记录行。它可以指定某个列作为参数，此时返回该列的数据记录的行数；也可以使用通配符星号（*）作为参数，此时返回表中所有数据记录的行数。

【例 5-29】 计算 XSQK 表中学生记录的行数，可以用以下两种方法实现，其结果一样。

```
SELECT   COUNT(学号)   FROM   XSQK
```

或

```
SELECT   COUNT(*)   FROM   XSQK
```

要计算 XSQK 表中学生记录的行数，可以使用学号列作为 COUNT 函数的参数，因为学号列是 XSQK 表的主关键字，能唯一标识每一条学生记录；也可以使用星号（*）作为 COUNT 函数的参数。

当在 SELECT 语句中使用了 WHERE 子句，即选择了行时，COUNT 函数则返回指定列和表中符合条件的数据记录的行数。

【例 5-30】 计算 XS_KC 表中成绩不及格的学生人次，并为该列指定别名为“不及格学生人次”。查询结果如图 5-22 所示。

```
SELECT   COUNT(学号)   AS   '不及格的学生人次'
FROM   XS_KC
WHERE   成绩<60
```

请思考：上例中统计的不及格学生人次能代替有不及格课程的学生人数吗？

很明显，不能。因为在 XS_KC 表中某些学生可能有多门课程不及格，如学号为

“2012130103”的学生有两门课程不及格，但该学生只能算作一个人，所以要统计有不及格课程的学生人数应该在指定列的前面加上关键字 DISTINCT，此时返回的值才是不同学生的人数统计值，其代码改写如下：

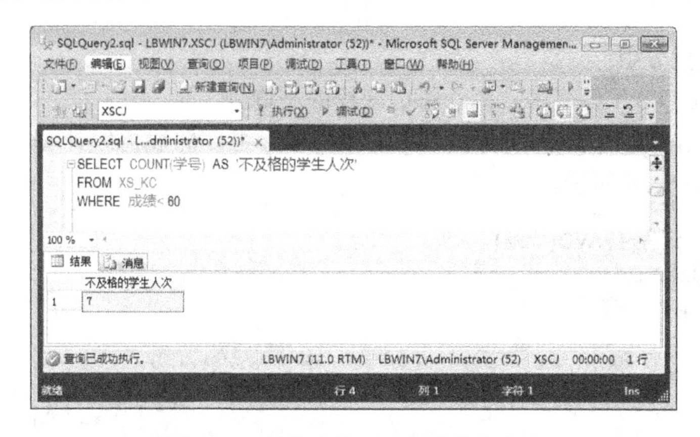

图 5-22　计算成绩不及格的学生人次

```
SELECT   COUNT(DISTINCT 学号)   AS   '不及格的学生人数'
FROM   XS_KC
WHERE   成绩< 60
```

查询计算结果如图 5-23 所示。

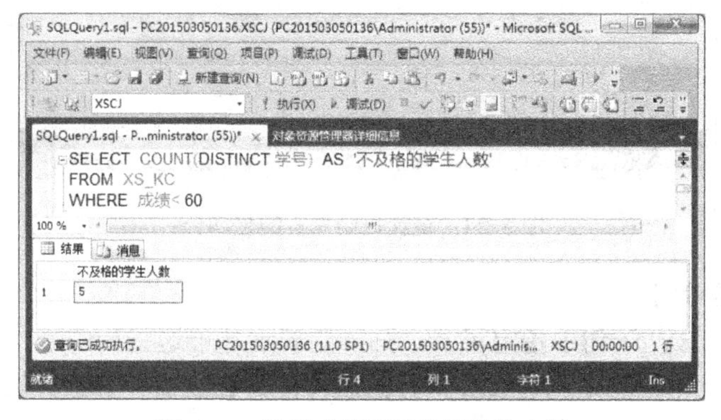

图 5-23　计算成绩不及格的学生人数

5.3.2　使用 GROUP BY 子句分类汇总

一个聚合函数只返回一个单个的汇总数据。在前节介绍的实例中，汇总数据都是针对整个表或由 WHERE 子句确定的子表中的指定列进行的，所以返回的汇总数据只有一行。

在实际应用中，用户常需要得到不同类别的汇总数据，那么可以使用 SQL Server 中提供的 GROUP BY 子句来实现分类汇总。该子句根据指定的列将数据分成多个组（即列值相同的记录组成一组），然后对每一组进行汇总，并对生成的汇总记录按指定列的升序显示。另外还可以使用 HAVING 子句排除不符合逻辑表达式的一些组。其语法形式如下：

```
SELECT   字段列表   FROM   表名
GROUP   BY   列名 1   [,…n]
```

```
HAVING  逻辑表达式
```

注意：SELECT 子句中出现的列名必须是 GROUP BY 子句中指定的列名，或者与聚合函数一起使用。

1．按一个字段分组

【例 5-31】 在 XS_KC 表中，统计每门课程的平均分。

分析：先将 XS_KC 表中的数据记录按课程号分组，然后再统计每一组课程的平均成绩。查询结果如图 5-24 所示。

```
SELECT  课程号, AVG(成绩)  AS  平均分
FROM  XS_KC
GROUP  BY  课程号
```

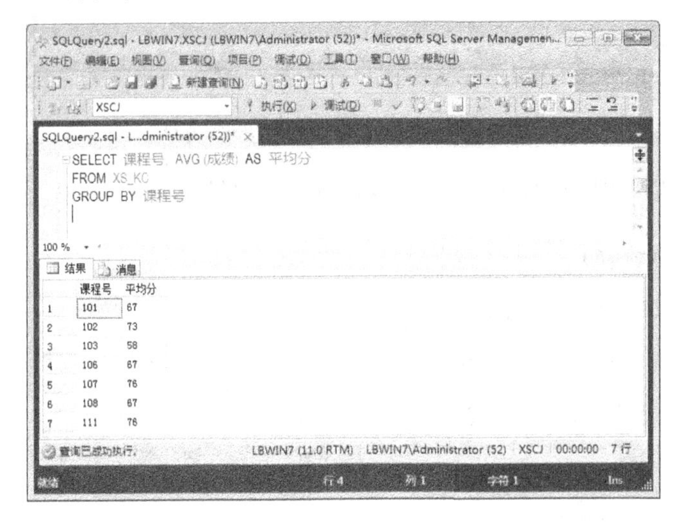

图 5-24　统计每门课程的平均分

2．按多个字段分组

如果 GROUP BY 子句中指定了多个列，则表示基于这些列的唯一组合来进行分组。在该分组过程中，首先按第 1 列进行分组，然后再按第 2 列进行分组，依此类推，最后在分好的组中进行汇总。因此，当指定的列顺序不同时，返回的结果也不同。

说明：GROUP BY 子句返回的组没有任何特定的顺序，若要指定特定的数据排序，需使用 ORDER BY 子句。

【例 5-32】 在 XSQK 表中，统计各专业男女生的人数。统计结果如图 5-25 所示。

分析：先将 XSQK 表中的数据记录按专业名分组，然后再按性别进行分组，最后统计每一组中的人数。

```
SELECT  专业名, 性别, COUNT(性别)  AS  人数
FROM  XSQK
GROUP  BY  专业名,性别
ORDER  BY  专业名
```

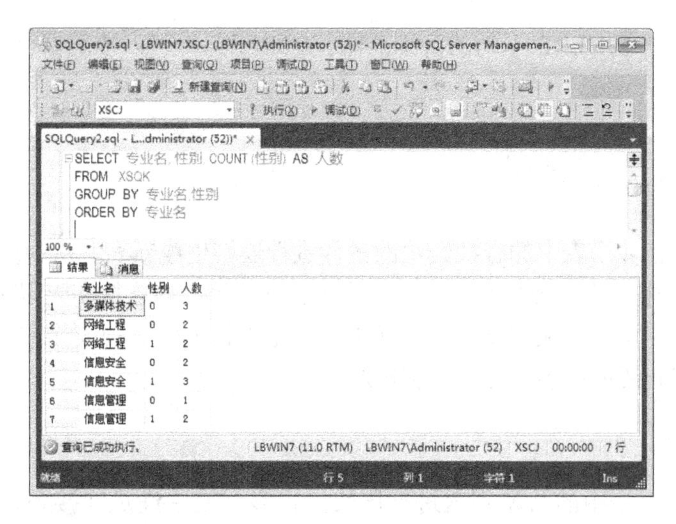

图 5-25　统计各专业男女生人数

3．对分组汇总结果进行筛选

HAVING 子句用于设定组或聚合的查询条件，通常与 GROUP BY 子句配合使用。如果不使用 GROUP BY 子句，则 HAVING 的行为与 WHERE 子句一样。

【例 5-33】 在 XSQK 表中，统计各专业男女生的人数超过 2 人的信息。统计结果如图 5-26 所示。

```
SELECT   专业名, 性别, COUNT(性别)   AS   人数
FROM   XSQK
GROUP   BY   专业名,性别
HAVING   COUNT(性别)>2
```

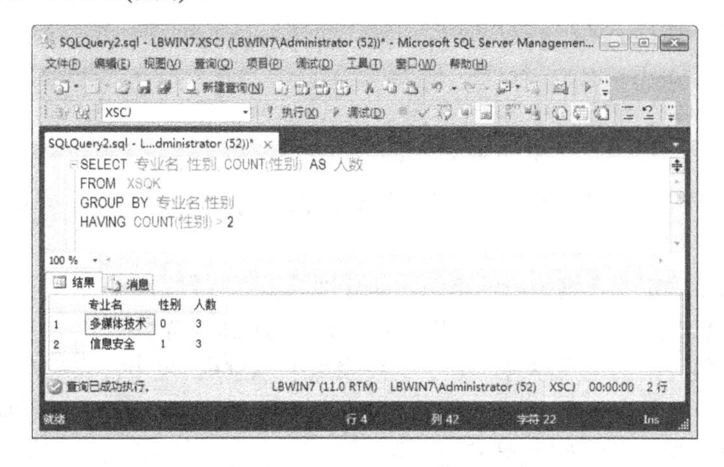

图 5-26　统计各专业男女生人数超过 2 人的信息

当 GROUP BY 子句、HAVING 子句和 WHERE 子句同时存在时，其执行顺序为先 WHERE，后 GROUP BY，再 HAVING，即先用 WHERE 子句过滤不符合条件的数据记录，接着用 GROUP BY 子句对余下的数据记录按指定列分组，最后再用 HAVING 子句排除一些组。

HAVING 子句与 WHERE 子句的区别：HAVING 子句中可以使用聚合函数，而 WHERE 子句则不能。

5.4 连接查询

连接查询就是把多个表中的行按给定的条件进行连接生成新表，从中查询数据。

在 SQL Server 中，连接类型有多种：内连接、外连接、自连接和无限制连接。由于无限制连接可能会产生一个很庞大的结果集，所以它只是理论上的一种连接方法，并无多大的应用价值。下面重点介绍内连接、外连接和自连接。

5.4.1 内连接

内连接是将多个表中的共享列值进行比较，把多个表中满足连接条件的记录横向连接起来，作为查询结果。内连接分为等值连接和非等值连接。等值连接就是使用“=”运算符设置连接条件的连接，非等值连接就是使用“>、>=、<、<=”等运算符设置连接条件的连接。在实际应用中，等值连接应用较广泛，而非等值连接只有与自身连接同时使用才有意义。

内连接有两种语法形式：一是 ANSI 语法形式，另一种是 SQL Server 语法形式。

- ANSI 连接语法形式如下：

```
SELECT  列名表
FROM  表名 1  [ 连接类型 ]  JOIN  表名 2  [ ... JOIN  表名 n ]
ON  { 连接条件 }
WHERE  { 查询条件 }
```

- SQL Server 连接语法形式如下：

```
SELECT  列名表
FROM  表名 1  [,...n ]
WHERE  { 查询条件  AND | OR  连接条件 }  [ ...n ]
```

【例 5-34】 查询不及格学生的学号、姓名、课程号和成绩信息，查询结果如图 5-27 所示。

分析：首先应确定要查询字段的来源，即分别属于哪些数据表；然后再确定表与表之间的共享列，即要查询的表通过什么列名相关联；最后确定连接条件。

在本例中，要查询的信息学号、姓名字段来源于 XSQK 表中，课程号、成绩字段来源于 XS_KC 表中，这两个表的共享列是学号字段。因此，根据题意，把连接条件设置为等值连接，即“XSQK.学号=XS_KC.学号”。

① ANSI 连接语法形式如下：

```
SELECT  XSQK.学号, 姓名, 课程号, 成绩
FROM  XSQK  INNER  JOIN  XS_KC
ON  XSQK.学号=XS_KC.学号
WHERE  成绩<60
```

说明：“INNER JOIN”表示该连接属于内连接，在查询结果集中只显示符合条件的记录，INNER 可省略。

② SQL Server 连接语法形式如下：

```
SELECT  XSQK.学号, 姓名, 课程号, 成绩
FROM  XSQK, XS_KC
WHERE  XSQK.学号=XS_KC.学号  AND  成绩<60
```

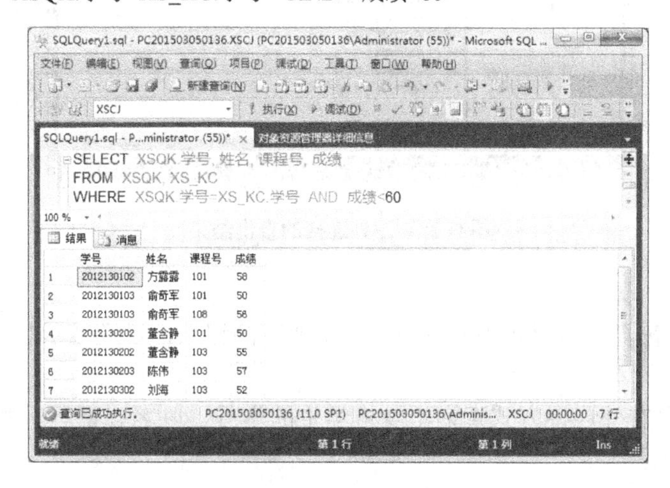

图 5-27　查询不及格学生的信息

注意：当引用的列存在于多个表中时，必须用“表名.列名”的形式来明确要显示的是哪个表中的字段。请观察上例中的学号字段前面都加上了表名以明确它的来源。

5.4.2 外连接

在内连接查询中，结果集只包含了相关表中满足连接条件的行，而外连接还会把某些不满足条件的行显示出来。根据对表的限制情况，外连接可分为左外连接、右外连接和全外连接。外连接只有 ANSI 连接语法形式。

1．左外连接

左外连接就是在查询结果集中显示左边表中所有的记录，以及右边表中符合条件的记录。

【例 5-35】 用左外连接方式查询学生的学号、姓名、课程号和成绩信息，查询结果如图 5-28 所示。

```
SELECT  XSQK.学号, 姓名, 课程号, 成绩
FROM  XSQK  LEFT  OUTER  JOIN  XS_KC
ON  XSQK.学号=XS_KC.学号
```

说明：“LEFT OUTER JOIN”表示该连接属于左外连接，OUTER 可省略。

从图 5-28 中可以看出，有些学生的“课程号”和“成绩”字段内容为 NULL，表示在 XS_KC 表中没有这些学生的成绩记录。

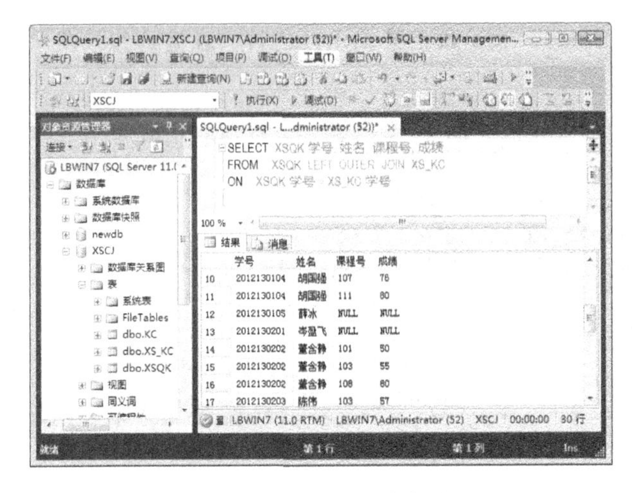

图 5-28　左外连接的查询结果

2．右外连接

右外连接就是在查询结果集中显示右边表中所有的记录，以及显示左边表中符合条件的记录。

【例 5-36】 用右外连接方式查询不及格学生的学号、姓名、课程号和成绩信息，查询结果如图 5-29 所示。

```
SELECT   XSQK.学号, 姓名, 课程号, 成绩
FROM   XSQK   RIGHT   OUTER   JOIN   XS_KC
ON   XSQK.学号=XS_KC.学号
WHERE   成绩<60
```

说明：“RIGHT　OUTER　JOIN”表示该连接属于右外连接，OUTER 可省略。

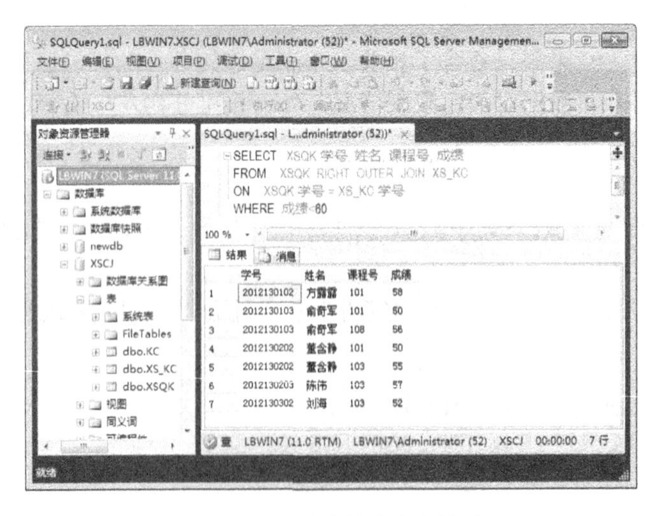

图 5-29　右外连接的查询结果

请思考：对于 XSCJ 数据库来说，为什么右外连接的查询结果（见图 5-29）与内连接的查询结果（见图 5-27）一样？

3. 全外连接

全外连接就是在查询结果集中显示所有表中的记录，包括符合条件的和不符合条件的记录。

【例 5-37】 用全外连接方式查询学号、姓名、课程号、成绩，查询结果如图 5-30 所示。

```
SELECT  XSQK.学号, 姓名, 课程号, 成绩
FROM  XSQK  FULL  OUTER  JOIN  XS_KC
ON  XSQK.学号=XS_KC.学号
```

说明：“FULL　OUTER　JOIN”表示该连接属于全外连接，OUTER 可省略。

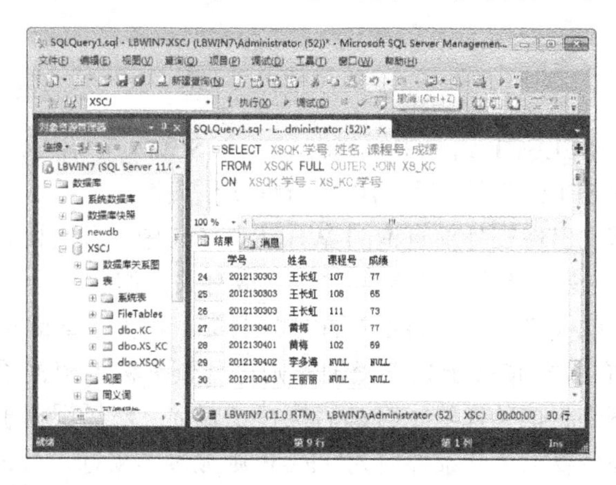

图 5-30　全外连接的查询结果

5.4.3 自连接

自连接就是使用内连接或外连接把一个表中的行同该表中另外一些行连接起来，它主要用在查询比较相同的信息。为了连接同一个表，必须为该表在 FROM 子句中指定两个别名，这样才能在逻辑上把该表作为两个不同的表使用。

【例 5-38】 在查询结果集中一行显示每个学生的两门课程成绩，查询结果如图 5-31 所示。

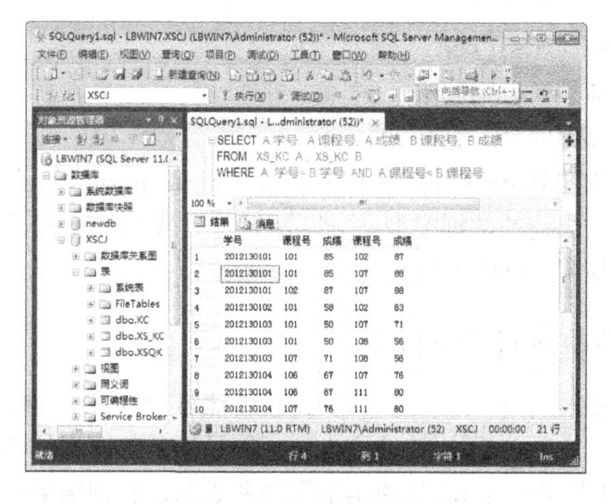

图 5-31　自连接的查询结果

① ANSI 连接语法形式如下：

```
SELECT   A.学号, A.课程号, A.成绩, B.课程号, B.成绩
FROM   XS_KC   A   JOIN   XS_KC   B   ON   A.学号=B.学号
WHERE   A.课程号<B.课程号
```

② SQL Server 连接语法形式如下：

```
SELECT   A.学号, A.课程号, A.成绩, B.课程号, B.成绩
FROM XS_KC   A,   XS_KC   B
WHERE   A.学号=B.学号   AND   A.课程号<B.课程号
```

5.5 子查询

子查询是指在一个 SELECT 语句中再包含另一个 SELECT 语句，外层的 SELECT 语句称为外部查询，内层的 SELECT 语句称为内部查询或子查询。

多数情况下，子查询出现在外部查询的 WHERE 子句中，并与比较运算符、列表运算符 IN、存在运算符 EXISTS 等一起构成查询条件，完成有关操作。

根据内外查询的依赖关系，可以将子查询分为两类：相关子查询和嵌套子查询。

① 如果内部查询的执行依赖于外部查询，则这种查询称为相关子查询。相关子查询的工作方式：首先外部查询将值传递给子查询后执行子查询；然后根据子查询的执行结果判断外部查询的条件是否满足要求，若条件值为 TRUE 则显示结果行，否则不显示；接着外部查询再将下一个值传递给子查询，重复上面的步骤直到外部查询处理完外表中的每一行。

② 如果内部查询的执行不依赖于外部查询，则这种查询称为嵌套子查询。嵌套子查询的工作方式：首先执行子查询，将子查询得到的结果集（不被显示出来）传递给外部查询，并作为外部查询的条件来使用；然后执行外部查询，如果外部查询的条件成立，则显示查询结果，否则不显示。

说明：不管是相关子查询还是嵌套子查询，其外部查询用于显示查询结果集，而内部查询的结果只能用来作为外部查询条件的组成部分。

使用子查询时要注意以下几点：

① 子查询需用圆括号（）括起来。

② 子查询内还可以再嵌套子查询。

③ 子查询的 SELECT 语句中不能使用 image、text 或 ntext 数据类型。

④ 子查询返回的结果值的数据类型必须匹配新增列或 WHERE 子句中的数据类型。

⑤ 子查询中不能使用 INTO 子句。

5.5.1 使用比较运算符进行子查询

如果子查询返回的是单列单个值，可以通过比较运算符（如<、<=、>、>=、=、<>、!=、!>、!<）进行比较，如果比较结果为真，则显示外部查询的结果，否则不显示。

【例 5-39】 查询平均分低于 60 分的学生学号和姓名，查询结果如图 5-32 所示。

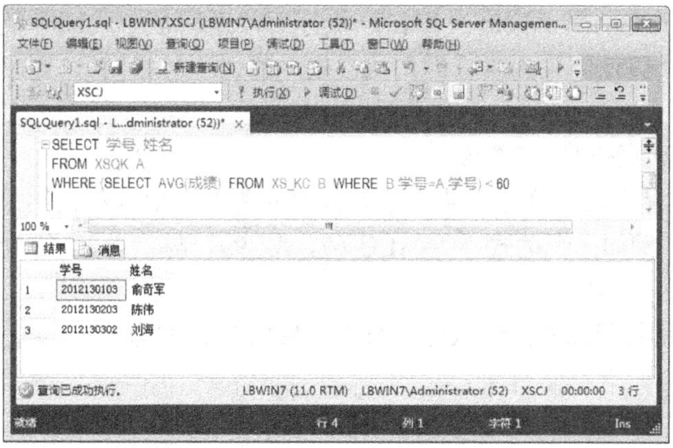

图 5-32　使用比较运算符进行子查询

```
SELECT　学号, 姓名
FROM　XSQK　A
WHERE (SELECT AVG(成绩)　FROM XS_KC B　WHERE　B.学号=A.学号)<60
```

在本例中，该子查询属于相关子查询，每执行一次子查询，只返回单列单个值。

5.5.2　使用 ALL、ANY 关键字进行子查询

如果子查询返回的是单列多个值，必须把比较运算符与 ALL、ANY 配合使用才能进行比较，如果比较结果为真，则显示外部查询的结果，否则不显示。

1．使用 ANY 运算符进行子查询

ANY 表示在进行比较运算时，只要子查询中有一行数据能使结果为真，则 WHERE 子句的条件为真。例如：表达式“<ANY（7，8，9）”与“<9”等价。表达式“>ANY（7，8，9）”与“>7”等价。

【例 5-40】 查询有不及格学生的课程的授课教师，查询结果如图 5-33 所示。

```
SELECT　DISTINCT 授课教师
FROM　KC
WHERE 课程号=ANY(SELECT 课程号　FROM XS_KC B　WHERE　成绩<60)
```

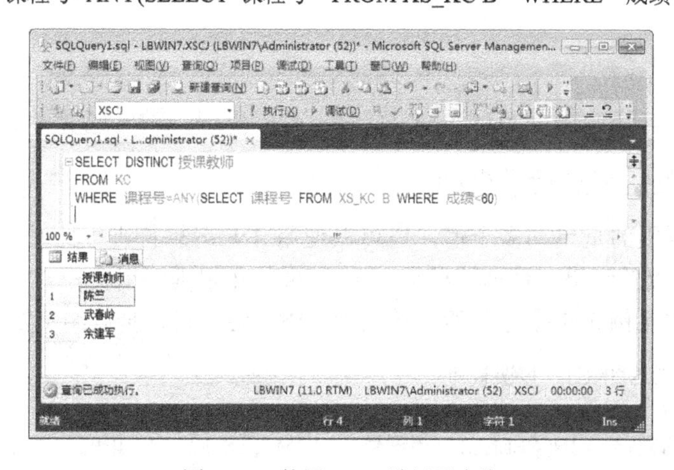

图 5-33　使用 ANY 进行子查询

在本例中，该子查询属于嵌套子查询，执行后，返回多个成绩不及格的课程号，只要这些课程号中有一个值使结果为真（即与 KC 表中的课程号相同），则 WHERE 子句的条件为真。

2．使用 ALL 运算符进行子查询

ALL 表示在进行比较运算时，要求子查询中的所有行数据都使结果为真，则 WHERE 子句的条件才为真。例如：表达式“<= ALL（7，8，9）”与“<=7”等价，表达式“>= ALL（7，8，9）”与“>=9”等价。

【例 5-41】 查询每门课程的最低分，查询结果如图 5-34 所示。

```
SELECT  *
FROM  XS_KC  A
WHERE  成绩<=ALL
(SELECT  成绩  FROM  XS_KC  B  WHERE  B.课程号=A.课程号)
```

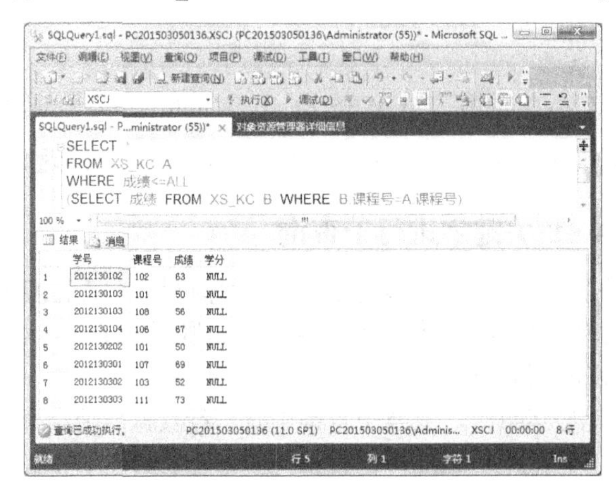

图 5-34 使用 ALL 进行子查询

在本例中，该子查询属于相关子查询，每执行一次子查询，返回某门课程的多个成绩值，用“<=ALL”比较就可以得到最低分。当然，本例还可以使用下面的代码来完成。

```
SELECT  *
FROM  XS_KC  A
WHERE  成绩=
(SELECT  MIN(成绩)  FROM  XS_KC  B  WHERE  B.课程号=A.课程号)
```

5.5.3 使用 IN 关键字进行子查询

如果子查询返回的是单列多个值，还可以使用 IN 运算符进行比较，如果比较结果为真，则显示外部查询的结果，否则不显示。NOT IN 的作用刚好相反。

【例 5-42】 将【例 5-40】中的查询改为用“IN”运算符，查询结果如图 5-35 所示。

```
SELECT  DISTINCT  授课教师
FROM  KC
WHERE  课程号  IN( SELECT  课程号  FROM  XS_KC  WHERE  成绩<60 )
```

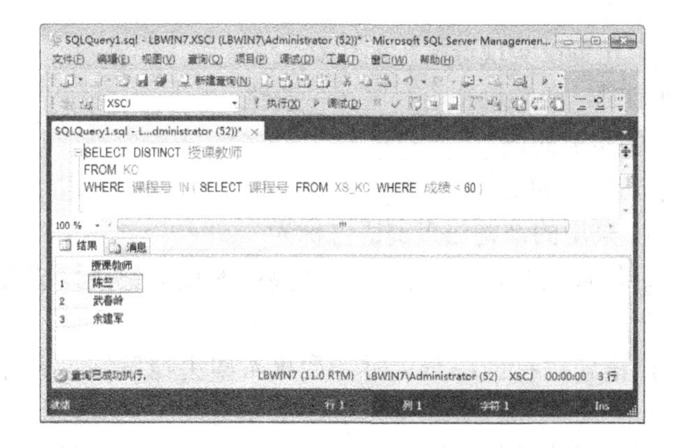

图 5-35　使用 IN 进行子查询

5.5.4　使用 EXISTS 关键字进行子查询

EXISTS 关键字的作用是用来检查在子查询中是否有结果返回，如果有结果返回，则 WHERE 子句的条件为真，否则为假。NOT EXISTS 的作用刚好相反。

【例 5-43】 查询至少有一门课程不及格的学生信息，查询结果如图 5-36 所示。

```
SELECT  DISTINCT  学号, 姓名
FROM  XSQK  A
WHERE  EXISTS
( SELECT  *  FROM  XS_KC  B  WHERE  B.成绩<60  AND  B.学号=A.学号)
```

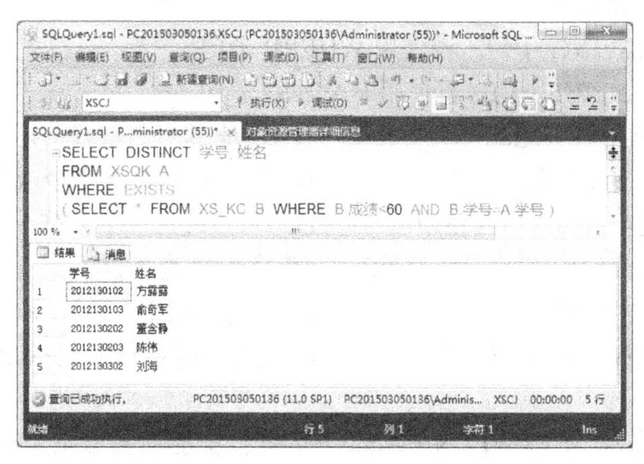

图 5-36　使用 EXISTS 进行子查询

在本例中，由于不需要用到子查询返回的具体值，所以子查询的选择列常用“SELECT *”的格式。

【课后习题】

一、填空题

1．用__________子句可以实现选择列的运算。

2. 用__________子句可以实现选择行的运算。

3. 在进行多表查询时，必须设置__________条件。

4. GROUP BY 子句实现的是__________。

5. ORDER BY 子句实现的是__________。

6. SQL Server 2012 采用的结构化查询语言称为__________。

7. 在 SELECT 语句查询中，要去掉查询结果中的重复记录，应该使用__________关键字。

8. 使用 SELECT 语句进行分组查询时，如果希望去掉不满足条件的分组，应当使用__________子句。

9. 如果列的取值范围是个连续的区间，可以使用__________关键字来设置查询条件。

10. 要进行模糊匹配查询，需要使用__________关键字来设置查询条件。

11. 连接查询的语法形式有两种：__________和__________。

12. 如果子查询返回的是一个单值，则需要与__________运算符配合才能构成查询条件。

13. 如果子查询返回的是单列多个值，则需要与__________、__________或__________关键字配合构成查询条件。

二、选择题

1. 在分组检索中，要去掉不满足条件的记录和不满足条件的分组，应当（　　）。
   A. 使用 WHERE 子句
   B. 使用 HAVING 子句
   C. 先使用 HAVING 子句，再使用 WHERE 子句
   D. 先使用 WHERE 子句，再使用 HAVING 子句

2. 部分匹配查询中有关通配符“_”的正确描述是（　　）。
   A. “_”代表多个字符
   B. “_”可以代表零个或多个字符
   C. “_”不能与“%”一同使用
   D. “_”代表一个字符

3. 条件“年龄 BETWEEN 20 AND 35”表示年龄在20～35岁，且（　　）。
   A. 包括20岁和35岁
   B. 不包括20岁和35岁
   C. 包括20岁但不包括35岁
   D. 包括35岁但不包括20岁

三、判断题

1. AND 运算符和“BETWEEN…AND”运算符都能设置取值范围是连续区间的逻辑条件。（　　）

2. HAVING 子句和 WHERE 子句作用形同。（　　）

3. 在进行连接查询时，内连接只把满足条件的记录连接起来并显示出来。（　　）

4. 在进行连接查询时，外连接只把不满足条件的记录显示出来。（　　）

5. 表达式“>= ANY(3,5,7)”与“>=7”等价。（　　）

6. 表达式“>=ALL(2,4,6)”与“>=2”等价。（　　）

7. 子查询内不能再嵌套子查询。（　　）

【课外实践】

任务 1：完成下列基本查询。

（1）在 KC 表中，查询第 2 学期开课的课程、授课教师。

（2）在 XSQK 表中，查询信息安全专业女同学的姓名和联系电话。

（3）在 XS_KC 表中，查询成绩在 90 分以上的学生的学号、课程号和成绩。

（4）在 XS_KC 表中，查询在 90 分以上和不及格学生的信息。

（5）在 XSQK 表中，查询不在 1995 年 11、12 月和 1996 年 1、2 月出生的学生信息。

（6）在 XSQK 表中，查询陈姓且单名的学生信息。

（7）在 XSQK 表中，查询学号中含有 8 的记录信息。

（8）在 XSQK 表中，查询电话号码第 3 位为 6 或 9 的记录信息。

（9）在 KC 表中，查询第 1、3 和 5 学期开设的课程信息。

（10）查询 XSQK 表，输出学号、姓名、出生日期，并使查询结果按出生日期的升序排列。

任务 2：完成下列汇总查询。

（1）在 KC 表中，统计每学期的总学分。

（2）在 XS_KC 表中，统计每个学生选修的课程门数。

（3）将 XS_KC 表中的数据记录按学号分类汇总，输出学号和平均分。

（4）在 XS_KC 表中，查询平均分大于 70 且小于 80 的学生学号和平均分。

（5）查询 XS_KC 表，输出学号、课程号、成绩，并使查询结果首先按照课程号的升序排列，当课程号相同时再按照成绩的降序排列，并将查询结果保存到新表 temp_KC 中。

（6）在 XS_KC 表中，查询选修了“101”课程的学生的最高分和最低分。

（7）在 KC 表中，统计每个学期所开设的课程门数。

（8）在 XSQK 表中，查询各专业的学生人数。

任务 3：使用连接方式完成下列查询。

（1）查询不及格学生的学号、课程名、授课教师和开课学期的信息。

（2）查询选修了“网页设计”课程的学生学号、姓名、课程号、课程名和成绩。

任务 4：使用子查询方式完成下列查询。

（1）查询“103”号课程不及格的学生学号、姓名和联系电话。

（2）查询恰好有两门课程不及格的学生信息。

（3）查询每门课程的最高分的学生记录。

（4）查询每个学生的最低分课程记录。

（5）查询每门课程的选修人数（提示：使用新增列完成）。

第 6 章　视图与索引

【学习目标】

- 了解视图的含义和优点
- 掌握创建、修改、删除视图的方法
- 掌握使用视图管理数据的方法
- 了解索引的结构和类型
- 掌握创建、修改、查看和删除索引的方法
- 熟悉全文索引的创建方法

6.1　视图

用户在查询数据库中的数据时，除了直接查看数据表中的数据以外，还可以通过视图来查看表中的数据。视图是一种常用的数据库对象，是一种虚拟表，其内容由查询定义。在视图中被查询的表称为视图的基表。视图并不在数据库中以存储的数据值集的形式存在，行和列数据来自视图的基表，并且在引用视图时动态生成。一旦定义了视图，就可以像使用基表一样使用它。因此，视图对数据库用户来说非常重要。

6.1.1　视图概述

视图是从一个或几个表或视图中导出的虚拟表，其结构和数据是建立在对表的查询基础上的。视图既可以看作一个虚拟表，也可以看作是一个查询的结果。视图所对应的数据并不实际地以视图结构存储在数据库中，而是存储在视图所引用的表中。

视图一经定义便存储在数据库中，对视图的操作与对表的操作一样，可以对其执行 SELECT 查询。而且，对于某些视图，也能够用 INSERT、DELETE 和 UPDATE 语句修改通过视图可见的数据。当对通过视图看到的数据进行修改时，相应的基本表的数据也要发生变化，同时，若基本表的数据发生变化，则这种变化也可以自动地反映到视图中。使用视图有以下几个优点。

（1）简化查询语句：通过视图可以将复杂的查询语句变得很简单。

（2）增加可读性：由于在视图中可以只显示有用的字段，并且可以使用字段别名，从而方便用户浏览查询的结果。

（3）方便程序的维护：如果应用程序使用视图来存取数据，那么当数据表的结构发生改变时，只需要更改视图存储的查询语句即可，不需要更改程序。

（4）增加数据的安全性和保密性：针对不同的用户，可以创建不同的视图，此时的用户只能查看和修改其所能看到的视图中的数据，而真正的数据表中的数据（甚至连数据表）都是不可见（不可访问）的，这样可以限制用户浏览和操作的数据内容。另外，视图所引用的

表的访问权限与视图的权限设置也是相互不影响的。

6.1.2 创建视图

用户创建的视图可以基于表，也可以基于其他的视图。在 SQL Server 2012 系统中，只能在当前数据库中创建视图，但是被新创建的视图所引用的表或视图可以在不同的数据库中。创建视图与创建数据表一样，可以使用两种方法：一是在“对象资源管理器”中通过图形化的工具创建，二是通过 T-SQL 语句来创建，下面分别介绍这两种方法。

1．在“对象资源管理器”中创建视图

在“对象资源管理器”中创建视图的方法与创建数据表的方法不同，下面举例说明。

【例 6-1】 在 XSCJ 数据库的“XSQK”表上，创建一个名为“V_学生信息”的视图，该视图用于显示信息管理专业女生或网络工程专业男生的“学号”“姓名”“性别”“专业名”，要求视图中的列名显示为“学生学号”“学生姓名”“性别”“专业”。

实施步骤如下：

（1）在“对象资源管理器”窗口依次展开“XSCJ”数据库中的“XSQK”表，定位“视图”节点。

（2）右击“视图”节点，从弹出的快捷菜单中选择“新建视图”命令，将出现如图 6-1 所示的对话框。

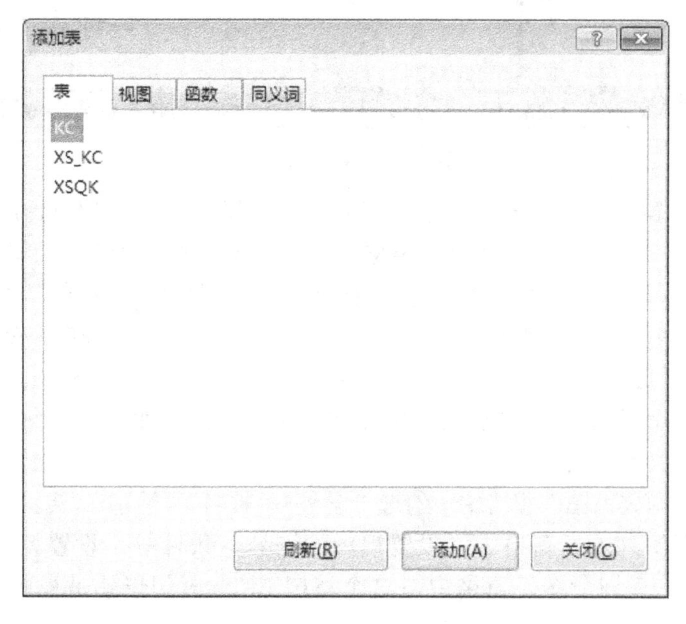

图 6-1 “添加表”对话框

（3）选择要定义视图的基表“XSQK”，单击“添加”按钮，然后再单击“关闭”按钮，将出现如图 6-2 所示的窗口。

提示：在该对话框中，可以是数据表，也可以是视图、函数、同义词或它们的组合。在选择时，可以使用〈Ctrl〉键或〈Shift〉键来选择多个表、视图或者函数。

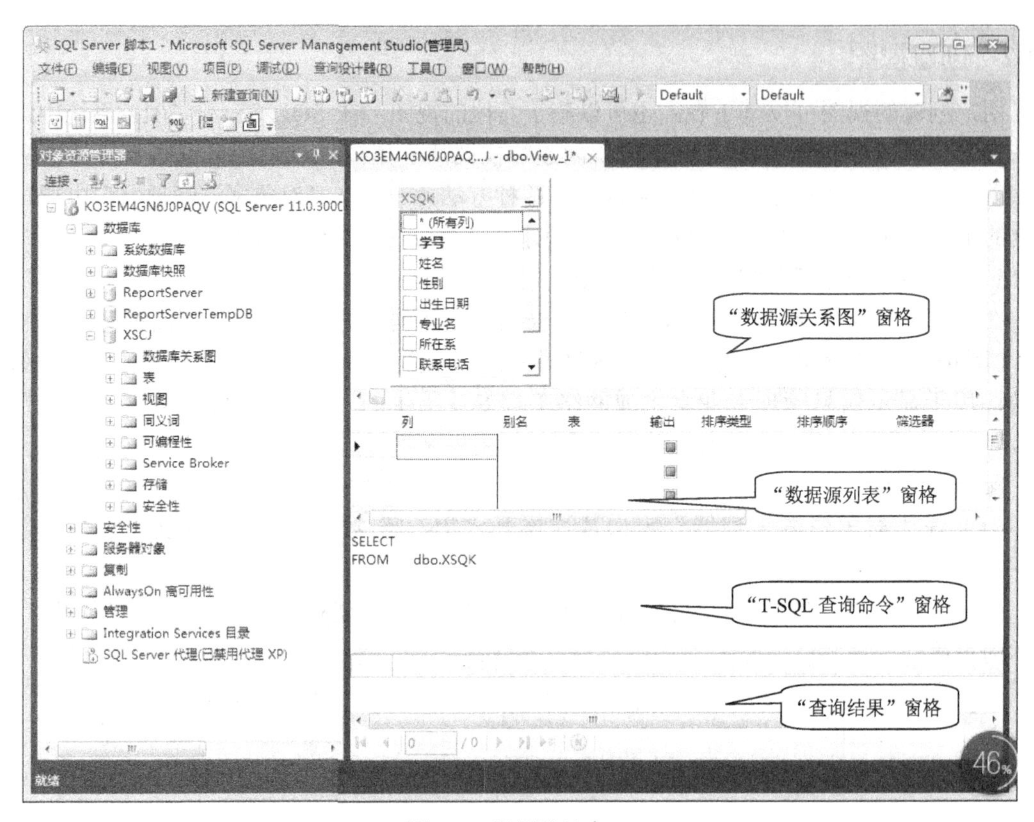

图 6-2　视图设计窗口

该窗口有 4 个窗格，从上向下，最上面的是“数据源关系图”窗格，用于显示要创建视图所用的表。第 2 个是“数据源列表”窗格，用于视图的图形化设计，“表”和“列”用于选择进入视图的表和列；“别名”用于设置视图要显示的列名称；“输出”用于确定视图中的哪些列输出；“排序类型”及“排序顺序”用于确定视图中的列是升序还是降序排列及视图中列的排序顺序；“筛选器”“或...”用于确定基础数据进入视图的条件。第 3 个是“T-SQL 查询命令”窗格，用于输入创建视图的 SQL 查询语句。最下面的是“查询结果”窗格，用于查看创建视图的执行结果。

（4）在“数据源关系图”窗格中，勾选“学号”“姓名”“性别”“专业名”。

（5）在“数据源列表”窗格中，设置视图的别名、条件等。设置完成后，SQL 语句会显示在“T-SQL 查询命令”窗格中，这个 SELECT 语句也就是视图所要存储的查询语句。

（6）在“查询结果”窗格中，右击其空白处，从弹出的快捷菜单中选择“执行 SQL”命令，就能在该窗格中显示执行视图的结果信息，如图 6-3 所示。

（7）确认结果正确后，单击工具栏中的“保存”按钮，在弹出的对话框中输入合适的视图名称，单击“确定”按钮完成创建视图的操作。

（8）在“对象资源管理器”窗口中展开的“视图”节点中，可看到新建的视图，如图 6-4 所示。

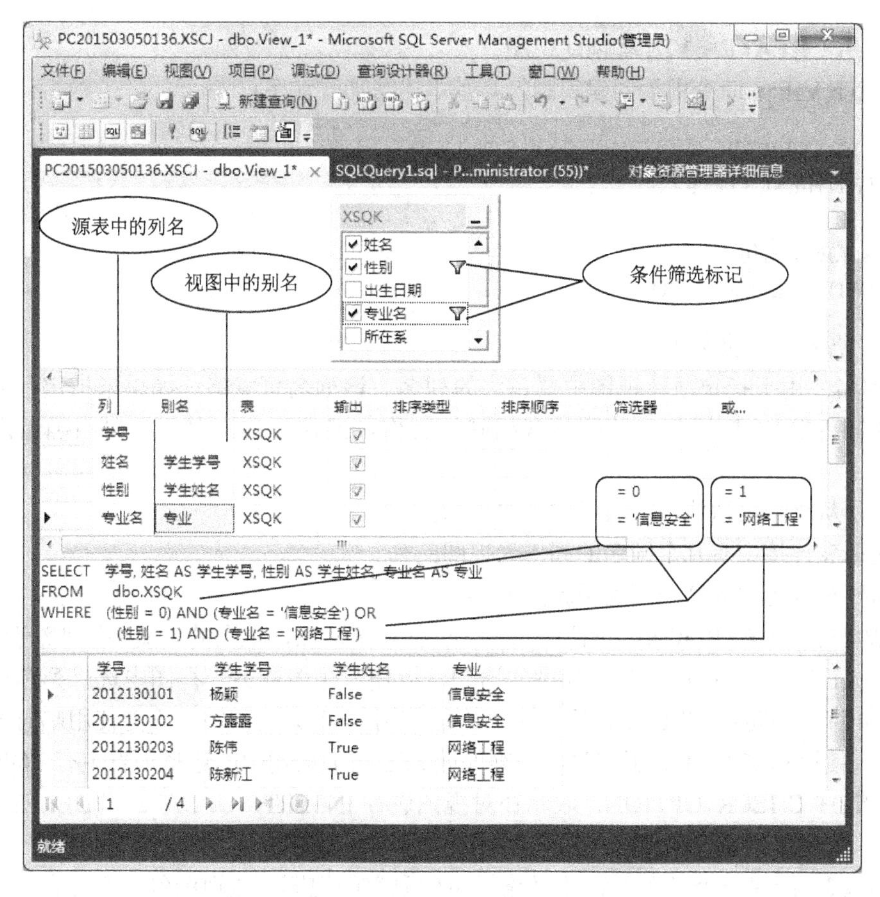

图 6-3　定义“V_学生信息”视图

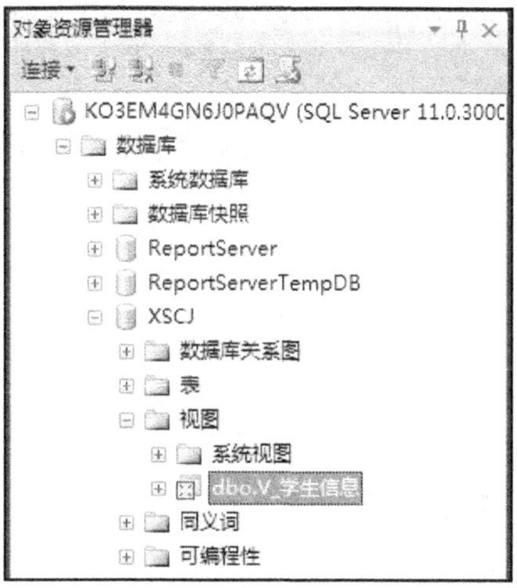

对象资源管理器
连接
KO3EM4GN6J0PAQV (SQL Server 11.0.3000
数据库
系统数据库
数据库快照
ReportServer
ReportServerTempDB
XSCJ
数据库关系图
表
视图
系统视图
dbo.V_学生信息
同义词
可编程性

图 6-4　查看新建的视图

提示： 由于视图在使用方式上与表没有什么区别，因此为了区分视图和表，通常在命名视图时加前缀 V_或 VIEW_。

2. 使用 CREATE　VIEW 创建视图

CREATE VIEW 命令用于创建视图，其基本语法形式如下：

```
CREATE VIEW 视图名 [(列名 1,列名 2[,…n])]
[WITH ENCRYPTION]
AS
SELECT 语句
[WITH CHECK OPTION]
```

其中，各参数含义如下。

① 列名：用于指定新建视图中要包含的列名。该列名可省略，如果未指定列名，则视图的列名与 SELECT 语句中的列具有相同的名称。但在下列情况下需要明确指定视图中的列名：

- 列是从算术表达式、函数或常量派生的。
- 在多表连接中有几个同名的列作为视图的列。
- 需要在视图中为某个列使用新的名字。

② WITH ENCRYPTION：对视图的定义进行加密，保证视图的定义不被非法获得。

③ SELECT 语句：用于定义视图的语句，以便从源表或另一视图中选择列和行构成新视图的列和行。但是在 SELECT 语句中，不能使用 INTO 关键字，不能使用临时表或表变量。另外，使用 ORDER BY 子句时，必须保证 SELECT 语句中的选择列表中有 TOP 子句。

④ WITH CHECK OPTION：表示在对视图进行 INSERT、UPDATE 和 DELETE 操作时要保证插入、更新或删除的行满足视图定义中设置的条件。

【例 6-2】 创建一个名为“V_不及格学生信息”的视图，该视图包含所有有不及格记录的学生的学号、姓名和原始成绩。执行结果如图 6-5 所示。

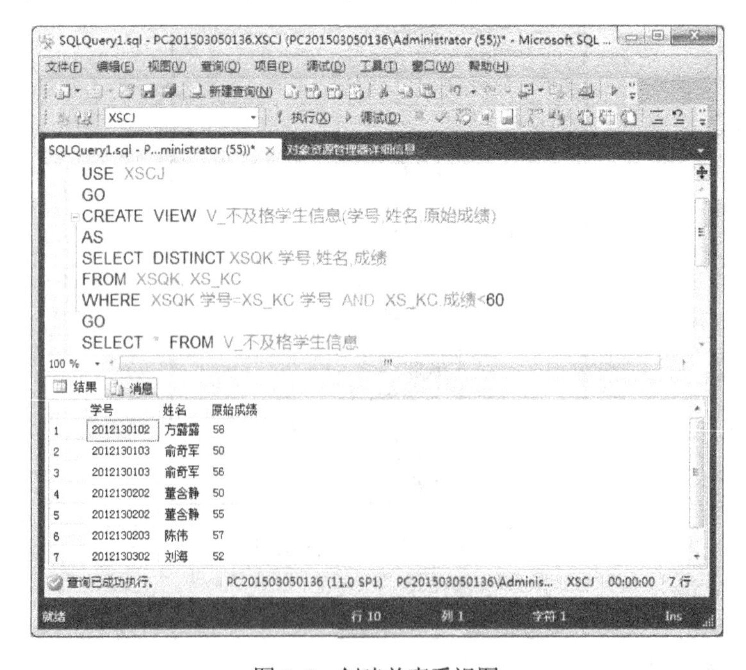

图 6-5　创建并查看视图

```
--创建视图
USE   XSCJ
GO
CREATE   VIEW   V_不及格学生信息(学号,姓名,原始成绩)
AS
SELECT   DISTINCT XSQK.学号,姓名,成绩
FROM   XSQK, XS_KC
WHERE   XSQK.学号=XS_KC.学号   AND   XS_KC.成绩<60
GO
--查看视图
SELECT   *   FROM   V_不及格学生信息
```

【课堂练习 1】 创建一个名为“V_平均成绩”的视图，用于分组汇总查询每个学生的平均成绩，将视图的列名分别改为“学生学号”“个人平均分”，并加密视图的定义。

6.1.3 查看视图信息

1．使用系统存储过程查看视图定义的文本

创建视图后，在实际工作中，可能需要查看视图定义，以了解数据从源表中的提取方式。如果想查看有关视图的定义文本，可以使用 sp_helptext 系统存储过程。

【例 6-3】 查看 XSCJ 数据库中的“V_不及格学生信息”视图的定义，执行结果如图 6-6 所示。

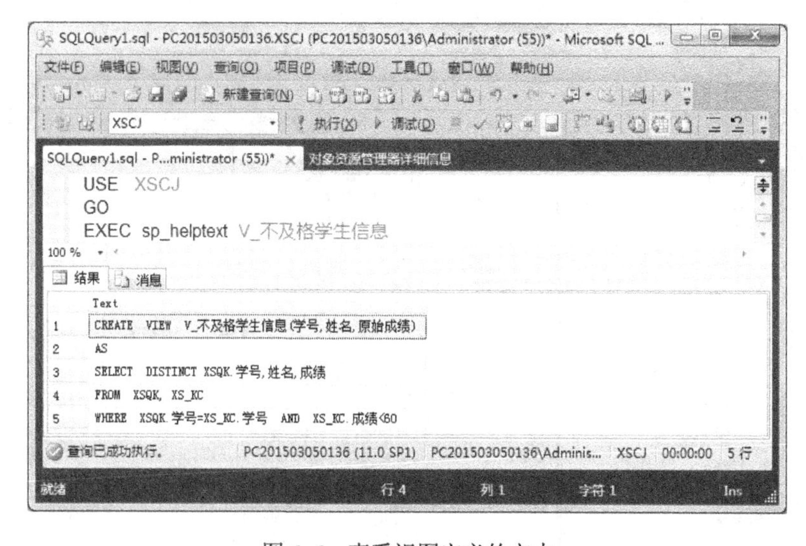

图 6-6　查看视图定义的文本

```
USE    XSCJ
GO
EXEC sp_helptext V_不及格学生信息
```

2．在“对象资源管理器”中查看视图属性

【例 6-4】 在“对象资源管理器”中查看“V_不及格学生信息”视图的属性和执行结果。

实施步骤如下：

（1）在“对象资源管理器”中依次展开“XSCJ”数据库的“视图”节点，定位“V_不及格学生信息”视图节点。

（2）查看视图的属性。右击“V_不及格学生信息”，从弹出的快捷菜单中选择“属性”命令，会出现“视图属性”对话框。在该对话框中，可通过选择“权限”项，查看视图有哪些用户对该视图具有什么样的操作权限。

（3）查看视图执行的结果。右击“V_不及格学生信息”，从弹出的快捷菜单中选择“前1000行”命令，即可查看到视图执行的结果。

6.1.4 修改视图

如果引用表发生变化，或者要通过视图查询更多的信息，读者可以根据需要使用“对象资源管理器”或T-SQL命令来修改视图的定义。

1. 在“对象资源管理器”中修改视图

【例6-5】 修改“V_不及格学生信息”视图，要求在视图中增加“课程名”的信息。

实施步骤如下：

（1）在“对象资源管理器”中依次展开“XSCJ”数据库下的“视图”节点，定位“V_不及格学生信息”视图节点。

（2）右击“V_不及格学生信息”视图，在弹出的快捷菜单中选择“设计”命令，会出现如图6-7所示的窗口。

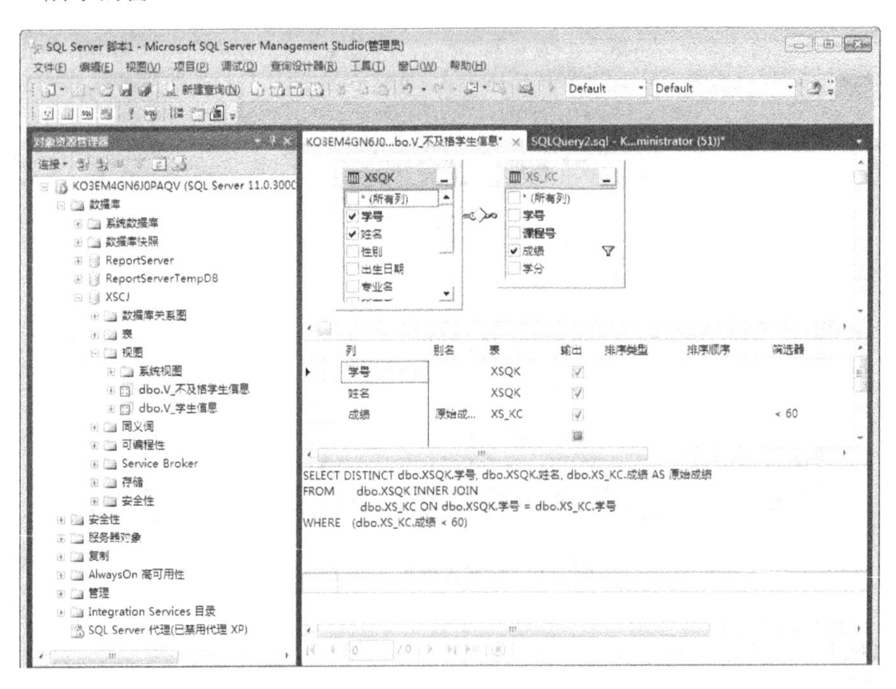

图6-7 修改“V_不及格学生信息”视图

（3）右击“数据源关系图”窗格，在弹出的快捷菜单中选择“添加表”命令，从出现的“添加表”对话框中选择“KC”表，并单击“添加”按钮，然后再单击“关闭”按钮。

（4）在“数据源关系图”窗格中，勾选“KC”表中的“课程名”，如图 6-8 所示。

（5）单击工具栏中的“保存”按钮即可完成视图的修改。

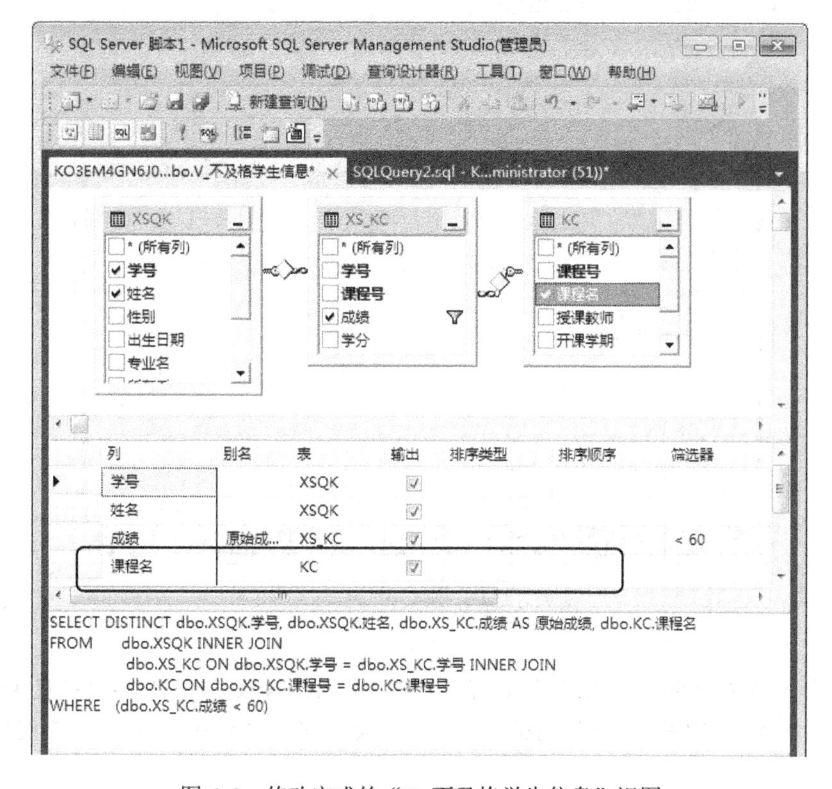

图 6-8　修改完成的“V_不及格学生信息”视图

2．使用 ALTER　VIEW 语句修改视图

用户可以使用 ALTER VIEW 命令来对视图进行修改，其语法格式如下：

```
ALTER  VIEW 视图名 [(列名 1,列名 2[,…n])]
[WITH ENCRYPTION]
AS
SELECT 语句
[WITH CHECK OPTION]
```

其中，各参数含义与创建视图 CREATE VIEW 命令的参数相同，在此不再重复。

【例 6-6】 修改“V_学生信息”视图，使该视图用于查询是班委成员的男生信息，并强制检查指定条件。执行结果如图 6-9 所示。

```
USE  XSCJ
GO
ALTER VIEW V_学生信息
AS
SELECT 学号,姓名,性别,出生日期, 专业名, 所在系,备注 AS 职务
FROM   XSQK
WHERE 性别=1  AND  备注 LIKE  '%'
```

```
WITH   CHECK   OPTION
GO
SELECT   *   FROM   V_学生信息
```

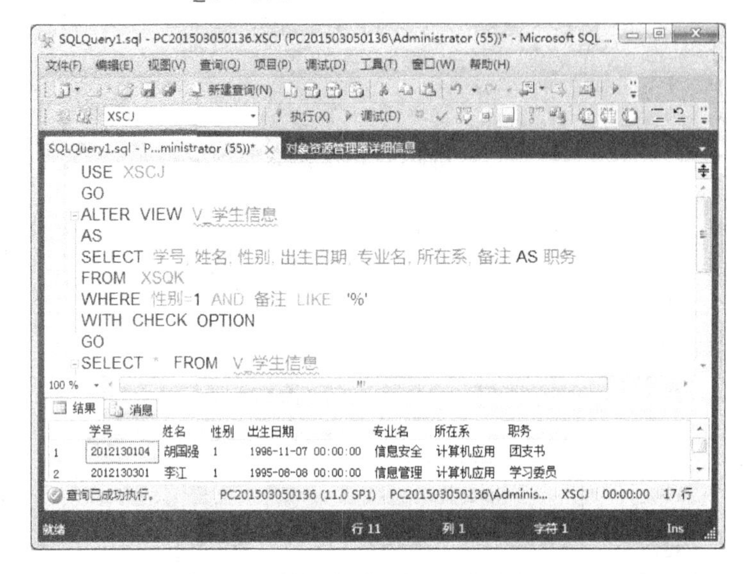

图 6-9　查询视图修改后的结果

提示：如果在创建视图时使用了 WITH ENCRYPTION 或 WITH CHECK OPTION 子句，并且要保留选项提供的功能，则必须在 ALTER VIEW 命令中包含它，否则这些选项不再起作用。

【课堂练习 2】 修改视图“V_学生信息”，增加输出列“出生日期”和“专业名”。

6.1.5　通过视图添加、更新、删除表数据

除了在 SELECT 语句中使用视图作为数据源进行查询以外，还可以在“对象资源管理器”窗口中打开视图对象，直接在视图中对数据进行添加、更新和删除，也可以使用 INSERT、UPDATE 和 DELETE 语句通过视图对数据表的数据进行添加、更新和删除操作。但是通过视图添加、更新和删除数据与表相比有一些限制，使用视图对数据表的记录数据进行操作时，所创建的视图必须满足以下条件：

- 视图的字段中不能包含通过计算得到值的列、有内置函数的列等。
- 创建视图的 SELECT 语句不能使用 GROUP BY、UNION、DISTINCT 或 TOP 子句。
- 当视图依赖多个数据表时，可以修改由多个基表得到的视图，但是每一次修改的数据只能影响一个基表。
- 不能删除依赖多个数据表的视图。

另外，如果对视图插入数据，且该视图的基表有一个没有默认值的列或有一个不允许空的列，且该列没有出现在视图的定义中，那么就会产生一个错误消息。下面通过具体的例子来讲述通过视图添加、更新、删除数据及其使用的限制。

1. 在“对象资源管理器”中插入、更新和删除数据

【例 6-7】 通过“V_学生信息”视图插入数据。

（1）在“对象资源管理器”中依次展开“XSCJ”数据库下的“视图”节点，定位“V_学生信息”视图。

（2）右击该视图，在弹出的快捷菜单中选择“编辑前 200 行”命令，会打开视图数据的编辑窗口，按图 6-10 所示输入一条记录。

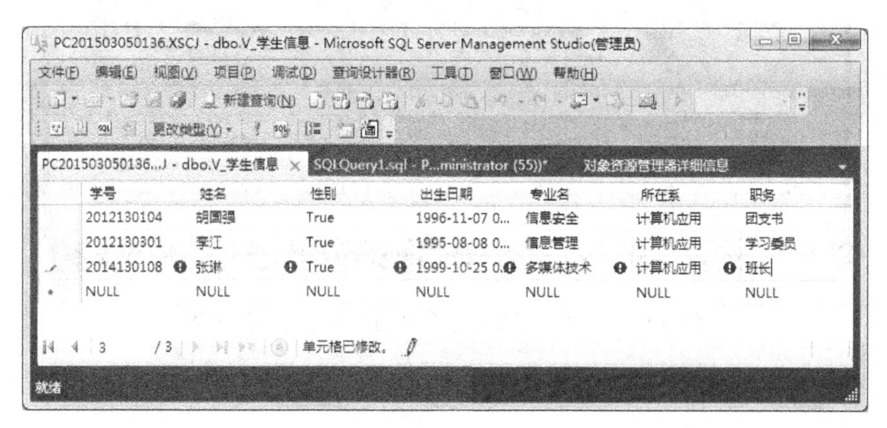

学号	姓名	性别	出生日期	专业名	所在系	职务
2012130104	胡国强	True	1996-11-07 0...	信息安全	计算机应用	团支书
2012130301	李江	True	1995-08-08 0...	信息管理	计算机应用	学习委员
2014130108	张琳	True	1999-10-25 0.0	多媒体技术	计算机应用	班长
NULL	NULL	NULL	NULL	NULL	NULL	NULL

图 6-10　在“V_学生信息”视图中添加一条记录

（3）将光标定位到末行，刚才输入的记录已添加到视图中。

（4）打开“XSQK”表，可发现该条记录已成功插入到表中，如图 6-11 所示。

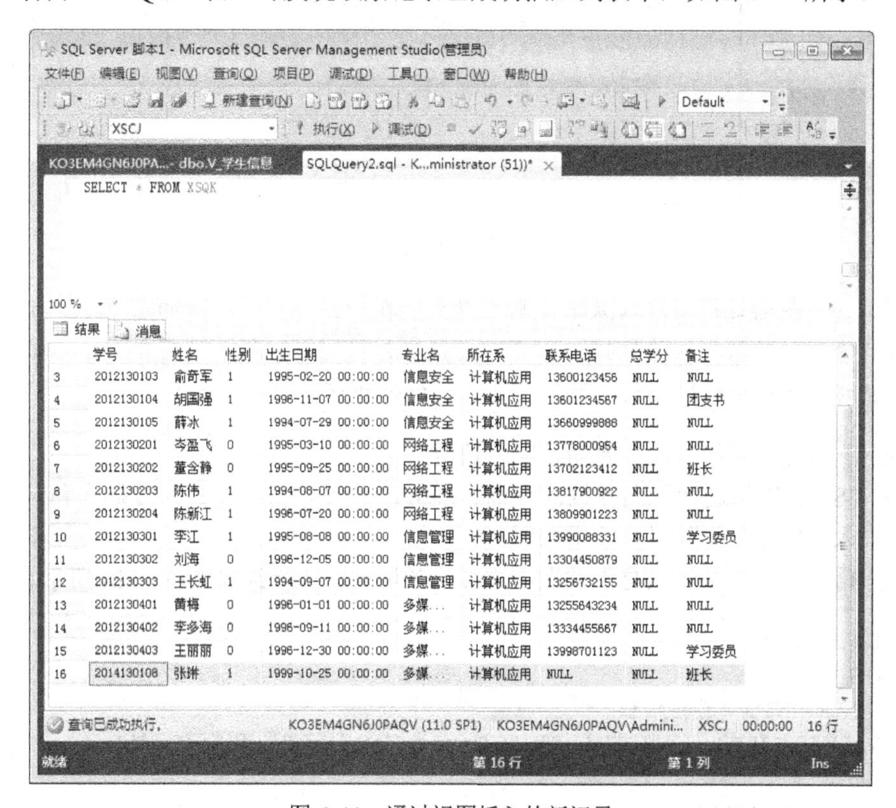

```
SELECT * FROM XSQK
```

	学号	姓名	性别	出生日期	专业名	所在系	联系电话	总学分	备注
3	2012130103	俞奇军	1	1995-02-20 00:00:00	信息安全	计算机应用	13600123456	NULL	NULL
4	2012130104	胡国强	1	1996-11-07 00:00:00	信息安全	计算机应用	13601234567	NULL	团支书
5	2012130105	薛冰	1	1994-07-29 00:00:00	信息安全	计算机应用	13660999888	NULL	NULL
6	2012130201	岑盈飞	0	1995-03-10 00:00:00	网络工程	计算机应用	13778000954	NULL	NULL
7	2012130202	董含静	0	1995-09-25 00:00:00	网络工程	计算机应用	13702123412	NULL	班长
8	2012130203	陈伟	1	1994-08-07 00:00:00	网络工程	计算机应用	13817900922	NULL	NULL
9	2012130204	陈新江	1	1996-07-20 00:00:00	网络工程	计算机应用	13809901223	NULL	NULL
10	2012130301	李江	1	1995-08-08 00:00:00	信息管理	计算机应用	13990088331	NULL	学习委员
11	2012130302	刘海	0	1996-12-05 00:00:00	信息管理	计算机应用	13304450879	NULL	NULL
12	2012130303	王长虹	1	1994-09-07 00:00:00	信息管理	计算机应用	13256732155	NULL	NULL
13	2012130401	黄梅	0	1996-01-01 00:00:00	多媒...	计算机应用	13255643234	NULL	NULL
14	2012130402	李多海	0	1996-09-11 00:00:00	多媒...	计算机应用	13334455667	NULL	NULL
15	2012130403	王丽丽	0	1996-12-30 00:00:00	多媒...	计算机应用	13998701123	NULL	学习委员
16	2014130108	张琳	1	1999-10-25 00:00:00	多媒...	计算机应用	NULL	NULL	班长

图 6-11　通过视图插入的新记录

（5）如果按图 6-12 所示输入另一条记录，当光标定位到末行时，会出现如图 6-13 所示的插入数据失败的提示框，这是因为通过视图插入数据时，要检查“V_学生信息”视图中设置的条件，即“性别=1　AND　备注 LIKE　'%'”，如果不符合这个条件，则无法插入数据。

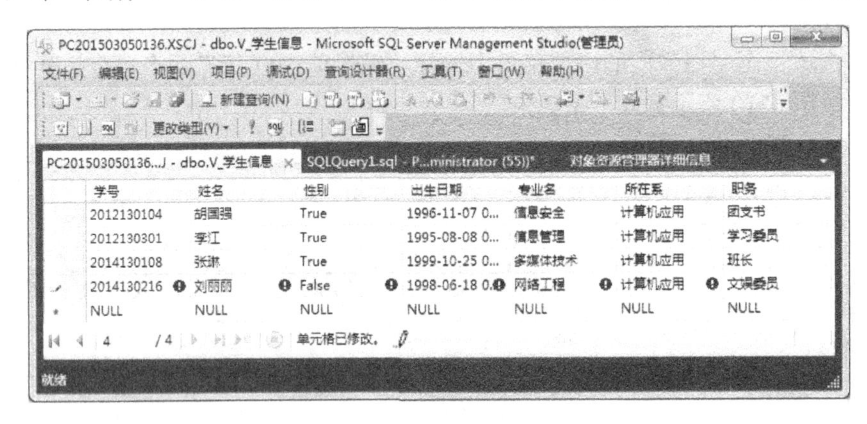

图 6-12　在“V_学生信息”视图中添加另一条记录

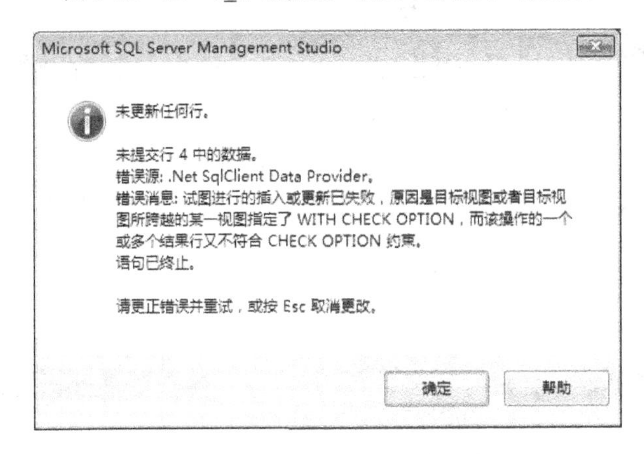

图 6-13　添加数据失败的提示框

说明：如果要通过视图修改数据，则可以直接在如图 6-10 所示的窗口中，单击要修改的数据进行修改；如果要删除数据，则可以直接在如图 6-10 所示的窗口中，右击要删除数据行的最左列，从弹出的快捷菜单选择“删除”命令即可。

2．使用 T-SQL 语句添加、更新、删除数据

使用 T-SQL 语句进行视图数据的查询、插入、修改与删除，其语法格式和对表中数据的查询、插入、修改与删除操作非常相似。

【例 6-8】 在“V_学生信息”视图中添加一条记录，执行结果如图 6-14 所示。

```
USE   XSCJ
GO
INSERT INTO V_学生信息
VALUES('2012130112','陈立', 1,'1996-05-08','信息安全','计算机应用','体育委员')
GO
SELECT * FROM XSQK
```

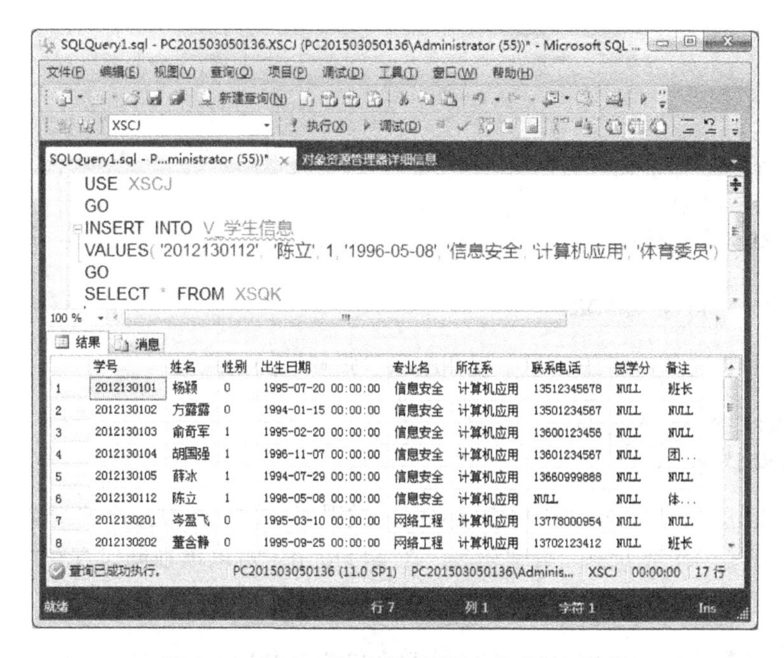

图 6-14　以命令方式通过视图向表中添加数据

请思考：如果插入如下所示的记录，会出现什么情况？

```
INSERT INTO V_学生信息
VALUES('2012130211','刘兰', 0,'1996-09-28','网络工程','计算机应用', null )
```

【例 6-9】 将“V_学生信息”视图中的“张琳”的姓名改为“张林”，执行结果如图 6-15 所示。

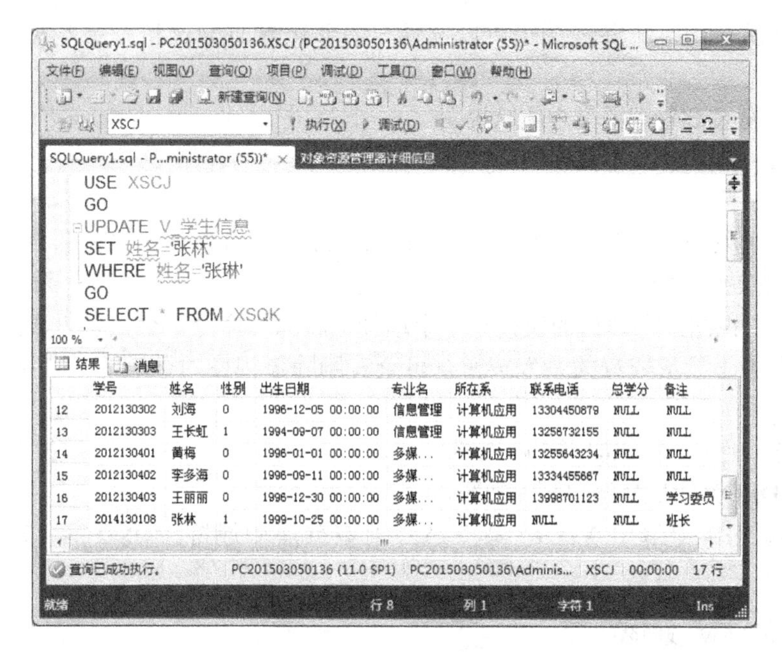

图 6-15　通过视图修改表数据

```
USE   XSCJ
GO
UPDATE   V_学生信息
SET 姓名='张林'
WHERE 姓名='张琳'
GO
SELECT * FROM   XSQK
```

【例 6-10】 通过“V_学生信息”视图删除“张林”的记录。

```
DELETE FROM   V_学生信息
WHERE 姓名='张林'
```

成功执行上述语句后，打开引用表 XSQK，发现表中这一行数据已被删除。

由于通过视图操作数据表的限制较多，在实际应用中可以单独创建查看数据的视图，需要时再单独创建符合更新条件、用于输入和更新数据表的视图。

【课堂练习 3】 尝试在视图“V_不及格学生信息”中插入一行数据，修改和删除视图中的数据，可以分别采用图形化界面方式和命令方式来操作。

6.1.6 删除视图

在创建视图后，如果不再需要该视图，或想清除视图定义及与之相关联的权限，可以删除该视图。删除视图后，表和视图所基于的数据并不受影响，删除的是一个对象，因此任何使用基于已删除视图对象的查询将会失败。

同创建视图一样，删除视图也可以选择在图形化界面方式和命令方式，下面将分别阐述。

1．在“对象资源管理器”中删除视图

【例 6-11】 删除“V_不及格学生信息”视图。

实施步骤如下：

（1）在“对象资源管理器”中依次展开“XSCJ”数据库下的“视图”节点，定位到“V_不及格学生信息”视图。

（2）右击该视图，在弹出的快捷菜单中选择“删除”命令，会出现“删除对象”对话框，单击其中的“显示依赖关系”按钮，可查看删除该视图对数据库的影响，如图 6-16 所示。

（3）单击“确定”按钮即可删除视图。

2．使用 DROP VIEW 语句删除视图

用户可以使用 DROP VIEW 命令从当前数据库中删除一个或多个视图，其语法如下：

```
DROP VIEW 视图名[,…n]
```

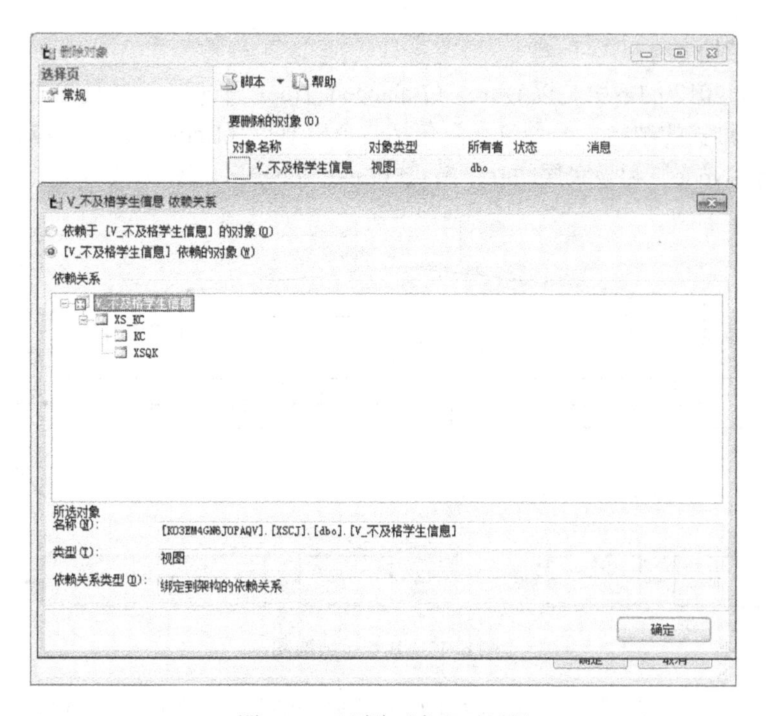

图 6-16 “删除对象”对话框

6.2 索引

用户对数据库最频繁的操作是进行数据查询。一般情况下，数据库在进行查询操作时需要对整个表进行数据检索。当表中的数据很多时，检索数据就需要很长的时间，这就造成了服务器的资源浪费。为了提高检索数据的能力，数据库引入了索引机制。

6.2.1 索引概述

索引是对数据库表中一个或多个列的值进行排序的结构，它由该表的一列或多个列的值，以及指向这些列值对应记录存储位置的指针所组成，是影响数据库性能的一个重要因素，由数据库进行管理和维护。索引是依赖于表建立的，它提供了数据库中编排表中数据的内部方法。一个表的存储是由两部分组成的，一部分用来存放表的数据页面，另一部分存放索引页面。索引就存放在索引页面上，通常，索引页面相对于数据页面来说小得多。当进行数据检索时，系统先搜索索引页面，从中找到所需数据的指针，再直接通过指针从数据页面中读取数据。数据库使用索引的方式与我们使用书的目录很相似，它是表中数据和相应存储位置的列表，是一种树状结构，目的是用来加快访问数据表中的特定信息。

索引的建立有利也有弊，建立索引可以提高查询速度，但过多地建立索引会占据很多的磁盘空间。所以在建立索引时，数据库管理员必须权衡利弊，考虑让索引带来的有利效果大于带来的弊病。通常情况下，对于经常被查询的列、在 ORDER BY 子句中使用的列、主键或外键列等可以建立索引，而对于那些在查询中很少被引用的列不适合建立索引，特别是当 UPDATE 的性能需求远大于 SELECT 的性能需求时不应该创建索引。

1．索引的结构

SQL Server 2012 的索引是以 B-tree（Balanced Tree，平衡树）结构来维护的。B-tree 是一个多层次、自维护的结构。一个 B-tree 包括一个根节点（Root Node），零个到多个中间节点（Intermediate Node）和最底层的叶子节点（Leaf Node），如图 6-17 所示。

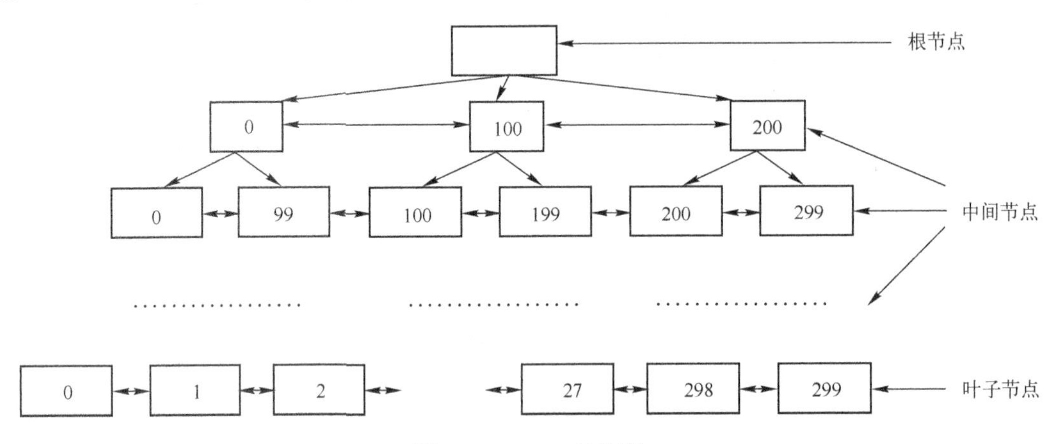

图 6-17　B-tree 结构图

在图 6-17 中，假设每个方框里放置的都是记录的编号，现在要查找编号为 298 的记录，那么就要从索引的根节点开始向下查找，假设这个 B-tree 一共有 10 层，那么最多只需查找 10 次就可以找到该记录。由此可以看出，索引的层次越多，读取记录所要访问的索引次数就越多，数据查询能力就越差。

2．索引的分类

在 SQL Server 2012 中，索引可以分为聚集索引、非聚集索引、唯一索引、复合索引、包含性列索引、索引视图、全文索引和 XML 索引 8 种。

（1）聚集索引与非聚集索引。

如果将索引简单地分类，可以将其分为聚集索引（Clustered）和非聚集索引（Non-Clustered）两种。聚集索引是基于记录内容在数据表内的排序和存储。在设置聚集索引时，数据表中的数据也会按照索引的顺序来存放。例如在一个数据表中，将“学号”字段设置为聚集索引，此时在该数据表里的数据将会按“学号”字段的内容来自动排序与存储。假设要插入一条学号为“2011040210”的记录，那么数据库会将其放在学号为“2014130101”的前面。

非聚集索引与聚集索引的最大区别是：非聚集索引不会为数据表里的数据进行物理上的排序，只是将索引建立在索引页上，在查询数据时一样可以从索引中找到记录存放的位置。就像在上例中，如果“学号”字段设置为非聚集索引，那么在插入学号为“2011040210”的记录时，即使数据表中有一条学号为“2014130101”的记录，数据库也会将新插入的记录放在所有记录的最后。

由于聚集索引会影响数据的实际物理排序，所以在一个数据表中，只能有一个聚集索引，因为数据的物理排序只能有一种方式。而非聚集索引不影响数据的实际物理排序，所以在一个数据表中可以设置多个非聚集索引。

（2）唯一索引。

唯一索引（Unique Index）能确保索引无重复。换句话来说，如果一个字段设置了唯一索引，那么这个字段里的内容就是唯一的，不同记录中的同一个字段的内容不能相同。无论是聚集索引还是非聚集索引，都可以将其设为唯一索引。唯一索引通常建立在主键字段上。当数据表中创建了主键之后，数据库会自动为该主键创建唯一索引。

（3）复合索引与包含性列索引。

在创建索引时，并不是只能对其中一个字段创建索引，就像创建主键一样，可以将多个字段组合起来作为索引，这种索引称为复合索引（Composite Index）。在创建索引时，对创建的索引有大小限制，最多的字段数不能超过 16 个，所有字段的大小之和不能超过 900 字节。在 SQL Server 2012 中，可以用包含性列索引来解决这个问题。包含性列索引，是在创建索引时，再将其他非索引字段包含到这个索引中，并起到索引的作用。

（4）视图索引。

视图是一个虚拟的数据表，可以像真实的数据表一样使用。视图本身并不存储数据，数据都存储在视图所引用的数据表中。但是，如果为视图创建索引，将会具体化视图，并将结果集永久存储在视图中，其存储方法与其他带聚集索引的数据表的存储方法完全相同。在创建视图的聚集索引后，还可以为视图添加非聚集索引。

（5）全文索引。

全文索引是一种特殊类型的基于标记的功能性索引，由 SQL Server 中的全文引擎服务来创建和维护。全文索引主要用于在大量文本文字中搜索字符串，此时使用全文索引的效率比使用 T-SQL 中的 LIKE 语句效率要高得多。全文索引的创建过程在本章的后面将会对其专门进行讲解。

（6）XML 索引。

XML 字段是从 SQL Server 2008 起才有的字段，XML 实例作为二进制大型对象（BLOB）存储在 XML 字段中，这些 XML 实例的最大数据量可以达到 2GB。如果在没有索引的 XML 字段里查询数据，将会是个很耗时的操作。在 XML 字段上创建的索引就是 XML 索引。

6.2.2 创建索引

在 SQL Server 2012 中，有两种情况是由系统自动创建索引：一种是设置了主键约束的列上系统会自动创建一个唯一聚集索引，另一种是设置了唯一约束的列上系统会自动创建一个唯一非聚集索引，除此以外就只能手动创建索引了。

1. 在“对象资源管理器”中创建索引

【例 6-12】 已知 XSQK 表中的“学号”列已设置为主键，请在“姓名”和“所在系”两列上创建名为“ix_name_xi”的索引，按姓名降序排列。

分析：根据题意，XSQK 表上已设置“学号”为主键，即系统自动创建了一个唯一聚集索引，另外，由于在同一个系可能存在同名的情况，所以，本题要创建的索引只能是一个非唯一的非聚集索引。

实施步骤如下：

（1）在“对象资源管理器”窗口依次展开“XSCJ”数据库中的“XSQK”表，定位到“索引”节点。

（2）右击“索引”节点，在弹出的快捷菜单中单击“新建索引”→“非聚集索引”命令，会出现如图 6-18 所示的对话框。

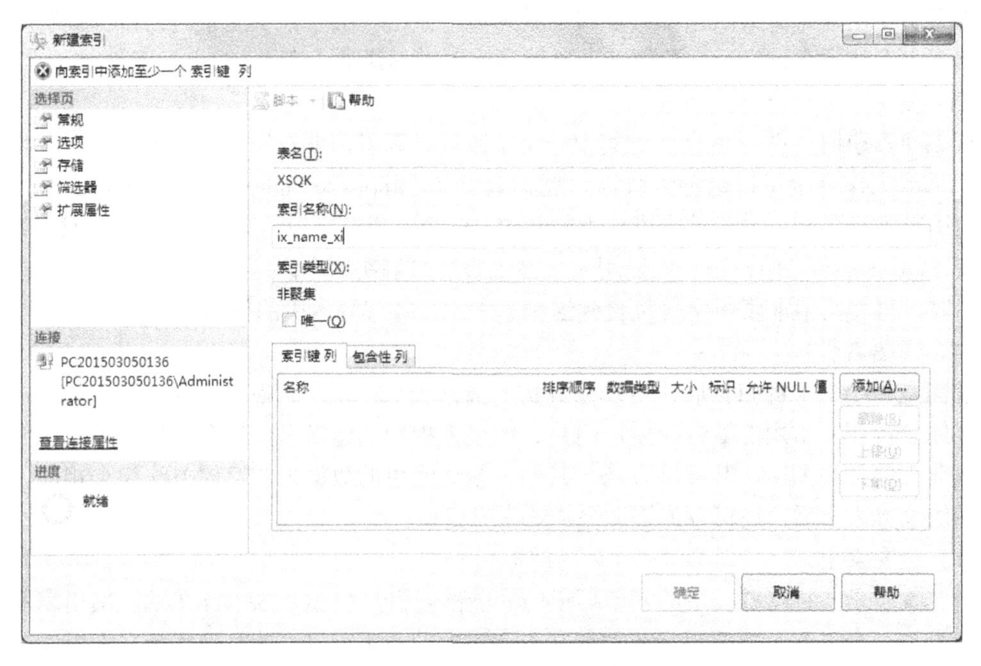

图 6-18 “新建索引”对话框

（3）在对话框的“索引名称”框中输入“ix_name_xi”。

（4）单击“添加”按钮，在打开的对话框中勾选索引键列，如图 6-19 所示。

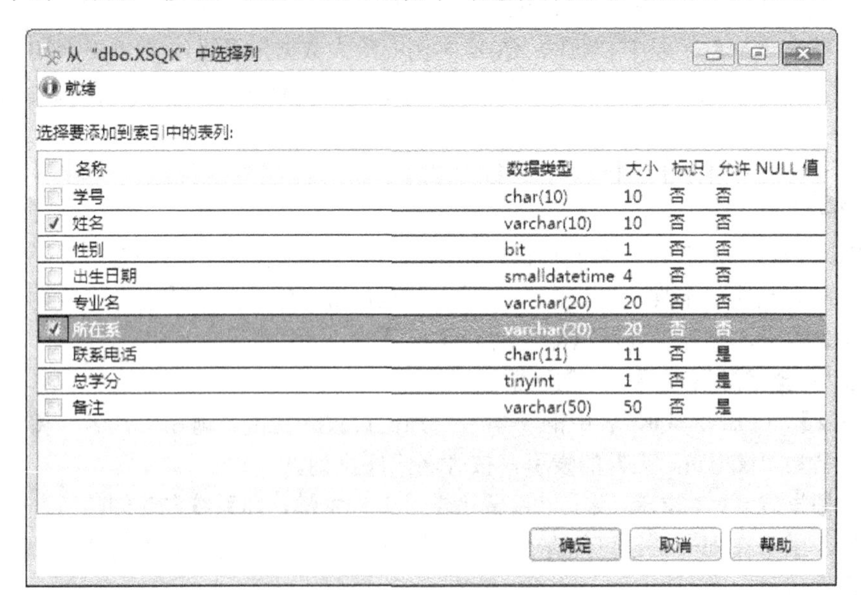

图 6-19 选择列

（5）单击“确定”按钮返回“新建索引”对话框，在“索引键列”列表中，设置“姓名”的排序顺序为“降序”，如图 6-20 所示。

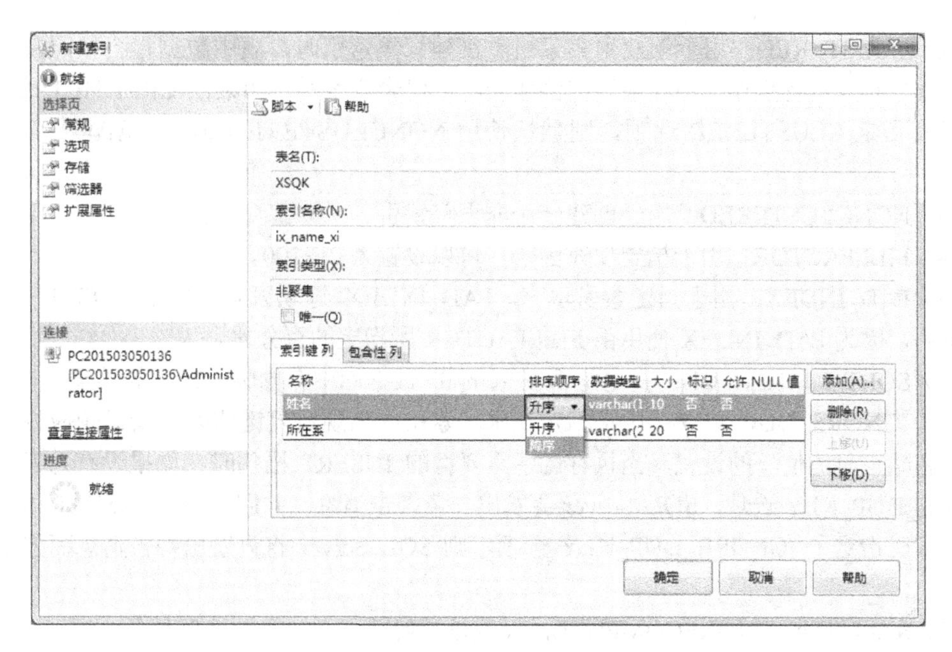

图 6-20　设定索引键列的属性

（6）单击“确定”按钮，创建索引完成。

另外用户还可以通过选择对话框左列的“选项”来设置索引的参数，通过“包含行列”选项来为索引添加非键值辅助列，通过“存储”选项来选择索引存储文件组等参数。

2．使用 CREATE　INDEX 创建索引

使用 CREATE INDEX 语句可以创建出符合自己需要的索引。使用这种方法，通过选项可以指定索引类型、唯一性、包含性和复合性。可以创建聚集索引和非聚集索引，既可以在一个列上创建索引，也可以在两个或两个以上的列上创建索引。

CREATE INDEX 命令的基本语法形式如下：

```
CREATE [UNIQUE] [CLUSTERED|NONCLUSTERED] INDEX 索引名
ON {表名|视图名} (列名  [ASC|DESC] [,...n])
[WITH <索引选项> [,...n]]
[ON  文件组名]
```

其中，<索引选项>为以下属性的组合：

```
{PAD_INDEX= {ON|OFF}
| FILLFACTOR=填充因子
| SORT_IN_TEMPDB
| IGNORE_DUP_KEY
| STATISTICS_NORECOMPUTE
| DROP_EXISTING
}
```

其中各参数的说明如下。

（1）UNIQUE：用于创建唯一索引，此时 SQL Server 不允许数据行中出现重复的索引值。

（2）CLUSTERED：用于创建聚集索引。创建聚集索引时，表中数据行会按照聚集索引指定的物理顺序进行重排，因此最好在创建表时创建聚集索引。如果在 CREATE INDEX 命令中没有指定 CLUSTERED 选项，则默认使用 NONCLUSTERED 选项，创建一个非聚集索引。

（3）NONCLUSTERED：用于创建一个非聚集索引。

（4）FILLFACTOR：用于指定填充因子，可以设置为 0～100。

（5）PAD_INDEX：用于指定索引填充。PAD_INDEX 选项只有在指定了 FILLFACTOR 时才有用，因为 PAD_INDEX 使用由 FILLFACTOR 所指定的百分比。

（6）SORT_IN_TEMPDB：指定是否在 Tempdb 数据库中存储临时排序的结果。

（7）IGNORE_DUP_KEY：用于指定在唯一索引中出现重复键值时的错误响应方式，也就是“忽略重复的值”的设置。当执行创建重复键的 INSERT 语句时，如果没有为索引指定 IGNORE_DUP_KEY 选项，SQL Server 会发出一条警告消息，并回滚整个 INSERT 语句；而如果为索引指定了 IGNORE_DUP_KEY 选项，则 SQL Server 将只发出警告消息而忽略重复的行。

（8）STATISTICS_NORECOMPUTE：设置是否自动重新计算统计信息。

（9）DROP_EXISTING：用于在创建索引时删除并重建指定的已存在的索引，如果指定的索引不存在，系统会给出警告消息。

【例 6-13】 为 XS_KC 表创建非聚集索引 IX_XS_KC_学号_课程号，该索引包括学号和课程号两个索引列，均按升序排列。

```
USE   XSCJ
CREATE   INDEX IX_XS_KC_学号_课程号
ONXS_KC (学号,课程号)
```

说明：由于在创建索引时，默认情况下创建的都是非聚集索引，所以 NONCLUSTERED 可以省略不写。

【例 6-14】 对【例 6-13】作一点修改，使该索引变为唯一性的非聚集索引。由于索引已经存在，我们使用 DROP_EXISTING 选项删除同名的原索引，然后再创建新索引。

```
USE   XSCJ
CREATE UNIQUE INDEX IX_XS_KC_学号_课程号
ON    XS_KC (学号,课程号)
WITH DROP_EXISTING
```

请思考：能不能将该索引改为唯一性的聚集索引？

执行以上实例后，在“对象资源管理器”中刷新，即可看到所创建的索引，如图 6-21 所示。

【例 6-15】 创建复杂的索引。为“XS_KC”表创建一个唯一索引，索引字段为“课程号”“学号”，其中“课程号”为降序排列，该索引的包含性列里面包含“成绩”“学分”两个字段。指定索引填充，索引的填充因子为 70，并允许在 Tempdb 数据库中存储临时排序的信息，可以忽略索引的重复键值，运行自动重新计算统计信息。

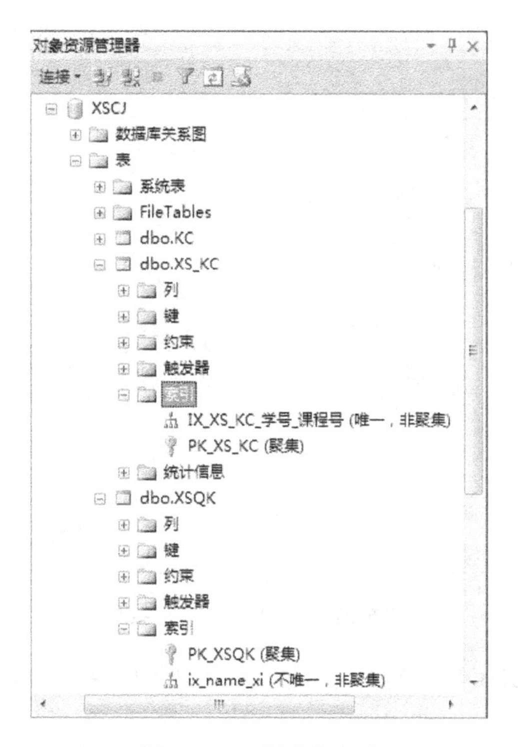

图 6-21　已创建的索引

```
USE   XSCJ
CREATE UNIQUE INDEX   IX_XS_KC_1
ON   XS_KC(课程号 DESC,学号)
INCLUDE(成绩,学分)
WITH
(
  PAD_INDEX=ON,
  FILLFACTOR=70,
  SORT_IN_TEMPDB=ON,
  IGNORE_DUP_KEY=ON,
  STATISTICS_NORECOMPUTE=OFF
)
```

6.2.3　查看索引信息

创建索引后，用户可以查看索引信息。一种是在“对象资源管理器”中打开索引属性框查看索引信息，另一种是通过编写 T-SQL 语句查看索引信息。

在“对象资源管理器”中，选中要查看的索引，例如，右击“IX_XS_KC_学号_课程号”索引，在弹出的快捷菜单中单击“属性”命令，系统就会打开如图 6-22 所示的对话框。

除此之外，使用系统存储过程 sp_helpindex 查看索引信息，语法格式如下：

```
[EXEC]   sp_helpindex 表名 | 视图名
```

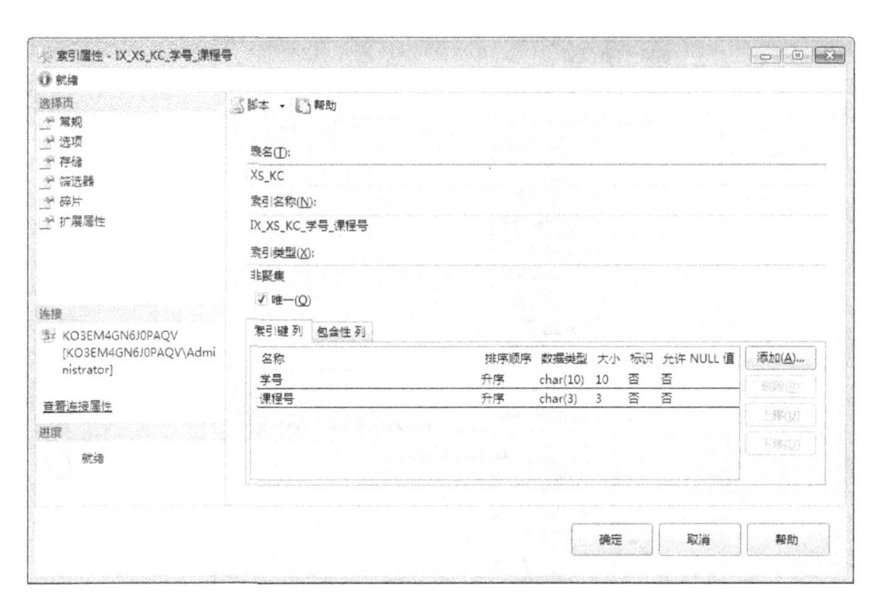

图 6-22 “索引属性”对话框

【例 6-16】 查看表 XSQK 中的索引信息，执行结果如图 6-23 所示。

```
USE  XSCJ
EXEC sp_helpindex  XSQK
```

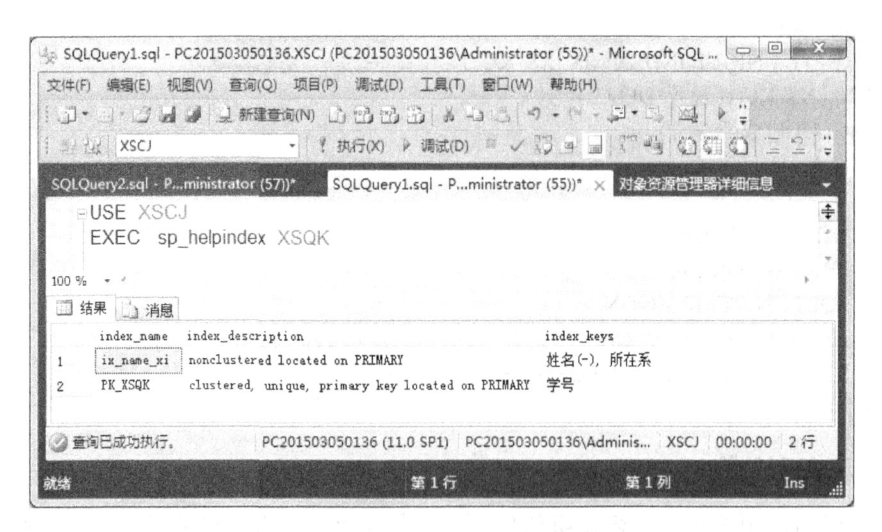

图 6-23 使用系统存储过程查看索引信息

结果集中包括 3 列：index_name 表示索引的名称；index_description 为索引说明；index_keys 列出了索引列。

【课堂练习 4】 在“XSCJ”数据库的“KC”表中创建一个非聚集复合索引“IX_KC_课程名_授课教师”，索引关键字为“课程名”“授课教师”，升序排列，填充因子为 50%。创建后，用命令方式查看该表中的索引信息。

6.2.4 修改索引

当数据更改了以后，要重新生成索引、重新组织索引或者禁止索引。重新生成索引表示删除索引并且重新生成，这样可以根据指定的填充度压缩页来删除碎片、回收磁盘空间、重新排序索引。重新组织索引对索引碎片的整理程序低于重新生成索引选项，禁止索引则表示禁止用户访问索引。

1．在“对象资源管理器”中修改索引

【例 6-17】 修改【例 6-12】中创建的“ix_name_xi”索引，使索引页填满 60%后就换新页进行填充。

实施步骤如下：

（1）在“对象资源管理器”中依次展开“XSCJ”数据库的“XSQK”表中的“索引”节点，定位到“ix_name_xi”索引节点。

（2）右击该索引，从弹出的快捷菜单中单击“属性”命令，在出现的对话框中，单击“选择页”列表框中的“选项”，按如图 6-24 所示设置填充因子为“60”。

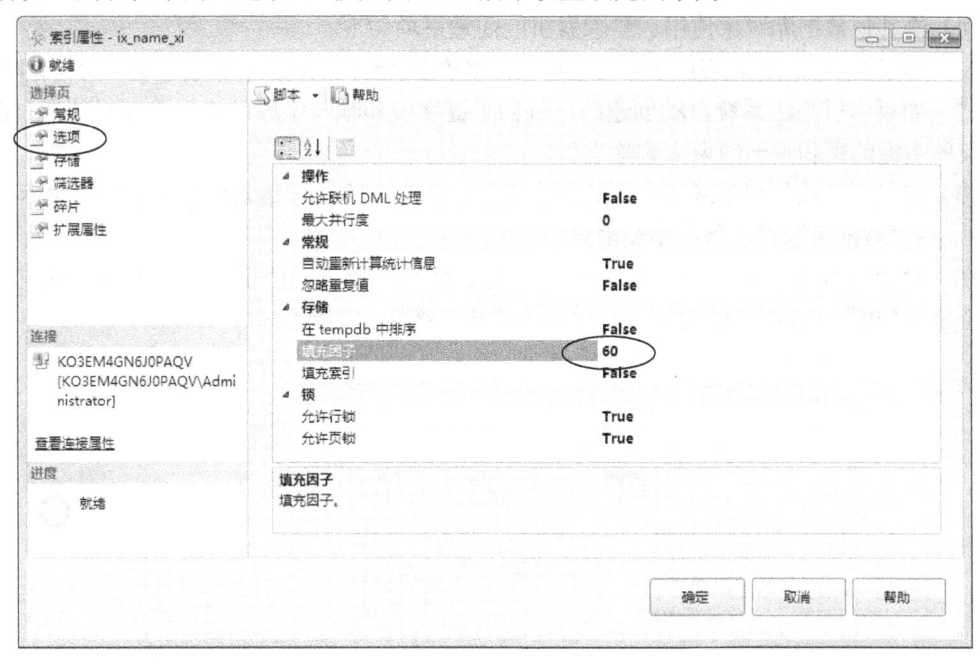

图 6-24 修改索引

（3）单击“确定”按钮，弹出如图 6-25 所示的对话框，提示需要重新生成索引，再次单击“确定”按钮，完成修改操作。

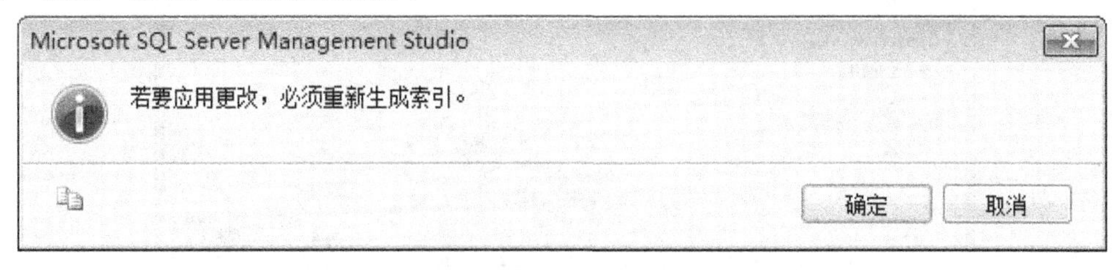

图 6-25 提示重新生成索引

2．使用 ALTER　INDEX 语句修改索引

使用 ALTER INDEX 语句修改索引，基本语法格式如下：

```
ALTER　INDEX 索引名 ON　表名 | 视图名 { REBUILD | REORGANIZE | DISABLE }
```

其中，REBUILD 表示重新生成索引；REORGANIZE 表示重新组织索引；DISABLE 表示禁用索引。

【例 6-18】 重新生成“IX_XS_KC_学号_课程号”索引。

```
ALTER INDEX IX_XS_KC_学号_课程号 ON　XS_KC　REBUILD
```

提示：禁用索引可防止用户访问该索引，对于聚集索引，还可防止用户访问基本表数据。索引定义仍保留在系统目录中。通过重新生成索引可以重新启用已禁用的索引。

6.2.5　删除索引

当不再需要某个索引时，可以将它从数据库中删除，删除索引可以收回索引所占用的存储空间，给其他数据库对象使用。删除索引的注意事项如下。

（1）当索引所在的数据表或视图被删除时，该数据表或视图的所有索引也会同时被删除。

（2）如果索引是由系统自动创建的，例如主键字段和唯一字段的索引，则只能通过删除该字段的主键约束和唯一约束来删除索引。

（3）如果要删除数据表或视图中的所有索引，要先删除非聚集索引后再删除聚集索引。

1．在“对象资源管理器”中删除索引

在“对象资源管理器”中，右击要删除的索引，在弹出的快捷菜单中选择“删除”命令，会出现如图 6-26 所示的对话框，单击“确定”按钮，删除索引。

图 6-26　删除索引

2．使用 DROP　INDEX 语句删除索引

使用 DROP INDEX 语句删除索引，语法格式如下：

```
DROP   INDEX   {表名.|视图名.} 索引名 [,...n]
```

【例 6-19】 删除“XS_KC”表中的“IX_XS_KC_学号_课程号”索引。

```
DROP INDEX XSQK.IX_XS_KC_学号_课程号
```

6.2.6　建立全文索引

在数据库中快速搜索数据，使用索引可以提高搜索速度，然而索引一般是建立在数字型或长度比较短的文本型字段上的，比如说学号、姓名等字段，如果建立在长度比较长的文本型字段上，更新索引将会花费很多的时间。

在 SQL Server 中提供了一种名为全文索引的技术，可以大大提高从长字符串里搜索数据的速度，全文索引为在字符串数据中进行复杂的词搜索提供了有效的支持，全文索引存储关于重要词和这些词在特定列中的位置的信息，然后由全文检索利用这些信息就可快速搜索包含具体某个词或一组词的数据行。

在 SQL Server 2012 系统中，全文索引是一个单独的服务项，需要确保该服务已启动，如果要在某个数据库中创建全文索引，则还要启用数据库的全文索引。全文索引包含在全文目录中，每个数据库可以包含多个全文目录，而每个目录又可包含多个全文索引。但是一个目录不能属于多个数据库，一个表页只能有一个全文索引。

在对大量的文本数据进行查询时，全文索引可以大大提高查询的性能。例如，对几百万条记录的文本数据进行 LIKE 查询，可能要花几分钟才能返回结果，而使用全文索引则只要几秒钟甚至更少的时间就可以返回结果了。

1．全文索引常用术语

由于全文索引中使用了较多的新术语，在此先简单介绍一下。

- 全文索引：一种特殊的索引，能在给定的列中存储有关重要的词及位置的信息，使用这些信息可以快速进行全文查询，搜索包括特定词或词组的行。
- 全文目录：存储全文索引的地方。全文目录必须驻留在与 SQL Server 实例相关联的本地硬盘上，每个全文目录可用于满足数据库内的一个或多个表的索引需求。
- 断字符与词干分析器：用于对全文索引的数据进行语言分析。语言分析通常会涉及查找词的边界和组合动词两个方面。查找词的边界，也就是确定哪几个字符是“词”，通常称之为“断字”。组合动词也就是词干分析，用于分析词。
- 标记：由断字符标识的词或字符串。
- 筛选器：用于从存储在 varbinary(max)或 image 列中的文件内提取指定文本类型的文本。当 varbinary(max)或 image 列中包含带有特定文件扩展名的文档时，全文搜索会使用筛选器来解释二进制数据，筛选器会从文档中提取文本化信息并用于建立索引。
- 填充：创建维护全文索引的过程。
- 干扰词：经常出现、但又不是要搜索的词。为了精简全文索引，这些词通常会被忽略。

2．开启 SQL Full-text 服务

SQL Server 2012 的全文索引是由 SQL Full-text Filter Daemon Launcher 服务来维护的，该服务可以在 Windows 操作系统的“管理工具”→“服务”窗口里找到，如图 6-27 所示，在此可以启动、停止、暂停、恢复和重新启动该服务。只有 SQL Full-text Filter Daemon Launcher 服务在启动状态时，才能使用全文索引。

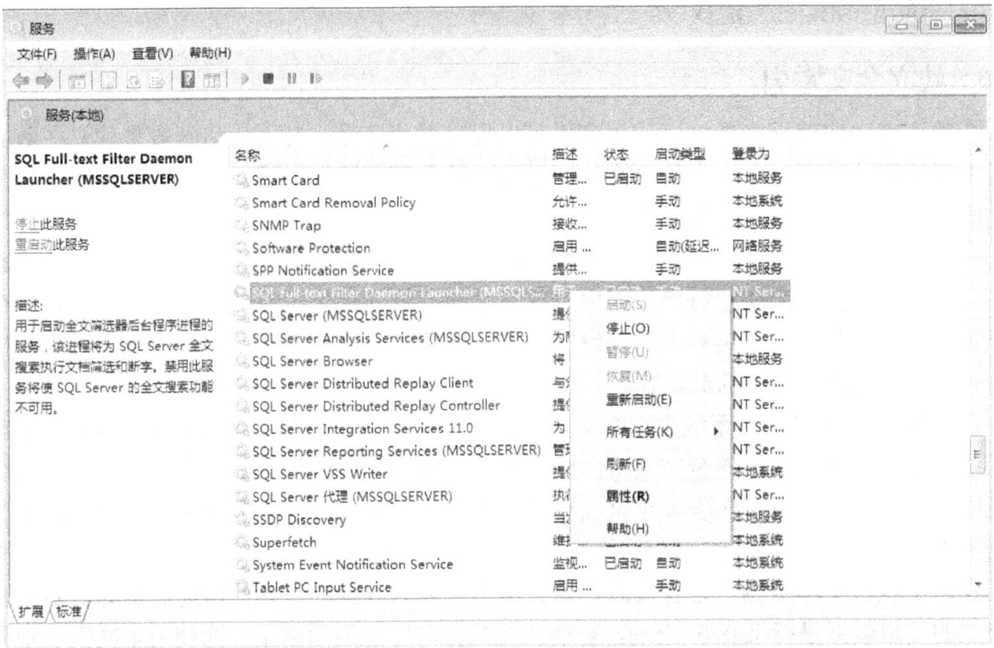

图 6-27　开启 SQL Full-text 服务

提示：不同版本的 SQL Server 全文检索服务名称可能稍有不同，如果服务列表中没有这个服务，请使用 SQL Server 安装光盘安装“全文检索”组件。

3．启用全文索引

```
EXEC sp_fulltext_database   'action'
```

其中，action 参数指示将要执行的动作，可以是 enable（启用）或 disable（禁用）。

【例 6-20】 为“XSCJ”数据库启用全文索引。

```
EXEC sp_fulltext_database 'enable'
```

4．创建全文目录

全文目录的作用是存储全文索引，所以，要创建全文索引必须先创建全文目录。

【例 6-21】 用界面方式为“XSCJ”数据库创建全文目录，其全文目录名为“XSCJ 全文目录”，并保存在 E 盘。

实施步骤如下：

（1）在“对象资源管理器”窗口中依次展开“XSCJ”数据库中的“存储”节点，定位到“全文目录”节点。

（2）右击该节点，在弹出的快捷菜单中单击“新建全文目录”命令，会出现如图 6-28 所示的对话框。

图 6-28 “新建全文目录”对话框

（3）在该对话框的“全文目录名称”文本框内可以输入“XSCJ 全文目录”；在“所有者”文本框里可以输入全文目录的所有者；选中“设置为默认目录”复选框，可以将此目录设置为全文目录的默认目录；默认存储在“Program Files\Microsoft SQL Server\MSSQL.1\MSSQL\FTData”目录下；选择“区分”单选框，用于指明目录要区分标注字符。

（4）单击“确定”按钮，完成操作。

创建好了全文目录后，可以很方便地通过界面方式查看、修改和删除全文目录。

使用 T-SQL 命令创建全文目录的语法形式如下：

```
EXEC sp_fulltext_catalog 'fulltext_catalog_name','action'[,'root_directory']
```

其中各参数的说明如下。

① fulltext_catalog_name：全文目录名称。

② action：将要执行的动作，可以是 create（建立）、start_full（填充）、start_incremental（增量填充）、stop（停止）、drop（删除）或 rebuild（重建）。

③ root_directory：针对 create 动作的根目录，默认安装时指定的默认位置。

【例 6-22】 为“XSCJ”数据库在默认位置创建一个全文目录“FTC_XSCJ”。

```
EXEC sp_fulltext_catalog 'FTC_XSCJ','create'
```

5. 创建全文索引

在创建全文索引之前，必须先了解创建全文索引要注意的事项：

① 全文索引是针对数据表的，只能对数据表创建全文索引，不能对数据库创建全文索引。

② 在一个数据库中可以创建多个全文目录，每个全文目录都可以存储一个或多个全文索引，但是每一个数据表只能够创建一个全文索引，一个全文索引中可以包含多个字段。

③ 要创建全文索引的数据表必须要有一个唯一的针对单列的非空索引，也就是说，必须要有主键，或者是具备唯一性的非空索引，并且这个主键或具有唯一性的非空索引只能是一个字段，不能是多字段的组合。

④ 包含在全文索引里的字段只能是字符型或 image 型的字段。

在创建完全文目录之后，可以动手创建全文索引了。

【例 6-23】 通过界面方式为"XSCJ"数据库的"KC"表创建全文索引。

实施步骤如下：

（1）在"对象资源管理器"中展开"XSCJ"数据库，定位到"KC"表节点。

（2）右击"KC"表，在弹出的快捷菜单选择"全文索引"→"定义全文索引"命令，出现如图 6-29 所示的对话框。

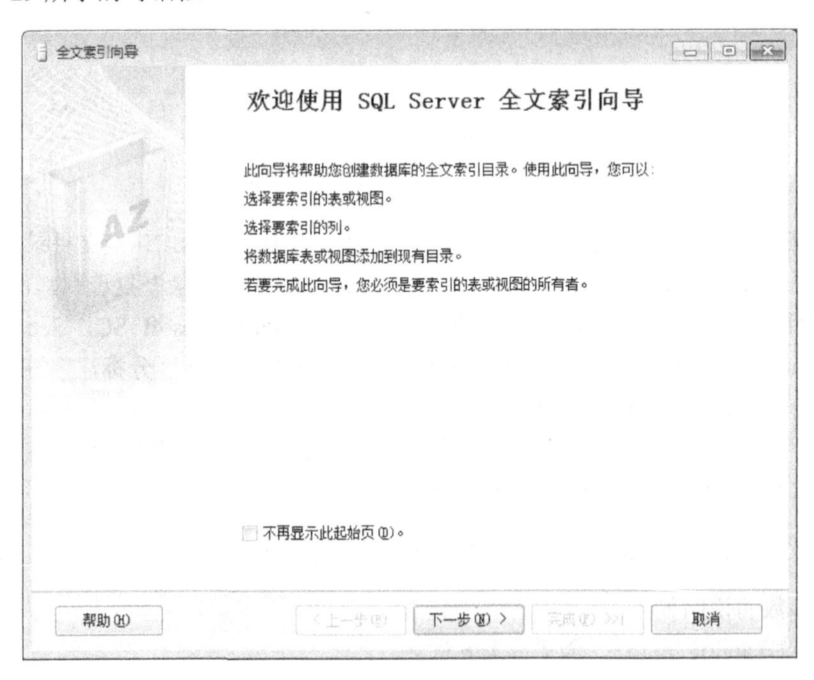

图 6-29 "全文索引向导"对话框

（3）在该对话框中，单击"下一步"按钮，出现如图 6-30 所示的"选择索引"对话框。在该对话框的"唯一索引"下拉列表框中，选择要创建全文索引的数据表的唯一索引。

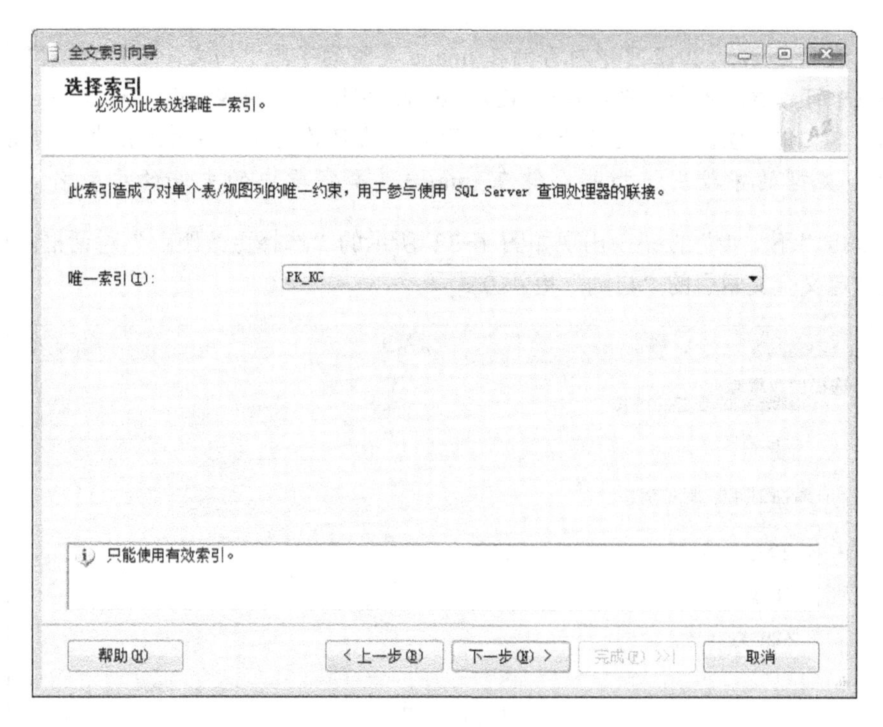

图 6-30 “选择索引”对话框

（4）单击“下一步”按钮，出现如图 6-31 所示的“选择表列”对话框，选择要加入全文索引的字段“课程号”。在该对话框中可以选择一个或多个字段加入全文索引。

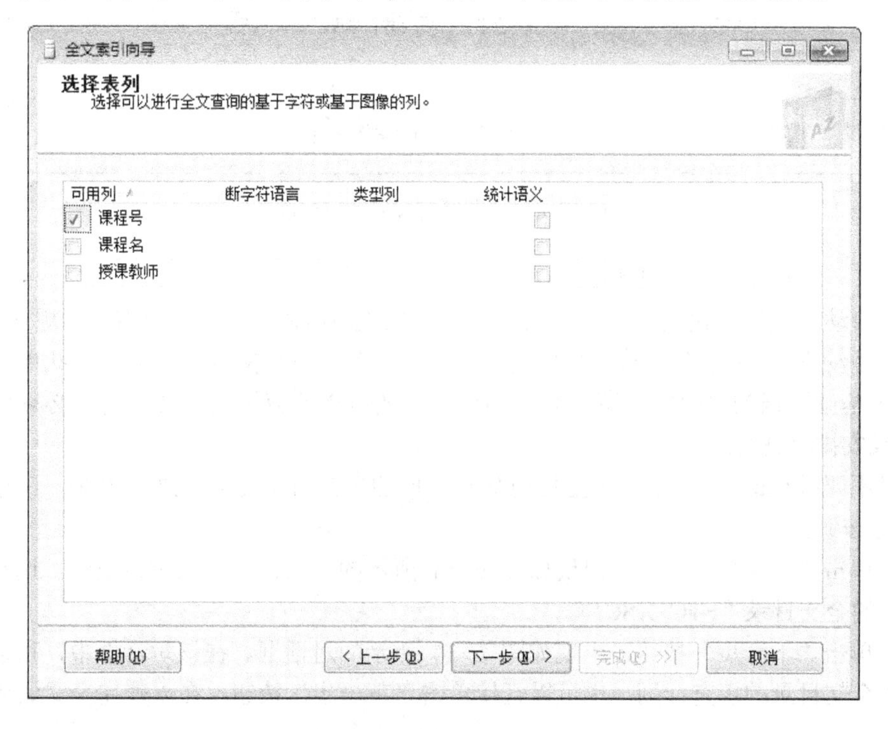

图 6-31 “选择表列”对话框

说明：SQL Server 2012 可以对存储在 image 类型的字段中的文件进行全文搜索。image 类型的字段中可以存入各种文件，但是 SQL Server 2012 只支持 Word、Excel、PowerPoint、网页和纯文本文件类型。如果要对 image 类型的字段里的文件进行全文搜索，必须还要有一个字符串类型的字段用于指明存储在 image 类型字段中的文件的扩展名。

（5）单击“下一步”按钮，出现如图 6-32 所示的“选择更改跟踪”对话框。在该对话框中，选择定义全文索引的“自动”更新方式。

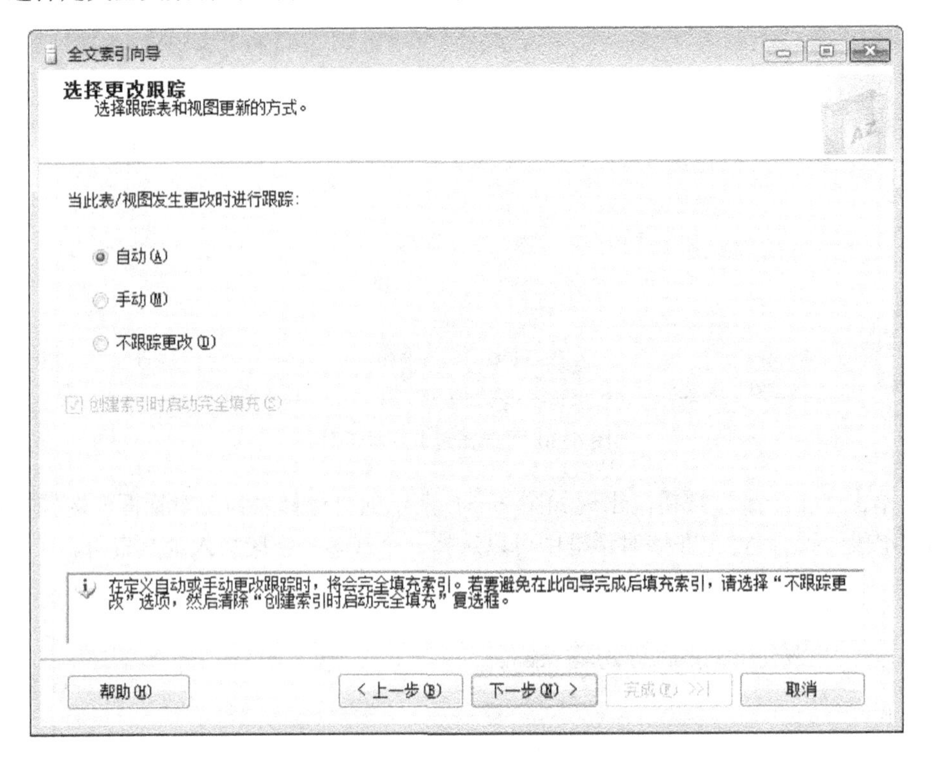

图 6-32 “选择更改跟踪”对话框

说明：一共有以下 3 种更新方式。

- “自动”：选中此单选按钮后，当基础数据发生更改时，全文索引将自动更新。
- “手动”：如果不希望基础数据发生更改时自动更新全文索引，请选中此单选按钮，对基础数据的更改将保留下来。不过，若要将更改应用到全文索引，必须手动启动或安排此进程。
- “不跟踪更改”：如果不希望使用基础数据的更改对全文索引进行更新，请选中此单选按钮。

（6）单击“下一步”按钮，出现如图 6-33 所示的对话框。在该对话框中，选择全文索引所存储的全文目录“FTC_XSCJ”。

（7）单击“下一步”按钮，出现如图 6-34 所示的对话框。在该对话框中，可以创建全文索引和全文目录的填充计划，也可以直接单击“下一步”按钮，在创建完全文索引后再创建填充计划。

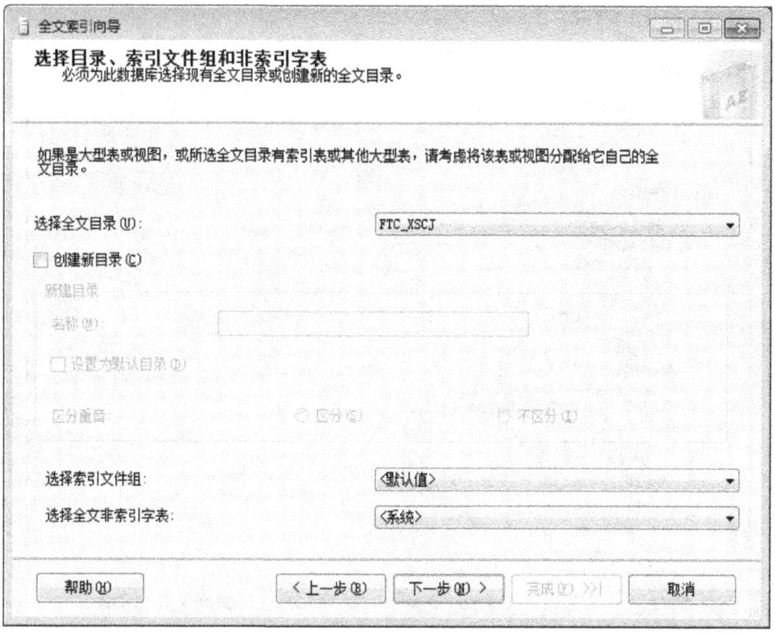

图 6-33 “选择目录、索引文件组和非索引字表”对话框

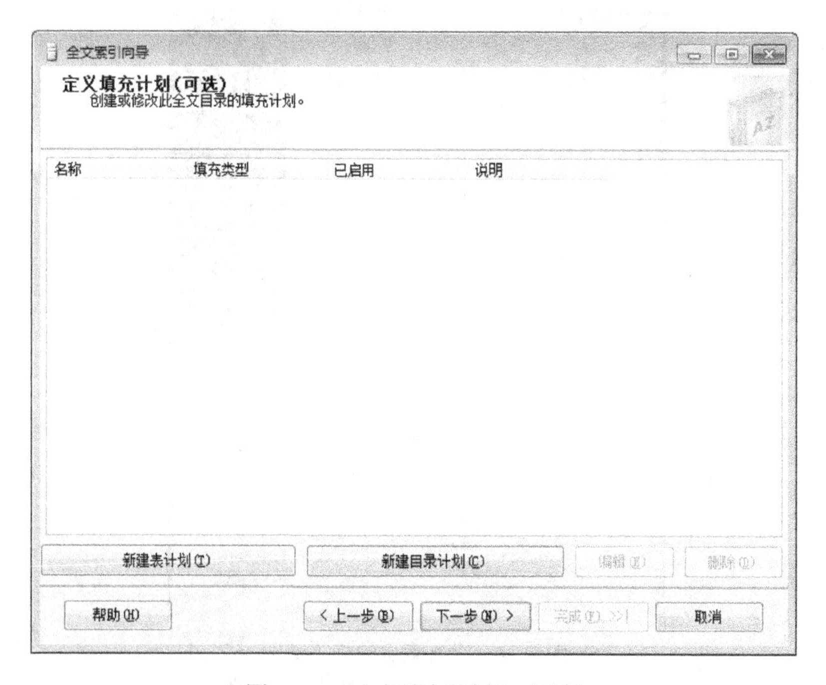

图 6-34 “定义填充计划”对话框

（8）弹出如图 6-35 所示的“全文索引向导说明”对话框，在该对话框中可以看到全文索引要完成的工作说明，如果有不正确的设置，可以单击“上一步”按钮返回重新设置，如果完全正确，则单击“完成”按钮完成操作。

在创建完全文索引之后，可以很方便地通过界面方式完成全文索引的查看、删除、启动或禁用等操作，如图 6-36 所示。

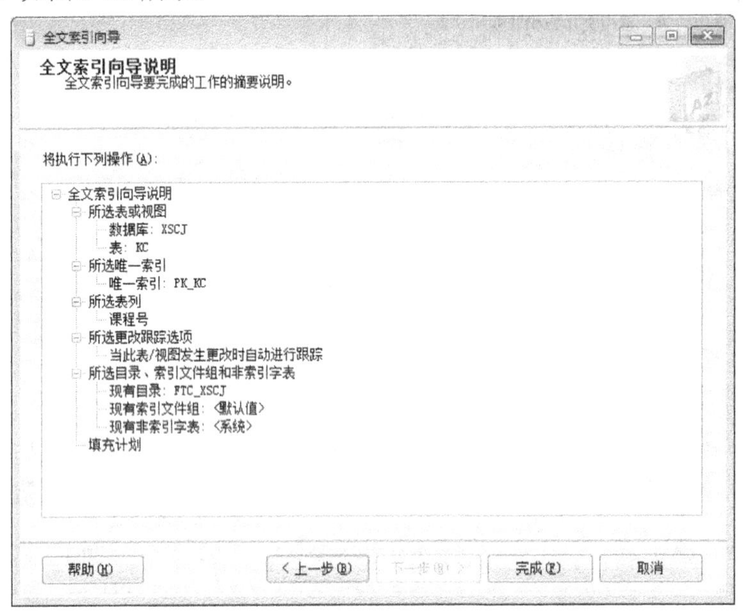

图 6-35 “全文索引向导说明”对话框

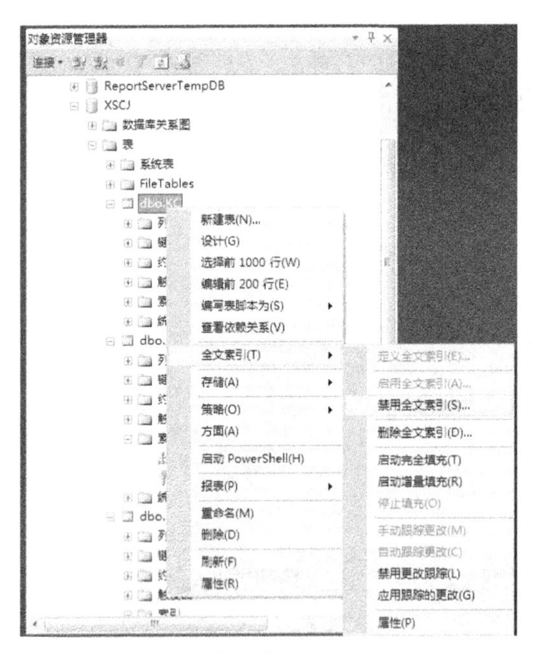

图 6-36 全文索引的相关操作

使用 T-SQL 语句创建全文索引，其语法形式如下：

```
EXEC sp_fulltext_table 'table_name', 'action', 'fulltext_catalog_name', 'unique_index_name'
```

其中各参数的说明如下。

① table_name：当前数据库中表的名称。

② action：要执行的动作，可以是 create（创建）、activate（激活）、deactivate（停用）

或 drop（删除）。

③ fulltext_catalog_name：全文目录名称。

④ unique_index_name：指定表上基于单列的唯一索引，如果不存在，则需要先创建，并只针对 create 动作有效。

【例 6-24】 利用唯一索引 PK_KC，用命令方式完成【例 6-23】中全文索引的创建。

```
EXEC sp_fulltext_table 'KC','create','FTC_XSCJ','PK_KC'
```

【课堂练习 5】 采用界面方式或 T-SQL 命令方式，为 XSQK 表创建合适的全文索引。

6．添加列到全文索引

```
EXEC sp_fulltext_column 'table_name', 'column_name', 'action'
```

其中，action 参数可以是 add（添加）或 drop（删除）。

【例 6-25】 将 KC 表中的“课程名”列添加到全文索引中。

```
EXEC sp_fulltext_column 'KC','课程名','add'
```

【例 6-26】 激活表的全文检索能力，在全文目录中注册表 KC。

```
EXEC sp_fulltext_table  'KC','activate'
```

【例 6-27】 填充全文目录。

```
EXEC sp_fulltext_catalog 'FTC_XSCJ','start_full'
```

【课后习题】

一、填空题

1．如果要加密视图的定义，可以在创建视图时使用________关键字。

2．查看视图定义的 T-SQL 语句的系统存储过程是________。

3．创建视图的 T-SQL 命令是________。

4．在每次访问视图时，视图都是从________中提取所包含的行和列。

5．SQL Server 提供的索引类型具体包括________、________、________、________、________和________。

6．索引既可以在________时创建，也可以在以后的任何时候创建。

7．在 SQL Server 中，通常不需要用户建立索引，而是通过使用________约束和________约束，由系统自动建立索引。

8．SQL Server 中引入索引主要是为了加速________速度，也可保证数据的唯一性。

二、选择题

1．下列关于视图的描述中，错误的是（　　）。

A．视图不是真实存在的基础表，而是一张虚拟表

B．当对通过视图查询到的数据进行修改时，相应的引用表的数据也要发生变化

C．在创建视图时，若其中某个目标列是聚合函数，必须指明视图的全部列名

D．在一个语句中，一次可以修改一个以上的视图对应的引用表

2．使视图定义被加密的子句是（　　）。

A. with norecovery　　B. with nocheck

C. with init　　D. with encryption

3. 数据库中的物理数据存储在（　　）中。

A. 表　　B. 视图　　C. 查询　　D. 以上都可以

4. 为数据表创建索引的目的是（　　）。

A. 提高查询的检索性能　　B. 创建唯一索引

C. 创建主键　　D. 归类

5. 要提高一个庞大数据库的查询性能，并要求在真实的数据库中保存排好序的数据，可以进行的操作是（　　）。

A. 创建数据库的一个视图　　B. 在数据库中创建一个非聚集索引

C. 在数据库中创建一个聚集索引　　D. 在数据库中创建一个约束

6. 以下关于索引的正确叙述是（　　）

A. 使用索引可以提高数据查询速度和数据更新速度

B. 使用索引可以提高数据查询速度，但会降低数据更新速度

C. 使用索引可以提高数据查询速度，对数据更新速度没有影响

D. 使用索引数据查询速度和数据更新速度均没有影响

三、判断题

1. 在每次访问视图时，视图都是从数据表中提取所包含的行和列。（　　）
2. 删除视图中的数据，不会影响引用表中的原始数据。（　　）
3. 索引只能用 CREATE INDEX 命令直接创建，不能通过其他方式创建。（　　）
4. 修改引用表的数据时，一定能从视图中反映出来。（　　）
5. 每个数据表可以有多个聚集索引。（　　）
6. 聚集索引使表中各行的物理存储顺序与索引的顺序不相同。（　　）
7. 索引既可以提高检索数据的速度，也可以提高修改数据的速度。（　　）
8. 使用命令 DROP INDEX 能删除所有的索引。（　　）
9. 当 UPDATE 的性能需求远大于 SELECT 的性能需求时不应该创建索引。（　　）
10. 在添加主键约束时，系统会自动生成聚集唯一索引。（　　）

【课外实践】

任务 1：创建视图。

要求：在 XSCJ 数据库的 KC 表上创建一个名为“V_开课信息”的视图，该视图中包含“课程号”“课程名”“开课学期”和“学时”列，并且限定视图中返回的行中只包括第 3 学期及其以后开课的课程信息。

任务 2：创建视图。

要求：在 XSCJ 数据库上创建一个视图，显示“多媒体技术”专业学生的选课信息，只显示姓名和课程名。

任务 3：创建索引。

由于在学生选课时经常按“课程名”查询课程信息，请为该字段建立合适的索引。

第 7 章　规则与默认值

【学习目标】

- 了解规则的作用、规则与约束的区别
- 掌握规则的创建、绑定、解绑和删除
- 掌握默认值的创建、绑定、解绑和删除

将规则和默认值与约束区分开的主要原因在于它们有本质的不同。约束是表的功能，本身没有存在形式；而规则和默认值是实际对象，独立存在。约束是在表定义中定义的，而规则和默认值是单独定义的，然后“绑定”到表上。

规则和默认值的独立对象特性使得它们可以在重用时不用重新定义。实际上，规则和默认值不限于绑定到表上，它们也可以绑定到数据类型上，这有助于在不允许 CLR 数据类型的 SQL Server 版本上创建高度功能化的用户自定义数据类型。

7.1　规则

规则就是数据库中对存储在表的列或用户自定义数据类型中的值的规定和限制，它是单独存储的独立的数据库对象。规则与其作用的表或用户自定义数据类型是相互独立的，即表或用户自定义对象的删除、修改不会对与之相连的规则产生影响。规则对象在功能上与 CHECK 约束是一样的，但在使用上有所区别。CHECK 约束是在创建表或修改表时定义，嵌入到被定义的表的结构中，在删除表的同时 CHECK 约束也被删除。而规则对象需要用语句进行定义，作为一种单独存储的数据库对象，它独立于表之外，需要使用语句删除规则对象。

7.1.1　创建规则

在 SQL Server 2012 中，不再提供图形化的界面创建规则，必须用命令创建规则。CREATE　RULE 命令用于在当前数据库中创建规则，其语法形式如下：

```
CREATE  RULE  规则对象名  AS  条件表达式
```

其中，条件表达式可以是能用于 WHERE 条件子句中的任何表达式，它可以包含算术运算符、关系运算符和谓词（如 IN、LIKE、BETWEEN…AND）等。

注意：条件表达式中包含一个局部变量，以符号@开头，代表修改该列的记录时用户输入的数值。

【例 7-1】 创建数据库 XSCJ 的规则，规则名为 CJ_rule，要求表 XS_KC 中成绩列的取值范围为 0～100。执行结果如图 7-1 所示。

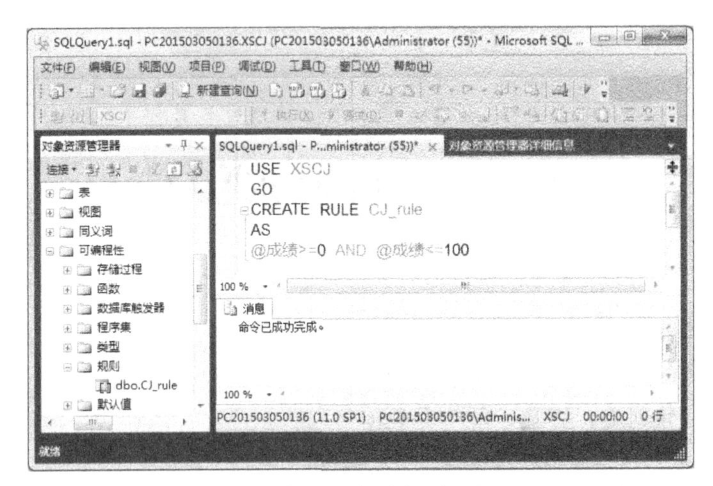

图 7-1　创建规则

```
USE　XSCJ
GO
CREATE RULE CJ_rule
AS
@成绩>=0 AND @成绩<=100
```

在规则创建好后，可以用系统存储过程 sp_helptext 来查看规则的细节，具体语法如下：

```
[EXEC]　sp_helptext 规则对象名
```

【例 7-2】 查看规则 CJ_rule，执行结果如图 7-2 所示。

```
USE　XSCJ
GO
EXEC sp_helptext CJ_rule
```

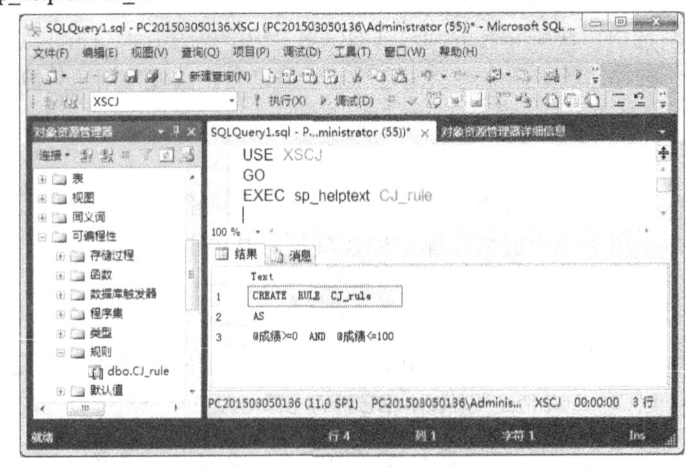

图 7-2　查看规则

7.1.2　绑定和解绑规则

创建规则后，规则仅仅只是一个存在于数据库中的对象，并未发生作用。用户需要将规则与数据库表或用户自定义对象绑定起来，才能达到创建规则的目的。所谓绑定就是指定规则作用于哪个表的哪一列或哪个用户自定义数据类型。表的一列或一个用户自定义数据类型只能与一个规则相绑定，而一个规则可以绑定多对象。

同创建规则一样，在 SQL Server 2012 中，绑定规则和解除绑定也必须用命令来完成。

1．用存储过程 sp_bindrule 绑定规则

存储过程 sp_bindrule 可以绑定一个规则到表的一个列或一个用户自定义数据类型上。其语法格式如下：

```
[EXEC] sp_bindrule [@rulename =] '规则对象名',[@objname =] 'object_name'
```

其中，[@objname =] 'object_name'，指定规则绑定的对象。如果该对象名称使用了“表名.列名”的格式，则说明它为表中的某个列，否则表示某个用户自定义数据类型。

【例 7-3】 将规则 CJ_rule 绑定到表 XS_KC 的成绩列上，执行结果如图 7-3 所示。

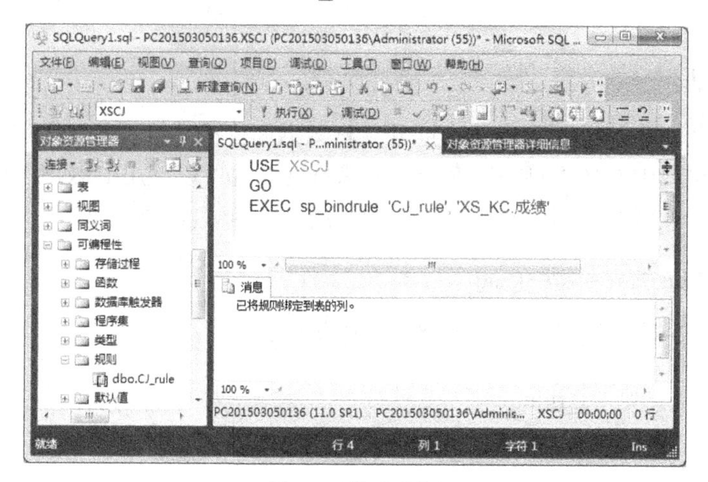

图 7-3　绑定规则

```
USE   XSCJ
GO
EXEC sp_bindrule 'CJ_rule','XS_KC.成绩'
```

提示：规则对已经输入表中的数据不起作用。规则所指定的数据类型必须与所绑定的对象的数据类型一致，且规则不能绑定一个数据类型为 text、image 或 timestamp 的列。

2．用存储过程 sp_unbindrule 解除规则的绑定

存储过程 sp_unbindrule 可解除规则与列或用户自定义数据类型的绑定，其语法格式如下：

```
EXEC sp_unbindrule [@objname =] 'object_name'
```

其中，[@objname =] 'object_name'子句指定被绑定规则的列或自定义数据类型的名称。

【例 7-4】 解除 XS_KC 表中“成绩”列上绑定的规则，执行结果如图 7-4 所示。

```
USE   XSCJ
GO
EXEC   sp_unbindrule 'XS_KC.成绩'
```

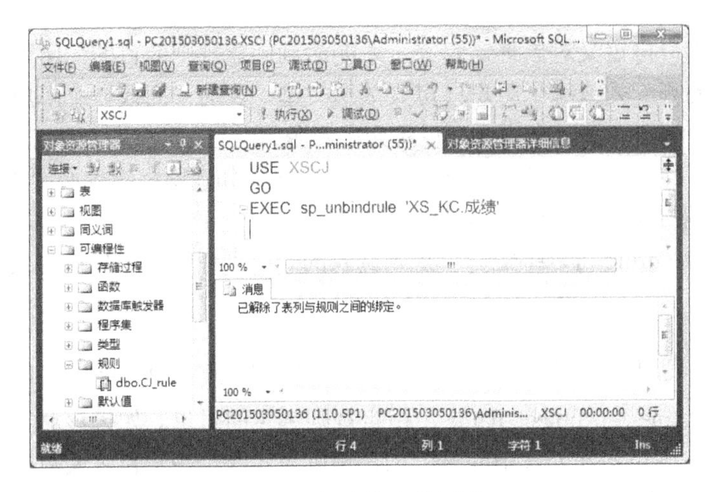

图 7-4　解除绑定的规则

7.1.3　删除规则

用户可以在"对象资源管理器"中展开目标数据库中的"可编程性"节点。右击要删除的规则，从快捷菜单中选择"删除"命令，删除规则。也可以使用 DROP RULE 命令删除当前数据库中的一个或多个规则，其语法格式如下：

```
DROP RULE  规则对象名  [,...n]
```

提示：在删除一个规则前，必须先将其解除绑定。

【例 7-5】 删除规则 CJ_rule。

```
USE   XSCJ
GO
DROP RULE CJ_rule
```

【课堂练习 1】 创建规则 KKXQ_rule，将"开课学期"列的值约束在 1~8，将其绑定到表 KC 中的"开课学期"列，最后向表 KC 中添加数据，以检验规则的约束作用。

7.2　默认值

默认值也是一种数据库对象，可以绑定到一列或多列上，作用与 DEFAULT 约束相似，在插入数据行时，为没有指定数据的列提供事先定义的默认值。它的管理与应用和规则有很多相似之处，例如表的一列或一个用户自定义数据类型也只能与一个默认值相绑定。

7.2.1　创建默认值

在 SQL Server 2012 中，创建默认值也只能用命令来完成。CREATE DEFAULT 命令用于在当前数据库中创建默认值对象，其语法格式如下：

```
CREATE DEFAULT  默认值对象名 AS  常量表达式
```

其中，常量表达式可以是数学表达式或函数，也可以包含表的列名或其他数据库对象。

【例 7-6】 创建一个名为 XS_def 的默认值对象，要求默认值为 20。执行结果如图 7-5 所示。

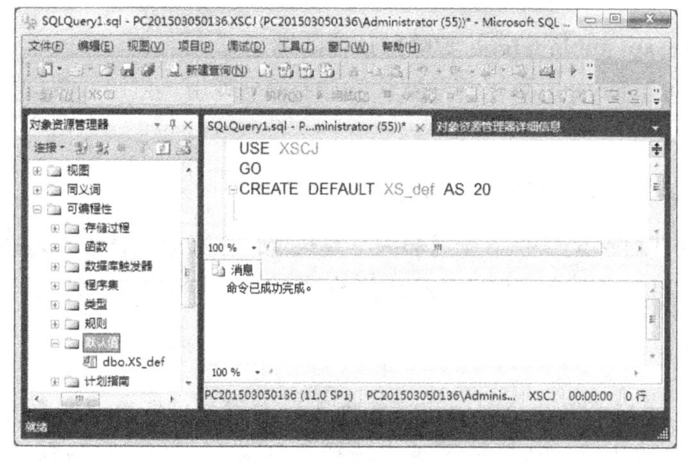

图 7-5 创建默认值

```
USE   XSCJ
GO
CREATE DEFAULT XS_def AS 20
```

7.2.2 绑定和解绑默认值

创建默认值后，默认值只是一个存在于数据库中的对象，并未发生作用。同规则一样，需要将默认值与数据库表或用户自定义对象绑定。

1．用存储过程 sp_bindefault 绑定默认值

存储过程 sp_bindefault 可以绑定一个默认值到表的一个列或一个用户自定义数据类型上，其语法格式如下：

```
[EXEC]   sp_bindefault   [@defname =] '默认值对象名',[@objname =] 'object_name'
```

【例 7-7】 将默认值 XS_def 绑定到表 KC 的“学时”列上，执行结果如图 7-6 所示。

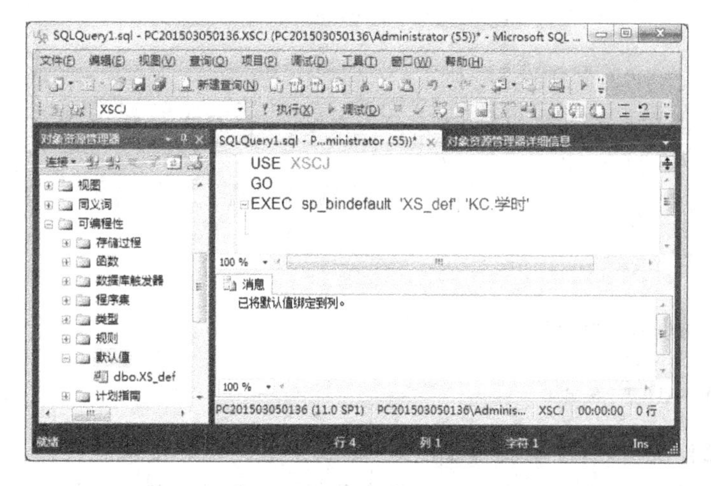

图 7-6 绑定默认值

```
USE  XSCJ
GO
EXEC sp_bindefault 'XS_def','KC.学时'
```

2．用存储过程 sp_unbindefault 解除默认值的绑定

存储过程 sp_unbindefault 可以解除默认值与表的列或用户自定义数据类型的绑定，其语法格式如下：

```
[EXEC]  sp_unbindefault[@objname =] 'object_name'
```

提示：如果列同时绑定了一个规则和一个默认值，那么默认值应该符合规则的规定。创建或修改表时用 DEFAULT 选项指定了默认值的列，则不能再绑定默认值。

7.2.3 删除默认值

同规则一样，用户可以在“对象资源管理器”中展开目标数据库中的“可编程性”节点。右击要删除的默认值，从快捷菜单中选择“删除”命令，删除默认值。也可以使用 DROP DEFAULT 命令删除默认值对象，其语法格式如下：

```
DROP  DEFAULT  默认值对象名 [,…n]
```

注意：在删除一个默认值对象前必须先将其解除绑定。

【例 7-8】 删除数据库 XSCJ 中名为 XS_def 的默认值对象，执行结果如图 7-7 所示。

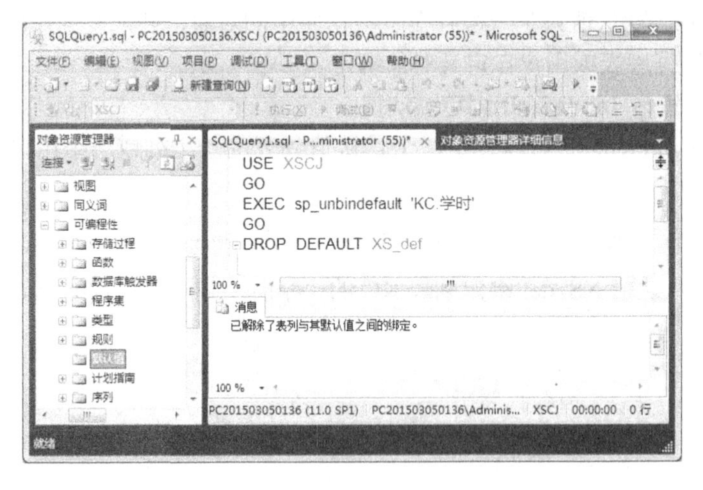

图 7-7　解绑并删除默认值

```
USE  XSCJ
GO
EXEC sp_unbindefault 'KC.学时'
GO
DROP DEFAULT XS_def
```

【课堂练习 2】 在 XSCJ 数据库中创建一个默认值对象，要求其值为“true”，并将其绑定到 XSQK 表的“性别”列上。如果在该列上已经设置有默认值，又该如何处理？

【课后习题】

一、填空题

1．在 SQL Server 2012 中，规则是一个________，由数据库来进行管理。

2．创建规则的 T-SQL 语句是________。

3．删除规则的 T-SQL 语句是________。

4．默认值对象的作用类似于创建表时的________约束。

5．将默认值对象绑定到列的系统存储过程是________。

二、选择题

1．规则对象的作用类似于创建或修改表时的（　　）约束。

A．PRIMARY KEY　　B．FOREIGN KEY

C．CHECK　　D．UNIQUE

2．将规则绑定到指定列的系统存储过程是（　　）。

A．sp_binddefault　　B．sp_bindrule

C．sp_unbindrule　　D．sp_bindefault

3．将默认值对象解除绑定的系统存储过程是（　　）。

A．sp_unbinddefault　　B．sp_bindefault

C．sp_unbindrule　　D．sp_unbindeafult

三、判断题

1．规则对象可以实现对数据的所有约束控制。（　　）

2．同其他数据库对象一样，也可以通过 T-SQL 语句来修改规则。（　　）

3．删除规则对象时，必须先解除其绑定。（　　）

4．默认值对象的作用类似于创建表时的 DEFAULT 关键字。（　　）

5．创建表时用 DEFAULT 关键字指定了默认值的列能再绑定默认值对象。（　　）

6．规则创建以后，必须绑定在列上，才能限制该列输入值的取值范围或格式。（　　）

7．一个规则可以绑定在多个列上。（　　）

8．一个列上可以使用多个规则。（　　）

【课外实践】

任务 1：创建规则。

要求：在 XSCJ 数据库中创建一个规则，限制“学分”列的值在 1～10，将该规则绑定到 KC 表的“学分”列上，向 KC 表中添加数据以检查规则的作用。

任务 2：创建默认值对象。

要求：在 XSCJ 数据库中创建一个默认值对象，其值为“计算机”，将其绑定到 XSQK 表的“所在系”列上。

第8章　T-SQL编程

【学习目标】

- 了解T-SQL的特点、标识符命名规则、注释的含义
- 掌握常量的用途和格式，变量的声明、赋值和显示
- 掌握常用函数的使用
- 掌握运算符的使用
- 了解批处理的含义
- 能运用各种流程控制语句正确编写SQL程序

8.1　T-SQL基础

Transact-SQL语言是SQL Server为用户提供的一种编程语言，是对标准SQL的继承和扩展，它具有标准SQL的主要特点，同时增加了变量、运算符、函数、批处理和流程控制等语言元素，使得其功能更加强大。

8.1.1　T-SQL的特点

SQL是结构化数据库查询语言（Structured Query Language）的英文缩写，是一种使用关系模型的数据库应用语言。SQL最早是在20世纪70年代由IBM公司开发出来的，作为IBM关系数据库原型System R的原形关系语言，主要用于关系数据库中的信息检索。T-SQL是微软对SQL的扩展。不同的数据库供应商一方面采纳了SQL作为自己数据库的操作语言，另一方面又对SQL进行了不同程度的扩展。

这种扩展主要是基于两个原因：一是数据库供应商开发的系统早于SQL标准的制定时间；二是不同的数据库供应商为了达到特殊性能和实现新的功能，对标准的SQL进行了扩展。

Transact-SQL是一种交互式查询语言，具有功能强大、简单易学的特点。该语言既允许用户直接查询存储在数据库中的数据，也可以把语句嵌入到某种高级程序设计语言（如C、COBOL）中。

同任何程序设计语言一样，T-SQL有自己的关键字、数据类型、表达式和语句结构。当然T-SQL与其他语言相比，要简单得多。

T-SQL语言具有以下几个特点：

（1）一体化的特点，集数据定义语言、数据操纵语言、数据控制语言和附加语言元素为一体。

（2）两种使用方式，一种是交互式使用方式，适合于非数据库专业人员使用；另一种是嵌入到高级语言的使用方式，适合数据库专业开发人员使用。

（3）非过程化语言，只需要提出“干什么”，不需要指出“如何干”，语句的操作过程由

系统自动完成。

（4）类似于人的思维习惯，容易理解和掌握。

8.1.2 标识符

本节中所说的标识符是指一个由用户定义的，SQL Server 可识别的有意义的字符序列，通常用它们来表示服务器名、数据库名、数据库对象名、常量、变量等。在 SQL Server 中，标识符的命名须遵守以下规则。

（1）标识符的长度可以为 1～128 个字符。

（2）标识符的第一个字符必须为英文字母、下画线、汉字、@或者#。其中以@和#为首的标识符具有特殊意义，注释如下：

- 以“@”开头的变量表示局部变量，以“@@”开头的变量表示全局变量。
- 以“#”开头的表示局部临时对象，以“##”开头的表示全局临时对象。

（3）默认情况下，标识符内不允许含有空格，也不允许将 SQL 关键字作为用户定义的标识符，但可以使用引号来定义特殊标识符，并在定义之前将 QUOTED-IDENTIFER 设置为 ON。

以下是一些合法的标识符：

ABC、_ABC、@table_name、#proc、##table_name、"table"

以下是一些非法的标识符：

A BC、Select、52FK、FROM

【课堂练习 1】 判断以下标识符的合法性，并说明理由。

_AbC、X yz、@a1、where、#proc、##xs、7table、as

8.1.3 对象命名规则

一个对象的完整名称包括 4 个标识符：服务器名称、数据库名称、所有者名称和对象名称。其语法格式如下：

```
[[[server.][database].][owner_name].]object_name
```

服务器、数据库和所有者名称叫作对象名称限定符。当引用一个对象时，可以省略服务器、数据库和所有者。对象名的有效格式是：

```
server.database.owner_name.object_name
server.database..object_name
server..owner_name.object_name
server...object_name
database.owner_name.object_name
database..object_name
owner_name.object_name
object_name
```

假设 XSCJ 数据库中的一个表和一个视图具有相同的名为“学号”的列。若要在 XSQK 表中引用“学号”列，需指定“XSCJ..XSQK.学号”；若要在 VIEW1 视图中引用“学号”

列，需指定“XSCJ..VIEW1.学号”。

大多数对象引用使用 3 部分名称并默认使用本地服务器，4 部分名称通常用于分布式查询或远程存储过程调用。

8.1.4 T-SQL 语法格式约定

T-SQL 中的语法关系图使用规范见表 8-1。

表 8-1 T-SQL 语法关系图使用规范

规　范	用　处
大写	T-SQL 关键字
--	单行注释
/*…*/	多行注释
|（竖线）	分隔语法项目，只能选择一个项目
[ ]（方括号）	可选语法项目，不必键入方括号
{ }（大括号）	必选语法项，不必键入大括号
<标签>∷=	语法块的名称。此规则用于对可在语句中的多个位置使用的过长语法或语法单元部分进行分组和标记。适合使用语法块的每个位置由括在尖括号内的标签表示：<标签>
[,...n]	表示前面的项目可重复 n 次，每一项由逗号分隔
[...n]	表示前面的项可重复 n 次，每一项由空格分隔

8.2 T-SQL 表达式

表达式是标识符、值和运算符的组合，它可以使常量、函数、列名、变量、子查询等实体，也可以用运算符对这些实体进行组合而成。

8.2.1 常量、变量

1. 常量

常量是表示固定数据值的符号，是在运行过程中保持不变的量。常量的格式取决于它所表示的值的数据类型，如：精确数常量 3.22，浮点数常量 101.5E5，字符常量‘处理中，请稍后……’，日期时间常量‘2015-5-10’等。

【例 8-1】 在 T-SQL 中，用户可通过多种方式使用常量。

① 作为算术表达式中的数据值：

```
SELECT 成绩+5  FROM XS_KC
```

② 在 WHERE 子句中，作为与列进行比较的数据值：

```
SELECT * FROM XS_KC  WHERE 学号='2012130101'
```

③ 作为赋给变量的数据值：

```
SET @学分=4
```

④ 作为当前行的某列中的数据值。可使用 UPDATE 语句的 SET 子句或 INSERT 语句的 VALUES 子句来指定：

```
UPDATE XS_KC
```

```
SET 成绩=90
WHERE 学号='2012130101'  AND  课程号='101'
```

或

```
INSERT  XS_KC  VALUES('2012130101', '103', 78)
```

⑤ 作为指定 PRINT 或 RAISERROR 语句发出的消息文本的字符串：

```
PRINT 'This is a message.'
```

⑥ 作为条件语句（如 IF 语句或 CASE 语句）中进行测试的值：

```
IF (@SALESTOTAL>$100000.00)
EXECUTE Proc_SALES
```

2．变量

变量与常量相反，是表示非固定值的符号，在运行过程中可以改变其值的量。在 T-SQL 中，共有两种类型的变量：局部变量和全局变量。局部变量是用户自己定义的变量，以@符号开头，一般出现在批处理、存储过程或触发器中，一旦创建它的批处理、存储过程或触发器执行结束，存储在局部变量中的信息将丢失。全局变量是系统定义的变量，以@@符号开头，用户不能定义全局变量，也不能修改其值，全局变量在相应的上下文中是随时可用的，通常被服务器用来跟踪服务器范围和特定会话期间的信息。表 8-2 列出了 SQL Server 中较常见的全局变量。

表 8-2　SQL Server 中较常用的全局变量

全 局 变 量	说　明
@@CONNECTIONS	返回 SQL Server 自上次启动以来尝试的连接数，无论连接是成功还是失败
@@CPU_BUSY	返回 SQL Server 自上次启动后的工作时间，其结果以 CPU 时间增量或“嘀嗒数”表示，此值为所有 CPU 时间的累积
@@CURSOR_ROWS	返回连接上打开的上一个游标中的当前限定行的数目
@@DATEFIRST	返回 SET DATEFIRST 的当前值。SET DATEFIRST 是将一周的第一天设置为 1～7 的一个数字
@@DBTS	返回当前数据库的当前 timestamp 数据类型的值
@@ERROR	返回执行的上一个 T-SQL 语句的错误号
@@FETCH_STATUS	返回针对连接当前打开的任何游标发出的上一条游标 FETCH 语句的状态
@@IDENTITY	返回上次插入的标识值
@@IDLE	返回 SQL Server 自上次启动后的空闲时间，结果以 CPU 时间增量或“时钟周期”表示
@@IO_BUSY	返回自从 SQL Server 最近一次启动以来，SQL Server 已经用于执行输入和输出操作的时间，其结果是 CPU 时间增量（时钟周期），并且是所有 CPU 的累积值
@@LANGID	返回当前使用的语言的本地语言标识符（ID）
@@LANGUAGE	返回当前所用语言的名称
@@LOCK_TIMEOUT	返回当前会话的当前锁定超时设置（毫秒）
@@MAX_CONNECTIONS	返回 SQL Server 实例允许同时进行的最大用户连接数，返回的数值不一定是当前配置的数值
@@MAX_PRECISION	按照服务器中的当前设置，返回 decimal 和 numeric 数据类型所用的精度级别
@@NESTLEVEL	返回对本地服务器上执行的当前存储过程的嵌套级别（初始值为 0）
@@OPTIONS	返回有关当前 SET 选项的信息
@@PACK_RECEIVED	返回 SQL Server 自上次启动后从网络读取的输入数据包个数
@@PACK_SENT	返回 SQL Server 自上次启动后写入网络的输出数据包个数

（续）

全局变量	说　明
@@PACKET_ERRORS	返回自上次启动 SQL Server 后，在 SQL Server 连接上发生的网络数据包错误数
@@PROCID	返回 T-SQL 当前模块的对象标识符（ID）
@@REMSERVER	返回远程 SQL Server 数据库服务器在登录记录中显示的名称
@@ROWCOUNT	返回受上一语句影响的行数
@@SERVERNAME	返回运行 SQL Server 的本地服务器的名称
@@SERVICENAME	返回 SQL Server 正在其下运行的注册表项的名称。若当前实例为默认实例，则返回 MSSQLSERVER；若当前实例是命名实例，则返回该实例名
@@SPID	返回当前用户进程的会话 ID
@@TEXTSIZE	返回 SET 语句中的 TEXTSIZE 选项的当前值
@@TIMETICKS	返回每个时钟周期的微秒数
@@TOTAL_ERRORS	返回 SQL Server 自上次启动之后所遇到的磁盘写入错误
@@TOTAL_READ	返回 SQL Server 自上次启动后读取磁盘的次数
@@TOTAL_WRITE	返回 SQL Server 自上次启动以来所执行的磁盘写入次数
@@TRANCOUNT	返回当前连接的活动事务数
@@VERSION	返回当前的 SQL Server 安装版本、处理器体系结构、生成日期和操作系统

在使用一个局部变量之前，必须先用 DECLARE 语句进行声明，然后再使用 SET 或 SELECT 语句为它赋值，如果要输出或显示其值，需使用 SET 或 PRINT 语句。

（1）局部变量的声明。

其语法形式如下：

```
DECLARE  @变量名 数据类型  [ ,...n ]
```

（2）局部变量的赋值。

其语法形式如下：

```
SET  @变量名=表达式
```

或

```
SELECT  @变量名=表达式 [ ,...n ]
[ FROM... ]
[ WHERE... ]
```

（3）局部变量的显示。

其语法形式如下：

```
PRINT  表达式
```

或

```
SELECT  表达式 [ ,...n ]
```

用 PRINT 语句进行输出显示，其表达式的类型必须为字符型，或可以隐式地转换成字符型。

（4）综合应用举例。

【例 8-2】 声明 3 个变量，用两种不同的方法分别为变量赋值并输出显示，执行结果如

图 8-1 所示。

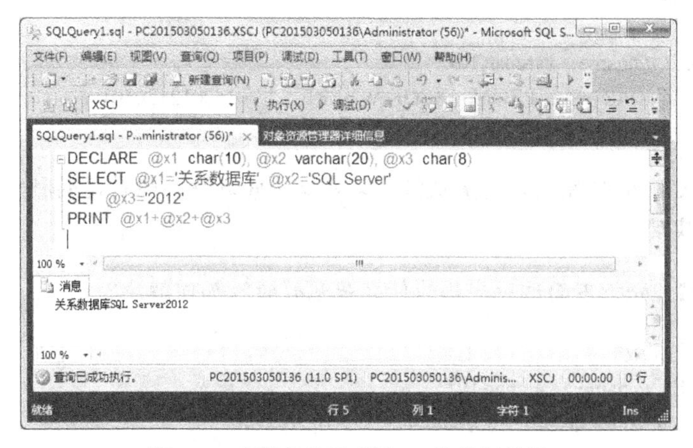

图 8-1　变量的使用【例 8-2】执行结果

```
DECLARE  @x1  char(10), @x2  varchar(20), @x3  char(8)
SELECT  @x1='关系数据库', @x2='SQL Server'
SET  @x3='2012'
PRINT  @x1+@x2+@x3
```

提示：*用 DECLARE 语句声明的局部变量初始值为 NULL。*

【例 8-3】 定义一个整数变量，并将其作为循环计数器使用。

```
DECLARE  @counter  int
SELECT  @counter=0
WHILE  @counter<10
  BEGIN
    SELECT  @counter=@counter+1
    PRINT  @counter                              --本行将计数器的值输出到屏幕上
END
```

【例 8-4】 声明一个变量，将"XSCJ"数据库的"XSQK"表中的"2012130101"号学生的"姓名"赋值给变量，并输出显示，执行结果如图 8-2 所示。

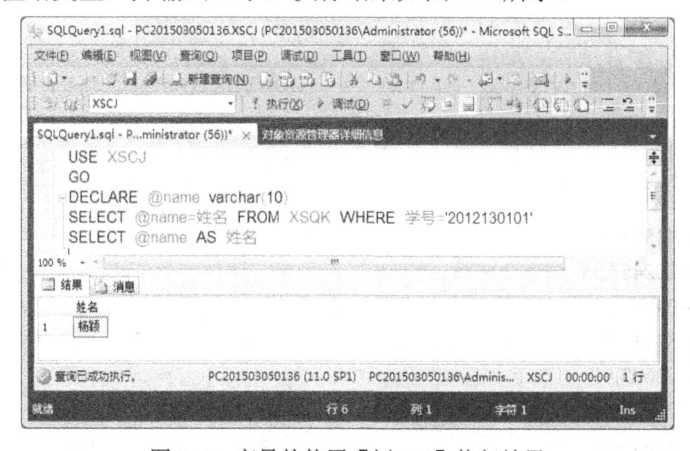

图 8-2　变量的使用【例 8-4】执行结果

```
USE  XSCJ
GO
DECLARE  @name  varchar(10)
SELECT  @name=姓名 FROM  XSQK WHERE  学号='2012130101'
SELECT  @name  AS  姓名
```

提示：SELECT 语句既能为变量赋值，又可以检索数据，但是这两种功能不能同时在一条 SELECT 语句实现。

【课堂练习 2】 分析下面这段代码为什么是无效的？如何解决？

```
/*下列代码无效*/
DECLARE  @name  varchar(10)
SELECT  @name=姓名, 专业名
FROM  XSQK
WHERE  学号='2012130101'
```

8.2.2 函数

如同其他编程语言一样，T-SQL 也提供了丰富的数据操作函数，用以完成各种数据管理工作。SQL Server 数据库管理人员必须掌握 SQL Server 的函数功能，并将 T-SQL 的程序或脚本与函数相结合，这将大大提高数据管理工作的效率。在这里不会对所有的函数进行介绍，但是会介绍最常用的几类函数，以帮助用户尽快熟悉函数的使用。

1．常用函数

（1）转换函数。

如果 SQL Server 没有自动执行数据类型的转换，可以使用 CAST( )或 CONVERT( )转换函数将一种数据类型的表达式转换为另一种数据类型的表达式。

【例 8-5】 在 Accounts 表中检索 tot_assets 列，并将 money 数据类型的检索结果利用 CAST 或 CONVERT 函数转换为 varchar 数据类型，以便在字符串连接中使用。

```
SELECT  (acct_firstname+acct_lastname)+'----'+CAST(tot_assets  AS  varchar(15))
FROM  Accounts
```

或

```
SELECT  (acct_firstname+acct_lastname)+ '----' +CONVERT(varchar(15), tot_assets)
FROM  Accounts
```

执行结果如下：

```
Client1----4356.56
Client2----202457.35
Client3----0.00
Client5----3473.64
Client6----52693.81
Client7----217219.64
Client8----198314.47
```

（2）聚合函数。

聚合函数可以对一系列数值进行计算，并返回一个数值型的计算结果。使用 GROUP BY 子句的查询中常常会发现这些函数的踪迹。下面介绍几个常用的聚合函数。

① AVG( )函数：用于计算指定数据项的平均值。如果希望在计算时排除掉重复项，可以在参数前使用 DISTINCT 关键字。

② SUM( )函数：用于计算指定数据项的总和。

③ MAX( )函数：用于计算多个数据项的最大值。

④ MIN( )函数：用于计算多个数据项的最小值。

⑤ COUNT( )函数：用于返回参数中非 NULL 值的数目。

【例 8-6】 统计 XSQK 表中学生记录的行数，执行结果如图 8-3 所示。

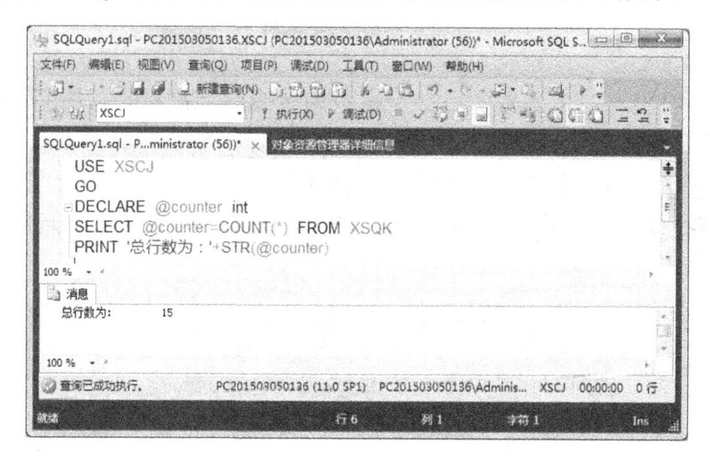

图 8-3 函数的使用【例 8-6】执行结果

```
USE   XSCJ
GO
DECLARE   @counter   int
SELECT @counter=COUNT (*) FROM XSQK
PRINT '总行数为:'+STR(@counter)
```

上例除了可以使用通配符星号（*）作为 COUNT 函数的参数，还可以使用学号列作为 COUNT 函数的参数，因为学号列是 XSQK 表的主关键字。

（3）字符串函数。

在编写 T-SQL 语句时，我们经常会使用字符串函数，如将其他数据类型转换为字符串；从字符串中选取子串；获取字符串的长度等。两个字符串表达式之间的符号“+”表明将这些表达式连接形成一个字符串。下面介绍几个常用的字符串函数。

① STR( )函数：用于将数字数据转换为字符串。

【例 8-7】 将浮点数 123.21 转换为 5 个字符的字符串，执行结果如图 8-4 所示。

```
DECLARE @x float
SET @x=123.21
PRINT '将浮点数 123.21 转换成 5 个字符的字符串为：'+STR(@x,5,1)
```

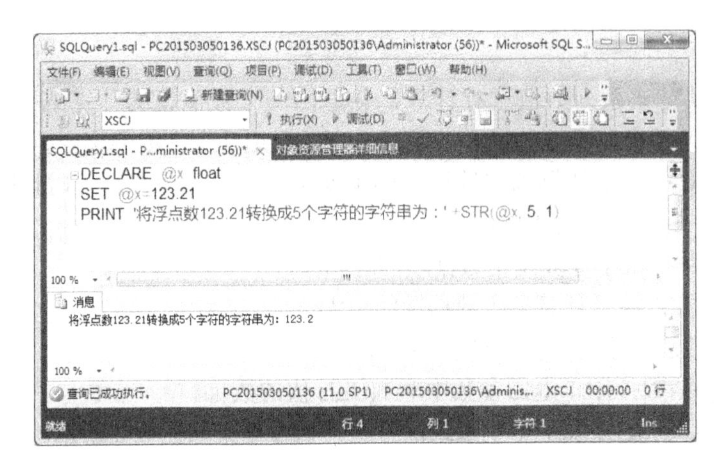

图 8-4　函数的使用【例 8-7】执行结果

从结果中可以看出，STR 函数的第 2 个参数为转换后字符串的总长度（小数点要占据位数），第 3 个参数为小数点后的位数。

② LEN( )函数：用于获取某个指定字符串的长度。

【例 8-8】 查找 KC 表中课程号为“103”的课程名称，并计算该课程名称的字符数目。执行结果如图 8-5 所示。

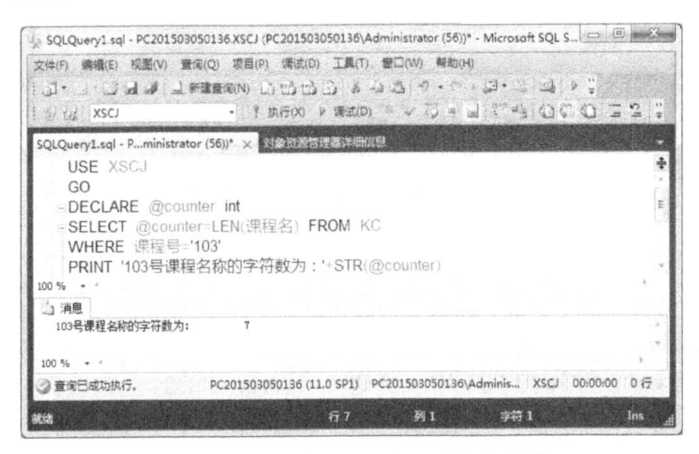

图 8-5　函数的使用【例 8-8】执行结果

```
USE   XSCJ
GO
DECLARE @counter int
SELECT @counter=LEN(课程名) FROM KC
WHERE  课程号='103'
PRINT '103 号课程名称的字符数为：'+STR(@counter)
```

③ UPPER( )函数和 LOWER( )函数：用于进行字符大/小写的转换工作。当需要数据以小写字母或大写字母表示时，就要利用 LOWER( )函数和 UPPER( )函数去转换表达式。

【例 8-9】 将字符串“Hello World”中的字符全部转换为大写字母，执行结果如图 8-6 所示。

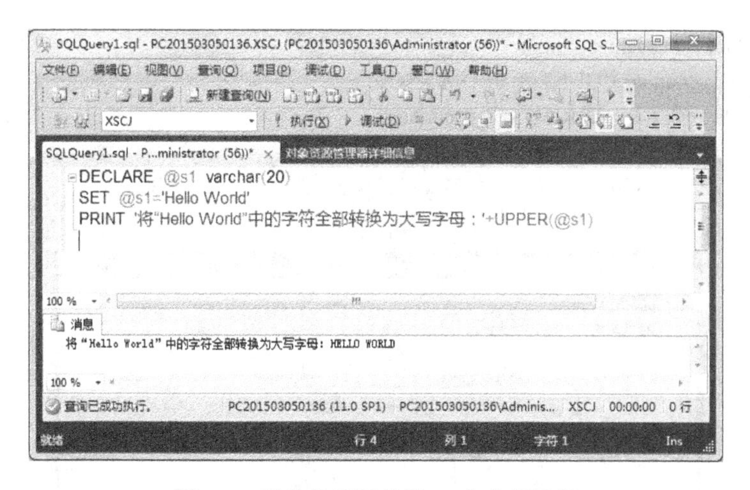

图 8-6　函数的使用【例 8-9】执行结果

```
DECLARE @s1 varchar(20)
SET @s1='Hello World'
PRINT '将“Hello World”中的字符全部转换为大写字母：'+UPPER(@s1)
```

④ LEFT( )函数和 RIGHT( )函数：用于从一个完整字符串的左边/右边截取所需的子串。

【例 8-10】 从字符串“SQL Server 2012”的左边开始截取 5 个字符构成的子串，执行结果如图 8-7 所示。

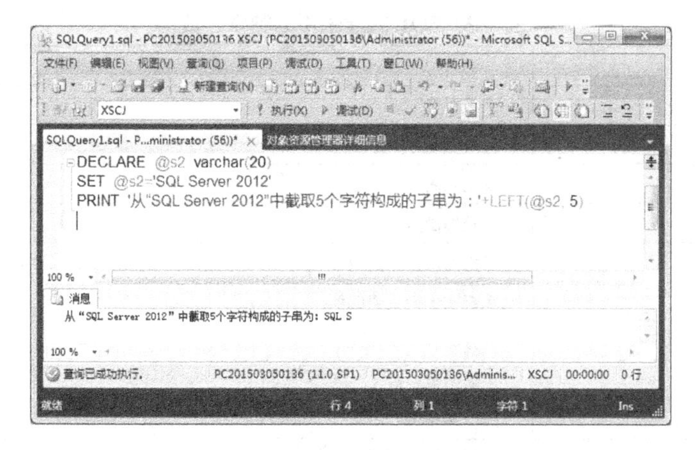

图 8-7　函数的使用【例 8-10】执行结果

```
DECLARE @s2 varchar(20)
SET @s2='SQL Server 2012'
PRINT '从“SQL Server2012”中截取 5 个字符构成的子串为：'+LEFT(@s2,5)
```

⑤ LTRIM( )函数和 RTRIM( )函数：用于将字符串开始或结尾的空格去除。

【例 8-11】 修改【例 8-6】中的显示结果，去除显示结果中多余的空格。执行结果如图 8-8 所示。

```
USE   XSCJ
GO
```

```
DECLARE  @counter  int
SELECT @counter=COUNT(*) FROM XSQK
PRINT '总行数为：'+LTRIM(STR(@counter))
```

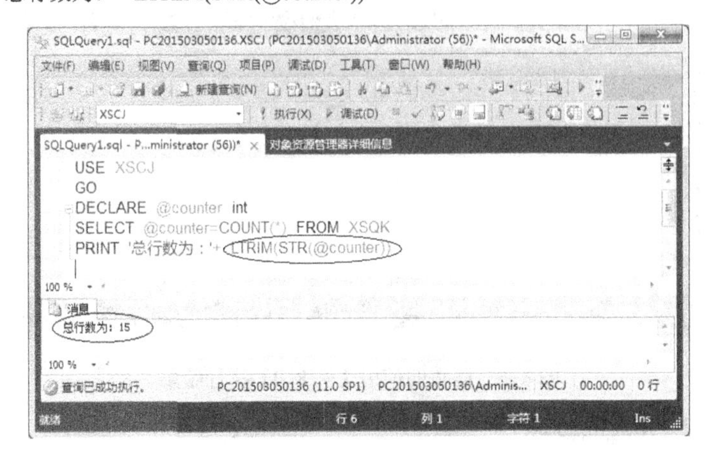

图 8-8　函数的使用【例 8-11】执行结果

（4）数学函数。

SQL Server 中提供了众多的数学函数，可以满足数据库维护人员日常的数值计算要求。表 8-3 列出了常用的一些数学函数。

表 8-3　SQL Server 中的数学函数

函数名称	函数功能简述
ABS	求绝对值
ACOS	反余弦函数
ASIN	反正弦函数
ATAN	反正切函数
ATN2	增强的反正切函数
CEILING	求仅次于最大值的值
COS	余弦函数
COT	余切函数
DEGREES	弧度转角度
EXP	计算 e 的 x 次幂
FLOOR	求仅次于最小值的值
LOG	求自然对数
LOG10	增强的自然对数
PI	常量，圆周率
POWER	求 X 的 Y 次方
RADIANS	角度转弧度
RAND	求随机数
ROUND	指定小数的位数
SIGN	根据表达式的数学符号，返回 1（正数）、-1（负数）、0（零）

（续）

函 数 名 称	函数功能简述
SIN	正弦函数
SQRT	求平方根
SQUARE	开方
TAN	正切函数

（5）日期和时间函数。

在商业应用中，日期和时间的重要性是不言而喻的。使用日期和时间函数可以对 datetime 和 smalldatetime 等类型的数据进行各种运算和处理。

① GETDATE( )函数：用于返回系统当前的日期时间。

② DATEADD( )函数：用于向指定日期加上一段时间。

【例 8-12】 分别计算在日期“2015-5-10”上加上 22 年、22 月、22 天后得到的新日期，执行结果如图 8-9 所示。

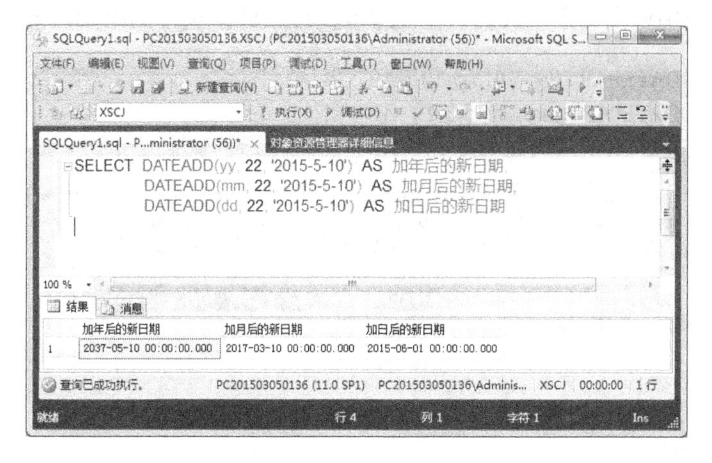

图 8-9 函数的使用【例 8-12】执行结果

```
SELECT  DATEADD(yy, 22, '2015-5-10')   AS  加年后的新日期,
        DATEADD(mm, 22, '2015-5-10')   AS  加月后的新日期,
        DATEADD(dd, 22, '2015-5-10')   AS  加日后的新日期
```

从这个例子中可以看出，DATEADD 函数中的第 1 个参数指定用日期的哪一部分来计算，如 yy 代表年；第 2 个参数指定具体增加的值；第 3 个参数指定待计算的日期。

③ DATEDIFF( )函数：用于计算指定日期之间的间隔。

【例 8-13】 分别计算日期“2012-8-18”和“2015-5-10”相隔的天数、月数和年数，执行结果如图 8-10 所示。

```
SELECT  DATEDIFF(dd, '2012-8-18', '2015-5-10')   AS  间隔天数,
        DATEDIFF(mm,'2012-8-18', '2015-5-10')    AS  间隔月数,
        DATEDIFF(yy, '2012-8-18', '2015-5-10')   AS  间隔年数
```

从这个例子中可以看出，DATEDIFF 函数中的第 1 个参数指定用日期的哪一部分来计算，如 dd 代表日；第 2 个参数指定计算的开始日期；第 3 个参数指定计算的结束日期。

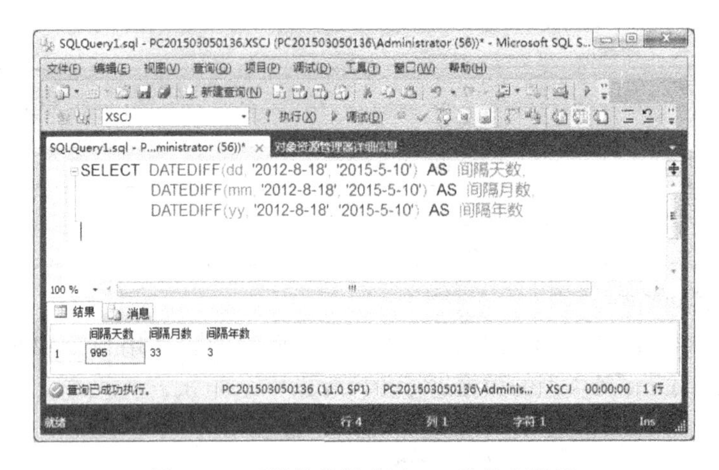

图 8-10　函数的使用【例 8-13】执行结果

④ DATEPART( )函数：用于返回指定日期指定部分的数值。

【例 8-14】 分别返回日期“2015-5-1”的年、月、日，执行结果如图 8-11 所示。

```
SELECT  DATEPART(yy, '2015-5-1')  AS  年,
        DATEPART(mm, '2015-5-1')  AS  月,
        DATEPART(dd, '2015-5-1')  AS  日
```

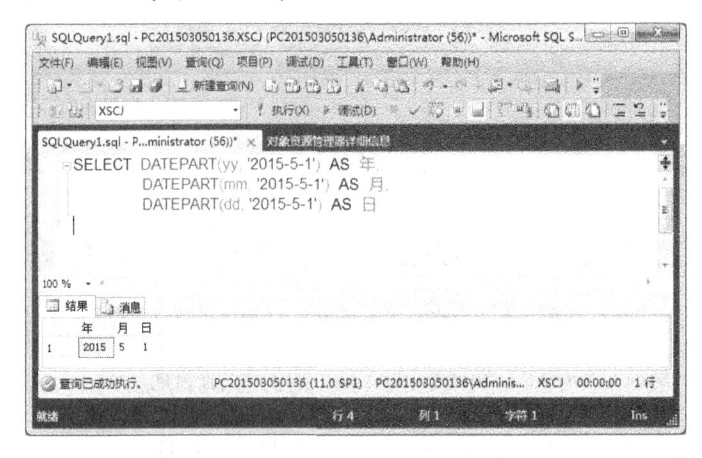

图 8-11　函数的使用【例 8-14】执行结果

从这个例子可以看出，DATEPART 函数中的第 1 个参数指定要返回日期的哪一部分，如 mm 代表月；第 2 个参数指定待计算的日期。

2．综合应用举例

【例 8-15】 计算 XSQK 表中陈伟的年龄，并显示“年龄为：XX 岁”。执行结果如图 8-12 所示。

```
DECLARE  @nl  varchar(4)
SELECT  @nl=CONVERT(varchar(4),DATEDIFF(yy, 出生日期, GETDATE( )))
FROM  XSQK
WHERE  姓名='陈伟'
PRINT  '年龄为：'+@nl+'岁'
```

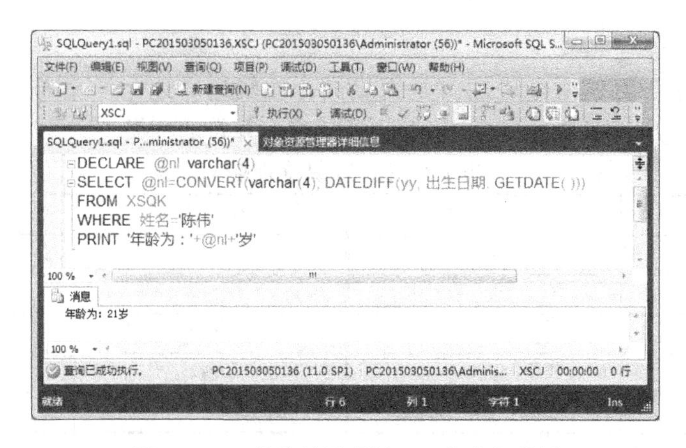

图 8-12 函数的使用【例 8-15】执行结果

【课堂练习 3】 从字符串“Beautiful Like Summer Flowers”的右边开始截取 15 个字符构成的子串。

【课堂练习 4】 显示系统当前的日期时间。

8.2.3 运算符

运算符是一种符号，用来进行常量、变量或者列之间的数学运算和比较操作，它是 T-SQL 很重要的组成部分。运算符共有 7 类：算术运算符、赋值运算符、按位运算符、比较运算符、逻辑运算符、字符串串联运算符、一元运算符。下面介绍这几种类型的运算符以及运算符的优先级。

1. 算术运算符

算术运算符用于对两个表达式执行数学运算。表 8-4 列出了算术运算符的种类。

表 8-4 算术运算符的种类

算术运算符	含 义	算术运算符	含 义
+	加	/	除
–	减	%	取模，返回一个除法运算的余数
*	乘		

2. 赋值运算符

等号（=）是 T-SQL 唯一的赋值运算符。它用来给表达式赋值，也可在 SELECT 子句中将表达式的值赋给某列的标题。

3. 按位运算符

按位运算符用于在两个表达式之间执行位操作。表 8-5 列出了按位运算符的种类。

表 8-5 按位运算符的种类

按位运算符	含 义	按位运算符	含 义
&	按位与（两个操作数）	^	按位异或（两个操作数）
|	按位或（两个操作数）		

4．比较运算符

比较运算符用于测试两个表达式是否相同。比较运算返回一个布尔数据类型的值，TRUE、FALSE 或 UNKNOWN。表 8-6 列出了比较运算符的种类。

表 8-6　比较运算符的种类

比较运算符	含　义	比较运算符	含　义
=	等于	<>	不等于
>	大于	!=	不等于
<	小于	!<	不小于
>=	大于等于	!>	不大于
<=	小于等于		

5．逻辑运算符

逻辑运算符用来对某些条件进行测试，以获得其真实情况。与比较运算符一样，返回值是 TRUR 或 FALSE 值的布尔数据类型。表 8-7 列出了逻辑运算符的种类。

表 8-7　逻辑运算符的种类

逻辑运算符	含　义
ALL	只有所有比较都为 TRUE 时，才返回 TRUE
AND	只有两个布尔表达式的值都为 TRUE 时，才返回 TRUE
ANY	只要一组比较中有一个为 TRUE，就返回 TRUE
BETWEEN	如果操作数在某个范围之内，那么就返回 TRUE
IN	如果操作数等于表达式中的一个，那么就返回 TRUE
LIKE	如果操作数与一种模式相匹配，那么就返回 TRUE
NOT	对任何其他布尔运算符的值取反
OR	如果两个布尔表达式中的一个为 TRUE，那么就返回 TRUE
SOME	如果在一组比较中，有些为 TRUE，那么就返回 TRUE

6．字符串串联运算符

加号（+）是字符串串联运算符，可以用它将字符串串联起来。

7．一元运算符

一元运算符只对一个表达式执行操作。表 8-8 列出了一元运算符的种类。

表 8-8　一元运算符的种类

一元运算符	含　义	一元运算符	含　义
+	数值为正	~	按位非
−	数值为负		

8．运算符的优先级

当一个复杂表达式中包含有多个运算符时，运算符的优先级决定了运算的先后顺序，用户在编程时一定要注意这一点，否则可能得不到预期的运算结果。运算符的优先级按由高到低的顺序排列如下：

（1）~（位非）；

（2）*（乘）、/（除）、%（取模）；

（3）+（正）、－（负）、+（加）、+（连接）、－（减）、&（位与）、^（位异或）、|（位或）；

（4）=、>、<、>=、<=、<>、!=、!>、!<（比较运算符）；

（5）NOT；

（6）AND；

（7）ALL、ANY、BETWEEN、IN、LIKE、OR、SOME（逻辑运算符）；

（8）=（赋值）。

8.3 T-SQL 语句

SQL Server 为用户提供了丰富的 T-SQL 语句，本节主要介绍以 GO 语句为结束标志的批处理和一些流程控制语句，以进一步提高编程语言的处理能力。

8.3.1 批处理

让我们先来看一段 T-SQL 语句：

```
USE   XSCJ
DROP   TABLE   XS_KC2
GO
```

这个语句段可以看成一个批处理，GO 为批处理结束标志。

批处理是包含一条或多条 T-SQL 语句的集合，以 GO 语句为结束标志，一次性地发送到 SQL Server 执行，SQL Server 将批处理的语句编译为一个可执行单元，称为执行计划。

如果一个批处理中的某条语句包含了语法错误，则整个批处理都不能被编译和执行。如果一个批处理中的某条语句出现执行错误，这时可能有两个结果：第 1 种情况，如违反约束，仅终止当前语句，其前后语句正常执行；第 2 种情况，如引用不存在的对象，终止当前语句和其后语句，其前语句正常执行。

使用批处理时，应注意以下几点：

① CREATE VIEW、CREATE DEFAULT、CREATE RULE、CREATE FUNCTION、CREATE PROCEDURE 和 CREATE TRIGGER 语句不能在批处理中与其他语句组合使用。

② 不能在同一个批处理中用 ALTER TABLE 更改表，然后引用新列。

③ 如果 EXECUTE 语句不是批处理中的第 1 条语句，则需要 EXECUTE 关键字。

8.3.2 流程控制语句

与所有的计算机编程语言一样，T-SQL 也提供了用于编写过程性代码的语法结构，可用来进行顺序、分支、循环等程序设计，控制程序的执行流程。使用流程控制语句可以提高编程语言的处理能力。下面分别介绍 T-SQL 提供的流程控制语句。

1．BEGIN…END 语句

从语法格式上讲，IF、WHILE 等语句体内通常只允许包含一条语句，但在实际程序设计时，一条语句往往不能满足复杂的程序设计要求，这时，就需要使用 BEGIN…END 语句将多条 T-SQL 语句封闭起来，构成一个语句块。这样在处理时，整个语句块被视为一条语句。

BEGIN…END 语句的语法格式如下：

```
BEGIN
  T-SQL 语句
END
```

2. IF…ELSE 语句

通常，计算机按顺序执行程序中的语句。然而，在有的情况下，语句执行的顺序以及是否执行都依赖于程序运行的中间结果，必须根据某个变量或表达式的值作出判定，以决定执行哪些语句或跳过哪些语句。这时，就需要使用 IF…ELSE 结构，按条件来选择执行某条语句或某个语句块。

IF…ELSE 语句的语法格式如下：

```
IF   布尔表达式
  { T-SQL 语句 | T-SQL 语句块 }
ELSE
  { T-SQL 语句 | T-SQL 语句块 }
```

【例 8-16】 检查 XSQK 表中是否存在“李渊”这个人，若有则显示其信息，若无则显示“没有 XX 这个人!”。执行结果如图 8-13 所示。

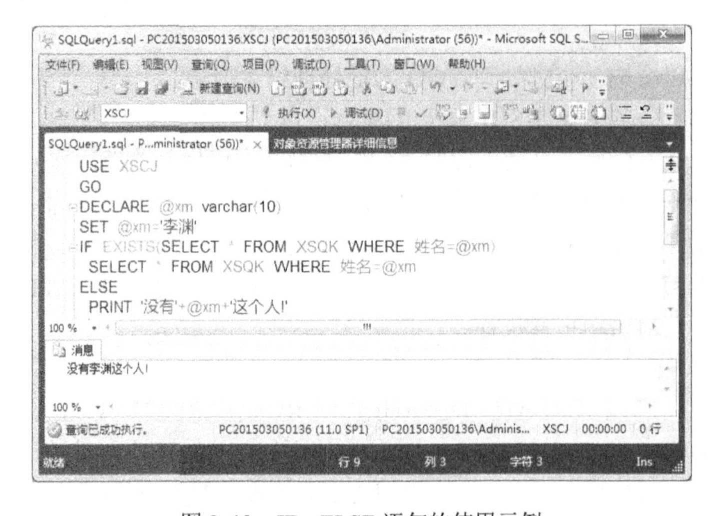

图 8-13　IF…ELSE 语句的使用示例

```
USE   XSCJ
GO
DECLARE   @xm   varchar(10)
SET   @xm='李渊'
IF   EXISTS(SELECT   *   FROM   XSQK   WHERE 姓名=@xm)
  SELECT   *   FROM   XSQK   WHERE   姓名=@xm
ELSE
  PRINT   '没有'+@xm+'这个人!'
```

【课堂练习 5】 查询 2012130101 号学生的平均分是否超过了 85 分，若超过，则输出“XX 考出了高分”；否则输出“考得一般”。

3．WHILE 语句

WHILE 语句用于循环，只要指定的条件为 TRUE 时，就会重复执行一条语句或一个语句块。通常将 BREAK 或 CONTINUE 子句和 WHILE 配合使用。BREAK 子句将导致无条件退出最内层的 WHILE 循环，并且执行循环体外紧接着的第 1 条语句；CONTINUE 子句则结束本次循环，并重新判断布尔表达式，如果条件为 TRUE，那么重新开始 WHILE 循环。

WHILE 语句的语法格式如下：

```
WHILE   布尔表达式
  { T-SQL 语句 | T-SQL 语句块 }
  [BREAK]
  [CONTINUE]
```

【例 8-17】 计算 1+2+3+…+100 的累加和，执行结果如图 8-14 所示。

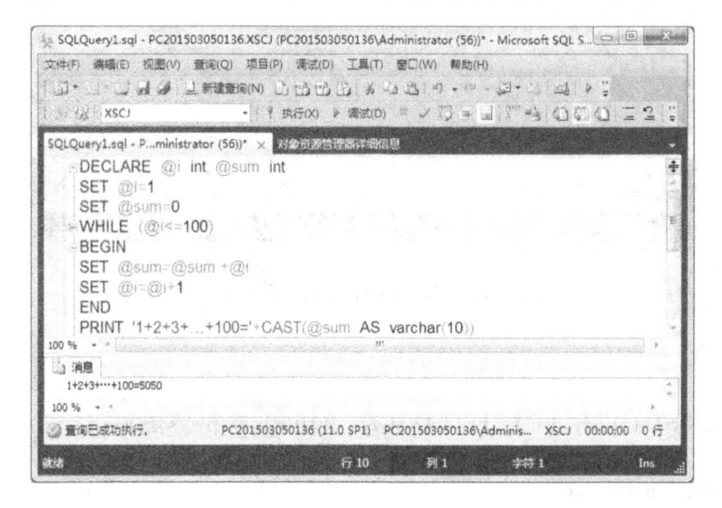

图 8-14　WHILE 语句的使用示例

```
DECLARE   @i int, @sum int
SET   @i=1
SET   @sum=0
WHILE(@i<=100)
  BEGIN
    SET   @sum=@sum +@i
    SET   @i=@i+1
  END
PRINT   '1+2+3+…+100='+CAST(@sum   AS varchar(10))
```

【课堂练习 6】 计算 1～100 中奇数的累加和，要求显示为“奇数和为：XX”。

【课堂练习 7】 输出 500 以内能被 3 或 7 整除的正整数。

4．RETURN 语句

RETURN 语句用于从查询或过程中无条件退出。RETURN 的执行是即时且完全的，可在任何时候用于从过程、批处理或语句块中退出，在它之后的语句不会被执行。RETURN 与 BREAK 很相似，不同的是 RETURN 可以返回一个整数。

RETURN 语句的语法格式如下：

```
RETURN  [ 整型表达式 ]
```

【例 8-18】 查找失败时输出错误信息并退出，执行结果如图 8-15 所示。

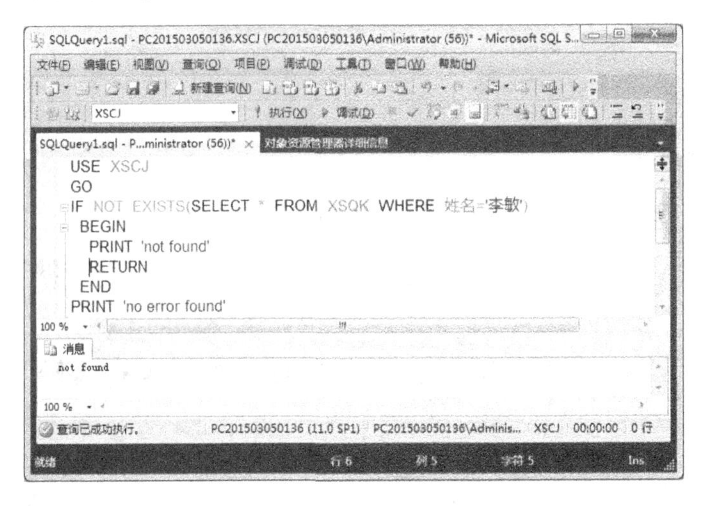

图 8-15 RETURN 语句的使用示例

```
USE  XSCJ
GO
IF NOT EXISTS(SELECT  *  FROMXSQK  WHERE 姓名='李敏')
  BEGIN
    PRINT  'not found'
    RETURN
  END
PRINT  'no error found'
```

5. GOTO 语句

GOTO 语句使得程序的执行可以从一个地方转移到另一个地方，增加了程序设计的灵活性，但是，同时破坏了程序结构化的特点，使程序结构变得复杂而且难以测试。

GOTO 语句的语法格式如下：

```
GOTO  标签
…
标签:
```

【例 8-19】 用 IF 和 GOTO 语句实现循环，求 1+2+3+…+100 的累加和。

```
DECLARE  @i int, @sum int
SET  @i=1
SET  @sum=0
CountLoop:
```

```
        SET   @sum=@sum+@i
        SET   @i=@i+1
        IF   @i<=100
    GOTO   CountLoop
    PRINT   '1+2+3+…+100='+CAST(@sum AS varchar(10))
```

6．WAITFOR 语句

WAITFOR 语句用于暂时停止程序的执行，直到所设定的时间间隔后才继续往下执行。

WAITFOR 语句的语法格式如下：

```
WAITFOR   { DELAY '时间' | TIME '时间' }
```

其中，“DELAY”指定要等待的时间间隔，最长 24 小时；“TIME”则指定要等待到的具体时间点。时间应该采用 datetime 类型，但不能包括日期。

【例 8-20】 直到 10 点 45 分才从 KC 表中检索所有课程信息。

```
WAITFOR   TIME '10:45:00'
SELECT   *   FROM   KC
```

【课堂练习 8】 延时 6 秒后查询 XSQK 表的信息，到下午 4 点 15 分 30 秒查询 XS_KC 表。

【课后习题】

一、填空题

1．一般可以使用________命令来标识 T-SQL 批处理的结束。

2．局部变量的开始标记为________，全局变量的开始标记为________。

3．函数 LEFT('abcdef ', 2)的结果是________。

4．在 SQL Server 中，每个程序块的开始标记为关键字________，结束标记为关键字________。

5．在循环结构的语句中，当执行到关键字________后将终止整个循环语句的执行，当执行到关键字________后将结束一次循环体的执行。

6．WAITFOR 语句用于指定其后的语句在________或在________后继续执行。

7．每条 SELECT 语句能够同时为________个变量赋值，每条 SET 语句只能为________个变量赋值。

8．要返回系统当前的日期时间，应使用的函数是________。

二、选择题

1．SQL Server 数据库系统使用的数据库语言是（　　）。

A．C/C++　　B．SQL　　C．T-SQL　　D．JAVA

2．关于 T-SQL 语言中标识符的描述，正确的是（　　）。

A．首字母必须是下画线　　B．不能使用 SQL 关键字

C．可以包含@、#、&、^等字符　　D．以#为首的标识符表示一个局部变量

3．语句“USE MASTER GO SELECT * FROM SYSFILES GO”包括的批处理个数是（　　）。

A．1　　B．2　　C．3　　D．4

4．下面不是 T-SQL 函数的是（　　）。

A．DAY( )　　B．YEAR( )　　C．MONTH( )　　D．SECOND( )

5．在 T-SQL 中支持的程序结构语句是（　　）。

A．BEGIN…END　　B．IF…THEN…ELSE

C．DO　CASE　　D．DO　WHILE

6．下列标识符可以作为局部变量使用的是（　　）。

A．[@Myvar]　　B．Myvar　　C．@Myvar　　D．@My var

7．下列语句中有语法错误的是（　　）。

A．DECLARE @Myvar　int　　B．SELECT　* FROM AAA

C．CREATE DATABASE AAA　　D．DELETE　* FROM AAA

三、判断题

1．T-SQL 的标识符不能以#号开始。（　　）

2．T-SQL 的标识符能够以@符号开始。（　　）

3．局部变量名必须以@@开头。（　　）

4．局部变量是系统自定义的变量，不能用 SET 语句给它赋值。（　　）

5．在 SQL Server 中允许自定义全局变量。（　　）

6．如果批中的语句有执行错误，批中任何一个语句都不会被执行。（　　）

7．用 DECLARE 语句可以声明全局变量。（　　）

8．SELECT 语句可以实现数据的查询、赋值和显示。（　　）

四、简述题

1．SQL 标识符的命名必须遵循哪些规则？

2．简述局部变量的声明和赋值方法。

3．全局变量有哪些特点？

4．RETURN 语句有何功能？

【课外实践】

任务 1：UPPER/LOWER 函数的使用。

要求：将“Welcome to SQL Server”字符串中的字符分别按大写和小写字母显示输出。

任务 2：WAITFOR 语句的使用。

要求：延时 30 秒后查询 KC 表的信息，到 11 点 30 分 30 秒再查询 XSQK 表的信息。

任务 3：编写分支程序。

要求：计算 XSQK 表中年龄大于 20 的学生人数，如果人数不为 0，则输出相应人数；如果人数为 0，则输出“没有年龄大于 20 的学生”。

任务 4：编写循环程序。

要求：对 XS_KC 表中的学分总和进行检查，若学分总和小于 100，对每门课程学分加 1，直到学分总和大于 100 为止。

第 9 章　存储过程与触发器

【学习目标】

- 了解存储过程含义和优点
- 掌握存储过程的创建、执行、修改和删除
- 了解触发器的含义、作用和分类
- 理解触发器的激活时机和激活事件
- 能灵活使用 Inserted 和 Deleted 临时表
- 掌握触发器的创建、激活、修改和删除

9.1　存储过程

存储过程是一种运用得十分广泛的数据库对象，能够实现某种特定的功能。在 SQL Server 2012 中除了可以使用系统存储过程操作数据以外，还可以使用 T-SQL 语言编写用户自定义存储过程。

9.1.1　存储过程概述

存储过程是一组 T-SQL 语句的预编译集合，它以一个名称存储并作为一个单元处理，能实现特定的功能。存储过程可以接收参数、输出参数，返回单个或多个结果集，由应用程序通过调用执行。

存储过程是一种独立的数据库对象，它在服务器上创建和运行，与存储在客户机的本地 T-SQL 语句相比，具有以下优点。

1. 模块化程序设计

一个存储过程就是一个模块，可以用它来封装并实现特定的功能。存储过程一旦创建，以后即可在程序中被调用任意多次。这可以改进应用程序的可维护性，并允许应用程序统一访问数据库。

2. 提高执行效率，改善系统性能

系统在创建存储过程时会对其进行分析和优化，并在首次执行该存储过程后将其驻留于高速缓冲存储器中，以加速该存储过程的后续执行。

3. 减少网络流量

一个原本需要从客户端发送数百行 T-SQL 语句的操作，创建存储过程后，只需一条执行存储过程的语句即可实现相同的功能，而不必在网络中发送数百行代码。

4. 提供了一种安全机制

用户可以被授予权限来执行存储过程而不必直接对存储过程中引用的对象具有权限。因此通过创建存储过程来完成插入、修改、删除和查询等操作，可以实现对表和视图等对象的

访问控制。

SQL Server 系统中已经提供了许多存储过程，它们用于系统管理、用户登录管理、数据库对象管理、权限设置和数据复制等各种操作，称其为系统存储过程；对用户自己创建的存储过程，则称为用户存储过程。本章主要介绍用户存储过程的创建、执行和删除等操作。

9.1.2 创建和执行存储过程

1. 创建存储过程

在 SQL Server 中使用 CREATE PROCEDURE 语句来创建存储过程，其语法格式如下：

```
CREATE PROC[EDURE] 存储过程名[;分组号]
    [ { @参数数据类型 } [ =默认值 ] [ OUTPUT ] ] [ ,...n ]
    [ WITH { RECOMPILE | ENCRYPTION | RECOMPILE, ENCRYPTION } ]
    [ FOR REPLICATION ]
AS
    T-SQL 语句 [ ,...n ]
```

其中，各参数的说明如下。

① 分组号：是可选的整数，用来区分一组同名存储过程中的不同对象，以便将来用一条 DROP PROCEDURE 语句即可将同组的过程一起删除。例如，创建了名为“MyProc;1”和“MyProc;2”的存储过程，可以使用 DROP PROCEDURE MyProc 语句将它们一起删除。

② @参数：是存储过程中的参数。参数包括输入参数和输出参数，其中输入参数用于提供执行存储过程所必需的参量值，输出参数用于返回执行存储过程后的一些结果值。用户必须在执行存储过程时提供每个所声明参数的值，除非定义了该参数的默认值。参数其实是局部变量，只在声明它的存储过程内有效，因此在其他存储过程中可以使用同名参数。

③ 默认值：是输入参数的默认值。如果定义了默认值，不必指定该参数的值即可执行过程。默认值必须是常量或 NULL，但是如果存储过程将对输入参数使用 LIKE 关键字，那么默认值中可以包含通配符（%、_、[ ] 和 [^]）。

④ OUTPUT：表明参数是输出参数。使用输出参数可将执行结果返回给过程的调用方。

⑤ WITH RECOMPILE：表示 SQL Server 不在高速缓存中保留该存储过程的执行计划，而在每次执行时都对它进行重新编译。

⑥ WITH ENCRYPTION：表示对存储过程的文本进行加密，防止他人查看或修改。

⑦ FOR REPLICATION：表示创建的存储过程只能在复制过程中执行而不能在订阅服务器上执行。

⑧ T-SQL 语句：用于定义存储过程执行的各种操作。

创建存储过程的时候要考虑以下几个因素：

- 创建存储过程时可以参考表、视图或其他存储过程。
- 如果在存储过程中创建了临时表，那么该临时表只在该存储过程执行时有效，当存储过程执行完毕，临时表就消失。
- 在一个批命令中，CREATE PROCEDURE 语句不能与其他的 T-SQL 语句混合使用，需要在它们之间加入 GO 命令。
- 存储过程可以嵌套调用，但最多不能超过 32 层，当前嵌套层的数据值存储在全局变

量 @@nestlevel 中。如果一个存储过程调用另一个存储过程，那么内层的存储过程可以使用外层存储过程所创建的全部对象，包括临时表。

2．执行存储过程

在 SQL Server 中使用 EXECUTE 语句来执行存储过程，其语法格式如下：

```
[ EXEC [ UTE ] ]  [ @状态值= ] 存储过程名[ ;分组号 ]
    [ [ @参数= ] { 参量值 | @变量 [ OUTPUT ] | [DEFAULT ] } ][ ,...n ]
    [ WITH RECOMPILE ]
```

其中，各参数的说明如下。

① @状态值：是一个可选的整型变量，用于保存存储过程的返回状态。这个变量在用于 EXECUTE 语句时，必须已在批处理、存储过程或函数中声明。

② @参数：是在创建存储过程时定义的参数。当使用该选项时，各参数的枚举顺序可以与创建存储过程时的定义顺序不一致，否则两者顺序必须一致。

③ 参量值：是存储过程中输入参数的值。如果参数名称没有指定，参量值必须按创建存储过程时的定义顺序给出。如果在创建存储过程时指定了参数的默认值，执行时可以不再指定。

④ @变量：用来存储参数或返回参数的变量。当存储过程中有输出参数时，只能用变量来接收输出参数的值，并在变量后加上 OUTPUT 关键字。

⑤ OUTPUT：用来指定参数是输出参数。该关键字必须与“@变量”连用，表示输出参数的值由变量接收。

⑥ DEFAULT：表示参数使用定义时指定的默认值。

⑦ WITH RECOMPILE：表示执行存储过程时强制重新编译。

3．简单存储过程的创建和执行

【例 9-1】 创建一个不包含任何参数的存储过程 P_KC，查询 KC 表中第一学期开设的课程信息，并执行该存储过程。执行结果如图 9-1 所示。

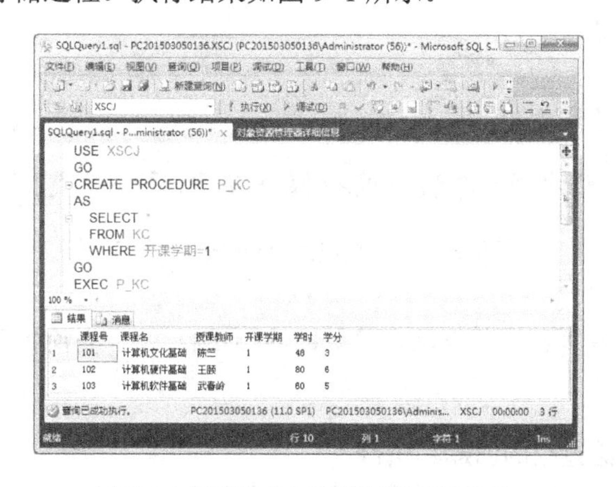

图 9-1　创建并执行存储过程“P_KC”

```
USE   XSCJ
GO
```

```
CREATE  PROCEDURE  P_KC
AS
   SELECT  *
   FROM  KC
   WHERE  开课学期=1
GO
EXEC  P_KC
```

4. 带输入参数存储过程的创建和执行

【例 9-2】 创建一个带有输入参数的存储过程 P_CJ，查询指定课程号的学生成绩信息，并执行该存储过程。执行结果如图 9-2 所示。

```
USE  XSCJ
GO
CREATE  PROC  P_CJ
@kch char(3)
AS
   SELECT  学号, 课程号, 成绩
   FROM  XS_KC
   WHERE  课程号=@kch
GO
EXEC  P_CJ  '102'
```

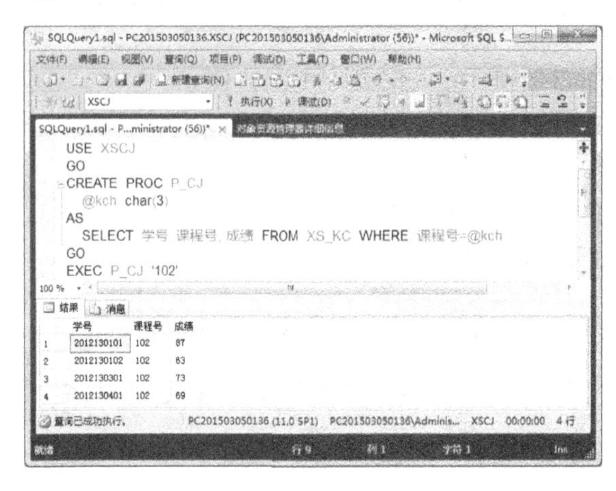

图 9-2 创建并执行存储过程“P_CJ”

【课堂练习 1】 创建并执行带有输入参数的存储过程 P1，查询指定学号的学生姓名、性别和所选课程号。

5. 带输出参数存储过程的创建和执行

【例 9-3】 创建一个带有输入参数和输出参数的存储过程 P_KCH，返回指定教师所授课程的课程号，并执行该存储过程。执行结果如图 9-3 所示。

```
USE  XSCJ
GO
```

```
CREATE  PROC  P_KCH
@skjs  varchar(10), @kch  char(3) OUTPUT
AS
   SELECT  @kch=课程号
   FROM  KC
   WHERE  授课教师=@skjs
GO
DECLARE  @skjs  varchar(10), @kch  char(3)
SET  @skjs='王颐'
EXEC  P_KCH  @skjs, @kch OUTPUT
PRINT  @skjs+'教师所授课程的课程号为：'+@kch
```

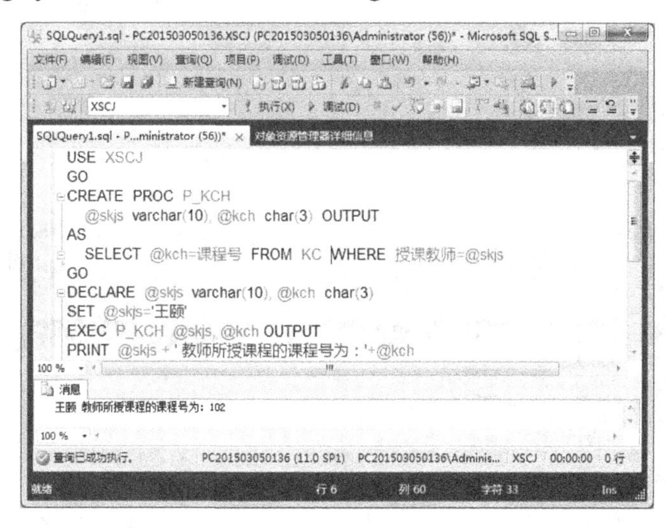

图 9-3　创建并执行存储过程“P_KCH”

【课堂练习 2】 创建并执行带有输入参数和输出参数的存储过程 P2，返回指定学号的学生所选课程的课程名和成绩，并显示“XX 学号选修的课程名为《XX》，其成绩是：XX”。

9.1.3　修改存储过程

一个创建好的存储过程可以根据用户的要求或者基表、视图等定义的改变而改变。在 SQL Server 中使用 ALTER PROCEDURE 语句来修改存储过程，其语法格式如下：

```
ALTER  PROC[EDURE] 存储过程名[;分组号]
   [ { @参数数据类型 } [ =默认值 ] [ OUTPUT ] ] [ ,…n ]
   [ WITH { RECOMPILE | ENCRYPTION | RECOMPILE, ENCRYPTION } ]
   [ FOR REPLICATION ]
AS
T-SQL 语句 [ ,…n ]
```

其中，各参数的含义与创建存储过程时对应参数的含义相同，此处不再赘述。修改存储过程的时候要考虑以下几个因素：

① ALTER PROCEDURE 语句不会更改原存储过程的权限，也不会影响相关的存储过程或触发器。

② 在一个批命令中，ALTER PROCEDURE 语句不能与其他的 T-SQL 语句混合使用，需要在它们之间加入 GO 命令。

【例 9-4】 修改【例 9-1】中创建的存储过程 P_KC，使它只查询课程信息中的课程号、课程名和授课教师 3 列信息。执行结果如图 9-4 所示。

```
USE  XSCJ
GO
ALTER  PROCEDURE  P_KC
AS
   SELECT  课程号, 课程名, 授课教师
   FROM  KC
   WHERE  开课学期=1
GO
EXEC  P_KC
```

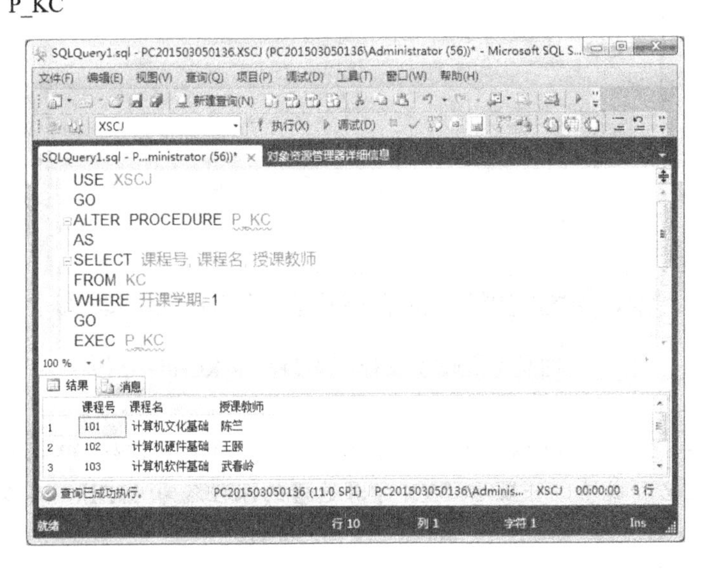

图 9-4　修改并执行存储过程“P_KC”

9.1.4 查看存储过程信息

1．在“对象资源管理器”中查看存储过程信息

【例 9-5】 查看 XSCJ 数据库中的存储过程 P_KCH 的信息。

实施步骤如下：

（1）在“对象资源管理器”中依次展开“XSCJ”数据库中的“可编程性”节点，定位到“存储过程”节点。

（2）右击“P_KCH”存储过程，在弹出的快捷菜单中单击“属性”命令，会出现如图 9-5 所示的对话框。

（3）在该对话框中，分别单击“常规”“权限”“扩展属性”选项卡，可以查看该存储过

程的相关信息。

图 9-5 “存储过程属性”对话框

2．使用 T-SQL 语句查看存储过程信息

用户可以用命令的方式来查看有关存储过程的信息。

（1）查看存储过程的定义，即查看用于创建存储过程的 T-SQL 语句，这对于没有创建存储过程的 T-SQL 脚本文件的用户是很有用的。其语法格式如下：

```
EXEC[UTE]  sp_helptext  存储过程名
```

（2）获得有关存储过程的信息，如存储过程的架构、创建时间及其参数等。其语法格式如下：

```
EXEC[UTE]  sp_help  存储过程名
```

（3）查看存储过程的依赖关系，即列出存储过程所使用的对象和调用该存储过程的其他过程。其语法格式如下：

```
EXEC[UTE]  sp_depends  存储过程名
```

【例 9-6】 查看存储过程 P_KCH 的定义文本，执行结果如图 9-6 所示。

```
USE  XSCJ
GO
EXEC  sp_helptext P_KCH
```

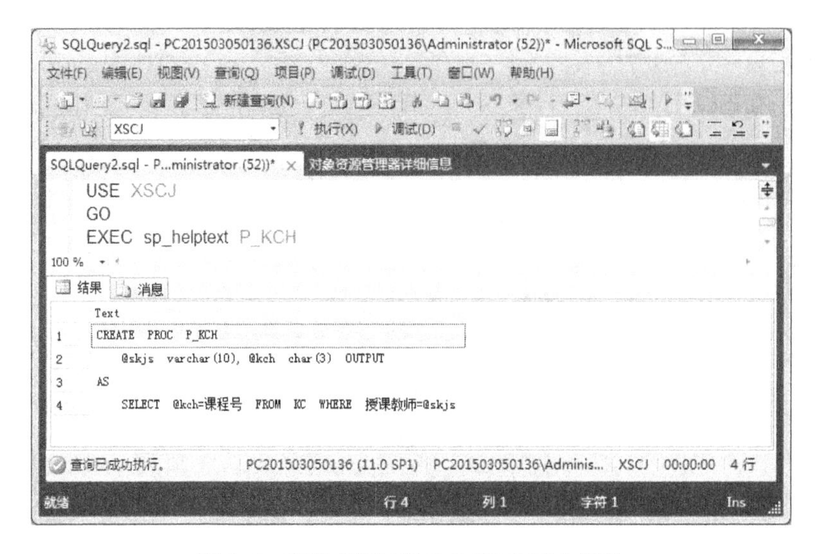

图 9-6　查看存储过程 P_KCH 的基本信息

【例 9-7】 查看存储过程 P_KCH 的所有者、创建时间和各个参数信息，执行结果如图 9-7 所示。

```
USE   XSCJ
GO
EXEC   sp_help P_KCH
```

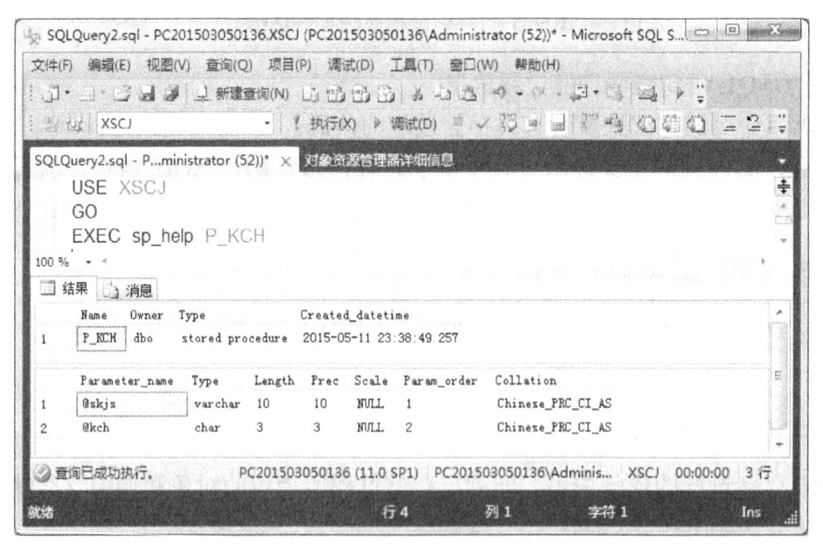

图 9-7　查看存储过程 P_KCH 的基本信息

【例 9-8】 查看存储过程 P_KCH 的依赖关系，即该存储过程引用的对象和引用该存储过程的对象。执行结果如图 9-8 所示。

```
USE   XSCJ
GO
EXEC sp_depends P_KCH
```

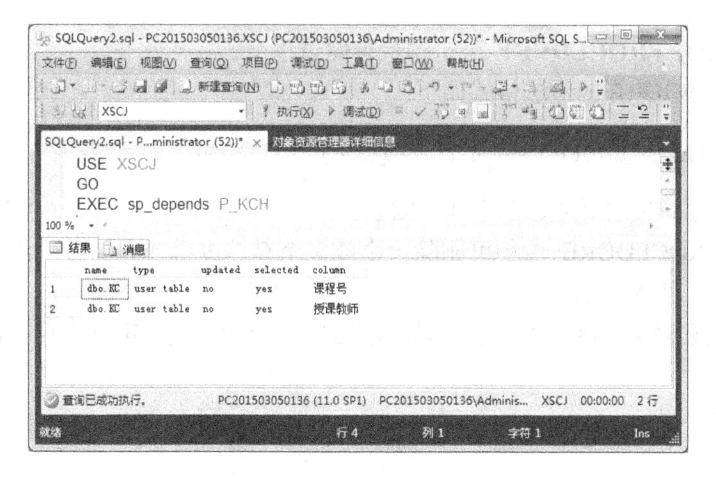

图 9-8　查看存储过程 P_KCH 的依赖关系

9.1.5　删除存储过程

1．在“对象资源管理器”中删除存储过程

【例 9-9】 删除存储过程 P_KC。

实施步骤如下：

（1）在“对象资源管理器”中依次展开“XSCJ”数据库中的“可编程性”节点，定位到“存储过程”节点。

（2）右击“P_KC”存储过程，在弹出的快捷菜单中单击“删除”命令，会出现如图 9-9 所示的对话框。

图 9-9 “删除对象”对话框

（3）单击“确定”按钮即可完成删除操作。

2．使用 DROP PROCEDURE 语句删除存储过程

DROP PROCEDURE 的语法格式如下：

```
DROP  PROC [ EDURE ]  存储过程名 [ ,…n ]
```

删除存储过程的时候要考虑以下几个因素：

① DROP PROCEDURE 语句可删除一个或多个存储过程或存储过程组，但不能删除存储过程组中的某个存储过程。

② 为了确定要删除的存储过程是否被其他存储过程嵌套调用，可以查看它的依赖关系。

9.2 触发器

触发器作为约束的补充，在 SQL Server 的控制业务规则及保证数据的完整性上有着重要的作用，是管理数据的有效工具。

9.2.1 触发器概述

SQL Server 提供了两种主要机制来强制使用业务规则和数据完整性：约束和触发器。触发器是一种特殊类型的存储过程，包括 3 种类型的触发器：DML 触发器、DDL 触发器和登录触发器。当数据库中发生 DML 事件（数据操作语言事件，如 INSERT、UPDATE、DELETE）时，将调用 DML 触发器。当服务器或数据库中发生 DDL 事件（数据定义语言事件，如 CREATE、ALTER、DROP）时，将调用 DDL 触发器。当发生 LOGON 事件（用户与 SQL Server 实例建立会话）时，将调用登录触发器。本书重点介绍 DML 和 DDL 触发器的使用。

触发器具有以下优点：

① 触发器自动执行。触发器不用别人调用，是通过事件进行触发而自动执行的。

② 触发器可以强制数据完整性。触发器包含了使用 T-SQL 语句的复杂处理逻辑，不仅支持约束的所有功能，还可以实现更为复杂的数据完整性约束。例如，它可以实现比 CHECK 约束更复杂的功能，CHECK 约束只能根据逻辑表达式或同一表中的列来验证列值。如果应用程序要求根据另一个表中的列验证列值，则必须使用触发器。

③ 触发器可以通过数据库中的相关表实现级联更改。

需要注意的是，尽管触发器是一种功能强大的工具，但在某些情况下并不总是最好的方法。约束的执行优先于触发器。如果约束的功能完全能够满足应用程序的需求，就应该考虑使用约束。当约束无法满足要求时，触发器就极为有用。

9.2.2 创建和激活触发器

1．创建 DML 触发器

在 SQL Server 中使用 CREATE TRIGGER 语句来创建 DML 触发器，其语法格式如下：

```
CREATE  TRIGGER  触发器名
ON  { 表 | 视图 }
[ WITH ENCRYPTION ]
{ FOR | AFTER | INSTEAD OF } { [INSERT][,][UPDATE][,][DELETE] }
```

```
[ NOT FOR REPLICATION ]
AS
T-SQL 语句
```

其中，各参数的说明如下。

① WITH ENCRYPTION：像存储过程一样，也可以使用 WITH ENCRYPTION 选项对触发器的文本进行加密。

② FOR | AFTER：指定触发器只有在触发事件包含的所有操作都已成功执行后才被激活。所有的引用级联操作和约束检查也必须在激活此触发器之前成功完成，可以指定 FOR，也可以指定 AFTER。注意，不能在视图上定义 AFTER 触发器。

③ INSTEAD OF：用该选项来创建触发器时，将用触发器中的 SQL 语句代替触发事件包含的 SQL 语句执行。

④ INSERT、UPDATE、DELETE：指定在表或视图上用于激活触发器的操作类型，必须至少指定一个选项。在触发器定义中允许使用这些选项的任意组合。如果指定的选项多于一个，需用逗号分隔这些选项。

⑤ NOT FOR REPLICATION：表示当复制代理修改涉及触发器的表时，不会激活触发器。

⑥ T-SQL 语句：用于定义触发器执行的各种操作。

DML 触发器和触发它的语句，被视为单个事务，可以在触发器中回滚该事务，如果检测到严重错误（例如，磁盘空间不足），整个事务会自动回滚。

DML 触发器最常见的应用是为表的修改设置复杂的规则。当表的修改不符合触发器设置的规则时，触发器就应该撤销对表的修改操作。此时，可以使用 ROLLBACK TRANSACTION 语句。ROLLBACK TRANSACTION 语句不生成显示给用户的信息，如果在触发器中需要发出警告，可使用 RAISERROR 或 PRINT 语句。

每个触发器被激活时，系统都为它自动创建两张临时表：Inserted 表和 Deleted 表。这两张表都是逻辑（概念）表，它们在结构上类似于定义触发器的表，其中 Inserted 表用于存储 INSERT 和 UPDATE 语句所影响的行的副本；Deleted 表用于存储 DELETE 和 UPDATE 语句所影响的行的副本。触发器执行完成后，这两张临时表会自动被删除。

当执行 INSERT 操作时，新行被同时添加到触发器表和 Inserted 表中；当执行 DELETE 操作时，行从触发器表中删除，并被保存到 Deleted 表中；当执行 UPDATE 操作时，旧行被保存到 Deleted 表中，然后新行被复制到触发器表和 Inserted 表中。

2．创建 DDL 触发器

在 SQL Server 中使用 CREATE TRIGGER 语句来创建 DDL 触发器，其语法格式如下：

```
CREATE  TRIGGER  触发器名
ON  { ALL SERVER | DATABASE }
[ WITH ENCRYPTION ]
{ FOR | AFTER } { event_type | event_group } [ ,... n ]
AS
T-SQL 语句
```

创建 DDL 触发器的语法同创建 DML 触发器的语法非常相似，其中相同参数的含义不再赘述，不同参数的说明如下。

① ALL SERVER：表示将 DDL 触发器的作用域应用于当前服务器。

② DATABASE：表示将 DDL 触发器的作用域应用于当前数据库。

③ event_type：执行之后将导致激活 DDL 触发器的 T-SQL 语言事件的名称，如 CREATE_TABLE、ALTER_TABLE、DROP_TABLE 等。

④ event_group：预定义的 T-SQL 语言事件分组的名称。执行任何属于 event_group 的 T-SQL 语言事件后，都将激活 DDL 触发器。例如，DDL_TABLE_ENENTS 语言事件分组涵盖 CREATE TABLE、ALTER TABLE、DROP TABLE 语句。

DDL 触发器用于在数据库中管理任务，如审核和控制数据库操作。

3．创建和激活 INSERT 触发器

【例 9-10】 为 XSQK 表创建一个 INSERT 触发器。当插入的新行中“所在系”的值不是“计算机应用”时，就撤销该插入操作，使用 RAISERROR 语句返回错误信息，然后激活触发器以实现数据完整性。执行结果如图 9-10 所示。

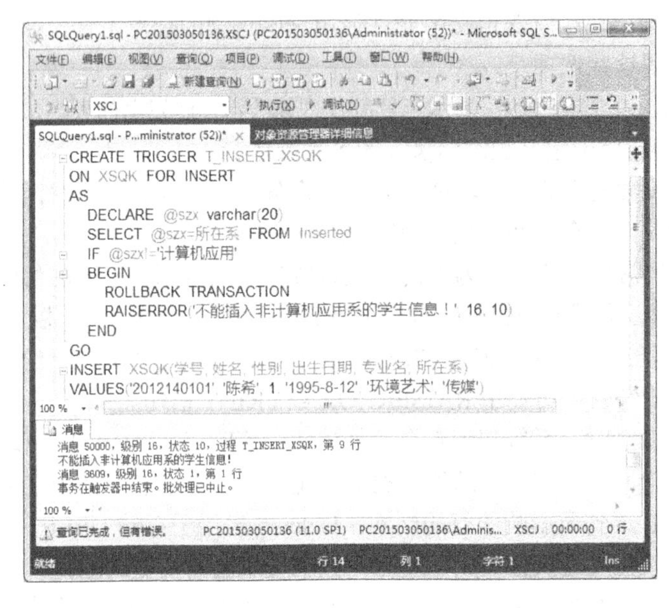

图 9-10　创建并激活触发器“T_INSERT_XSQK”

```
CREATE   TRIGGER   T_INSERT_XSQK
ON   XSQK                                        ——在 XSQK 表上创建触发器
FOR   INSERT                                     ——创建 INSERT 后触发器
AS
   DECLARE   @szx   varchar(20)                  ——声明变量
   SELECT   @szx=所在系   FROM   Inserted         ——获取新插入行的“所在系”值
   IF   @szx!='计算机应用'
        ——如果新插入行的“所在系”值不是“计算机应用”，则撤销插入，并给出错误信息
   BEGIN
       ROLLBACK   TRANSACTION                    ——撤销插入操作
       RAISERROR('不能插入非计算机应用系的学生信息！', 16, 10)   ——返回一个错误信息
   END
```

```
GO
INSERT  XSQK(学号, 姓名, 性别, 出生日期, 专业名, 所在系)
VALUES('2012140101', '陈希', 1, '1995-8-12', '环境艺术', '传媒')——激活触发器的语句
```

【课堂练习 3】 为 XS_KC 表创建一个名为 T1 的 INSERT 触发器，当向 XS_KC 表进行插入操作时激发该触发器，并给出提示信息“有新成绩信息插入到 XS_KC 表中!”。

4. 创建和激活 UPDATE 触发器

【例 9-11】 为 XSQK 表创建一个 UPDATE 触发器。当更新了某位学生的学号信息时，就用触发器级联更新 XS_KC 表中相关的学号信息，然后激活触发器以实现数据完整性。执行结果如图 9-11 所示。

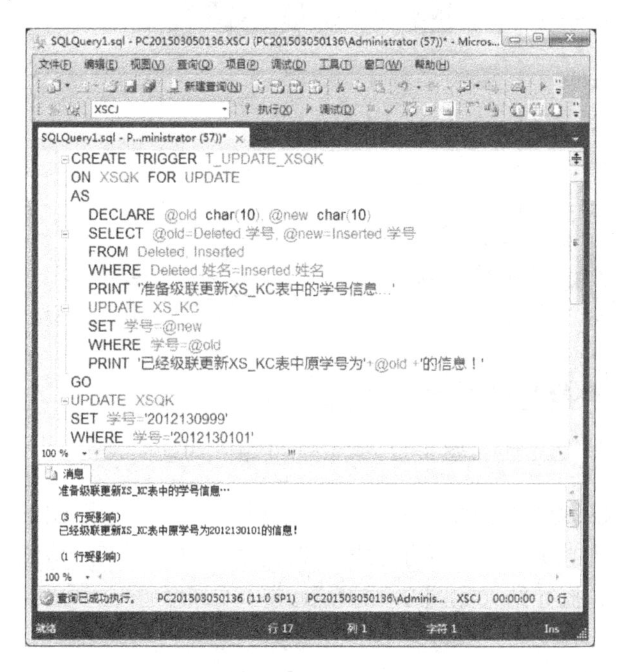

图 9-11 创建并激活触发器 T_UPDATE_XSQK

```
CREATE  TRIGGER  T_UPDATE_XSQK
ON  XSQK                                              ——在 XSQK 表上创建触发器
FOR  UPDATE                                           ——创建 UPDATE 后触发器
AS
    DECLARE  @old  char(10), @new  char(10)           ——声明变量
    SELECT  @old=Deleted.学号, @new=Inserted.学号      ——获取更新前后的学号值
    FROM  Deleted, Inserted
    WHERE  Deleted.姓名=Inserted.姓名
    PRINT  '准备级联更新 XS_KC 表中的学号信息…'        ——显示一个提示信息
    UPDATE  XS_KC        ——级联更新 XS_KC 表中相关成绩记录的学号信息
    SET  学号=@new
    WHERE  学号=@old
    PRINT  '已经级联更新 XS_KC 表中原学号为'+@old +'的信息！'  ——显示一个提示信息
```

```
GO
UPDATE   XSQK            ——激活触发器的语句
SET   学号='2012130999'
WHERE   学号='2012130101'
```

提示：由于 XS_KC 表中的“学号”列上有外键约束，而外键约束默认是强制约束（即不能修改 XSQK 和 XS_KC 表中的学号值），如果要实现本例中的级联更新操作，需将外键的强制约束设置为“否”，如图 9-12 所示。

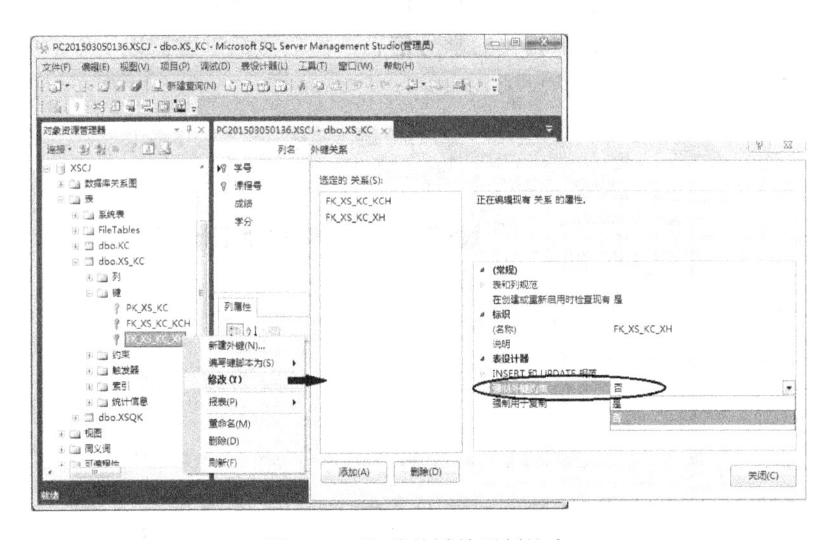

图 9-12　取消外键的强制约束

【例 9-12】 为 XS_KC 表创建一个 UPDATE 触发器，并利用 UPDATE 函数检测成绩列是否被更新。若成绩列被更新，则显示学号、课程号、原成绩和新成绩信息，然后激活触发器以实现数据完整性。执行结果如图 9-13 所示。

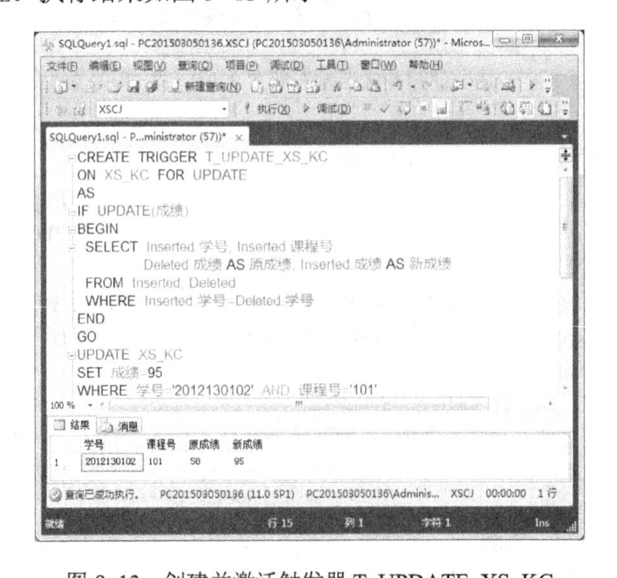

图 9-13　创建并激活触发器 T_UPDATE_XS_KC

分析：UPDATE（列名）函数检测在指定的列上是否进行了 INSERT 或 UPDATE 操作，但不能检测 DELETE 操作。根据指定列是否被更新，UPDATE( )将返回 TRUE 或 FALSE。

```
CREATE  TRIGGER  T_UPDATE_XS_KC
ON  XS_KC                    ——在 XS_KC 表上创建触发器
FOR  UPDATE                  ——创建 UPDATE 后触发器
AS
IF  UPDATE(成绩)             ——检测成绩列是否被更新
BEGIN
  SELECT  Inserted.学号, Inserted.课程号, Deleted.成绩  AS  原成绩, Inserted.成绩  AS  新成绩
  FROM  Inserted, Deleted    ——显示学号、课程号、原成绩和新成绩信息
  WHERE  Inserted.学号=Deleted.学号
END
GO
UPDATE  XS_KC                ——激活触发器的语句
SET  成绩=95
WHERE  学号='2012130102'  AND  课程号='101'
```

【课堂练习 4】为 XSQK 表创建一个名为 T2 的 UPDATE 触发器，当对该表的“姓名”列修改时激发该触发器，使用户不能修改“姓名”列。

5．创建和激活 DELETE 触发器

【例 9-13】 为 XSQK 表创建一个 DELETE 触发器。当要删除学生记录时，就撤销该删除操作并给出提示信息，然后激活触发器以实现数据完整性。执行结果如图 9-14 所示。

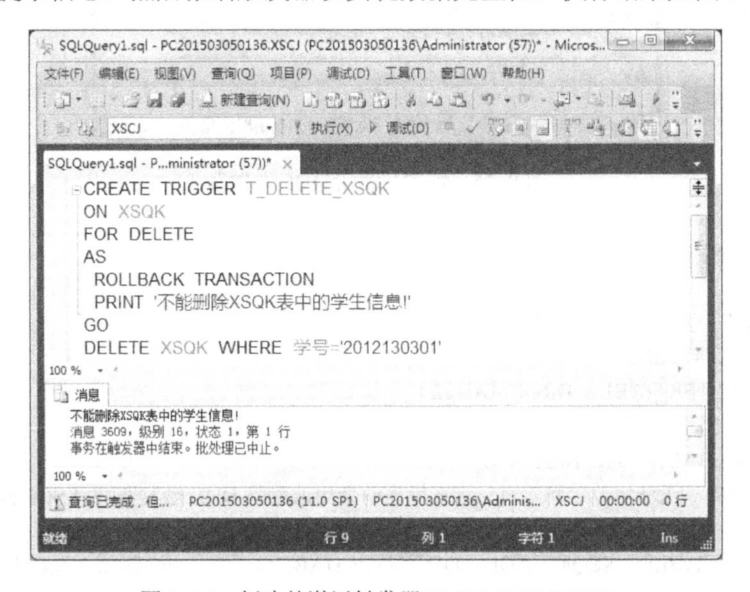

图 9-14　创建并激活触发器 T_DELETE_XSQK

```
CREATE  TRIGGER  T_DELETE_XSQK
ON  XSQK
FOR  DELETE
```

```
AS
ROLLBACK  TRANSACTION
  PRINT  '不能删除 XSQK 表中的学生信息!'
GO
DELETE  XSQK  WHERE  学号='2012130301'      ——激活触发器的语句
```

【课堂练习 5】 为 XSQK 表创建一个名为“T3”的 DELETE 触发器。当要删除信息安全专业学生的数据行时，激发该触发器，撤销删除操作，并给出提示信息“不能删除信息安全专业的学生信息!”，否则给出提示信息“删除成功!”

6．创建和激活 DDL 触发器

【例 9-14】 为 XSCJ 数据库创建一个 DDL 触发器。当要修改或删除数据库中的表时，就撤销该操作并给出提示信息，然后激活触发器以实现数据完整性，执行结果如图 9-15 所示。

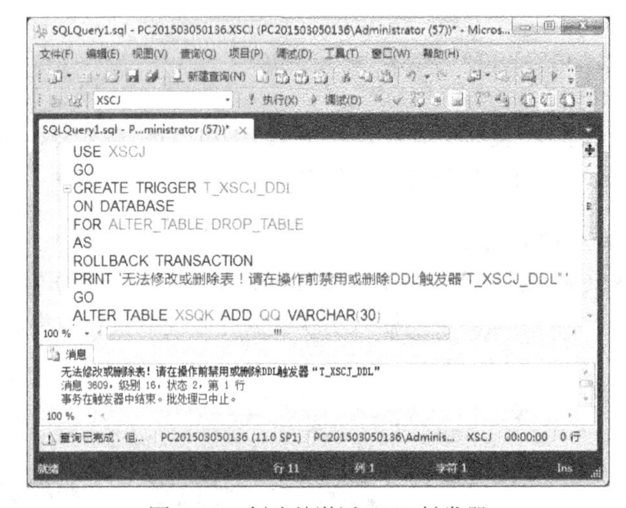

图 9-15 创建并激活 DDL 触发器

```
USE  XSCJ
GO
CREATE  TRIGGER  T_XSCJ_DDL
ON  DATABASE
FOR  ALTER_TABLE, DROP_TABLE
AS
   ROLLBACK  TRANSACTION
   PRINT  '无法修改或删除表！请在操作前禁用或删除 DDL 触发器"T_XSCJ_DDL"'
GO
ALTER  TABLE  XSQK  ADD  QQ  VARCHAR(30)      ——激活触发器的语句
```

9.2.3 修改触发器

1．修改 DML 触发器

在 SQL Server 中，使用 ALTER TRIGGER 语句来修改 DML 触发器，其语法格式如下：

```
ALTER  TRIGGER  触发器名
ON  { 表 | 视图 }
[ WITH ENCRYPTION ]
{ FOR | AFTER | INSTEAD OF } { [INSERT][,][UPDATE][,][DELETE] }
[ NOT FOR REPLICATION ]
AS
T-SQL 语句
```

2．修改 DDL 触发器

在 SQL Server 中，使用 ALTER TRIGGER 语句来修改 DDL 触发器，其语法格式如下：

```
ALTER TRIGGER  触发器名
ON  { ALL SERVER | DATABASE }
[ WITH ENCRYPTION ]
{ FOR | AFTER } { event_type | event_group } [ ,... n ]
AS
T-SQL 语句
```

显然，修改触发器与创建触发器的语法基本相同，只是将 CREATE 关键字换成了 ALTER 关键字而已。其中，各参数的含义与创建触发器时对应参数的含义相同，此处不再赘述。

【例 9-15】 修改【例 9-10】中创建的触发器 T_INSERT_XSQK，使得当插入的新行中“所在系”的值既不是“计算机应用”也不是“工商管理”时，就撤销该插入操作，并使用 RAISERROR 语句返回错误信息。

```
ALTER  TRIGGER  T_INSERT_XSQK
ON  XSQK
FOR  INSERT
AS
  DECLARE  @szx varchar(20)
  SELECT  @szx=所在系  FROM  Inserted
  IF  @szx!='计算机应用'  AND  @szx!='工商管理'
  BEGIN
    ROLLBACK  TRANSACTION
    RAISERROR('不能插入非计算机应用系和工商管理系的学生信息！', 16, 10)
END
```

9.2.4 查看触发器信息

1．在“对象资源管理器”中查看触发器信息

【例 9-16】 查看触发器 T_UPDATE_XSQK 的信息。

实施步骤如下：

（1）在“对象资源管理器”中依次展开“XSCJ”数据库中的“XSQK”表节点下的“触发器”节点，定位到“T_UPDATE_XSQK”触发器节点。

（2）右击该触发器，在弹出的快捷菜单中单击“查看依赖关系”命令，出现如图 9-16

所示的对话框。

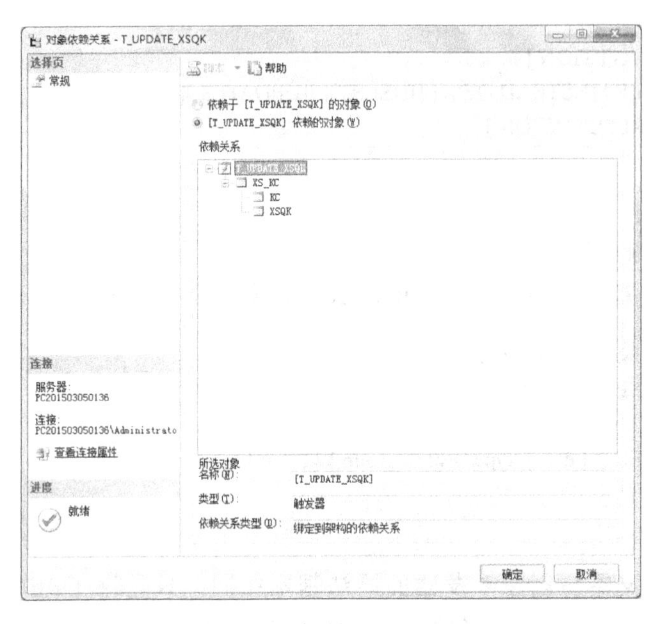

图 9-16 “对象依赖关系”对话框

（3）在该对话框中单击“依赖于触发器的对象”或“触发器依赖的对象”单选按钮，可以看到对应的依赖关系。

2．使用 T-SQL 语句查看触发器信息

用户可以用命令的方式来查看有关触发器的信息。

（1）查看触发器的定义，即查看用于创建触发器的 T-SQL 语句，这对于没有创建触发器的 T-SQL 脚本文件的用户是很有用的。其语法格式如下：

```
EXEC[UTE]  sp_helptext  触发器名
```

（2）获得有关触发器的信息，如触发器的所有者、创建时间等。其语法格式如下：

```
EXEC[UTE]  sp_help  触发器名
```

（3）查看触发器的依赖关系，即列出触发器所引用的对象和引用该触发器的其他触发器。其语法格式如下：

```
EXEC[UTE]  sp_depends  触发器名
```

（4）查看在该表或视图上创建的所有触发器对象。其语法格式如下：

```
EXEC[UTE] sp_helptrigger 表名 | 视图名
```

【例 9-17】 查看触发器 T_UPDATE_XSQK 的所有者、创建时间等基本信息，执行结果如图 9-17 所示。

```
EXEC  SP_HELP T_UPDATE_XSQK
```

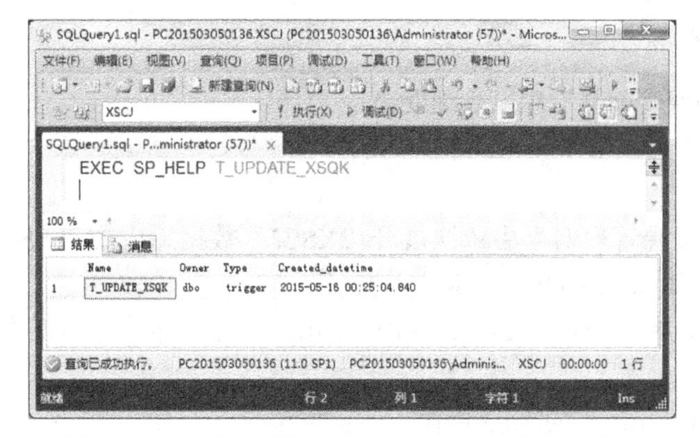

图 9-17　查看触发器 T_UPDATE_XSQK 的基本信息

【例 9-18】 查看触发器 T_UPDATE_XSQK 的依赖关系，即该触发器引用的对象和引用该触发器的对象。执行结果如图 9-18 所示。

```
EXEC　SP_DEPENDS T_UPDATE_XSQK
```

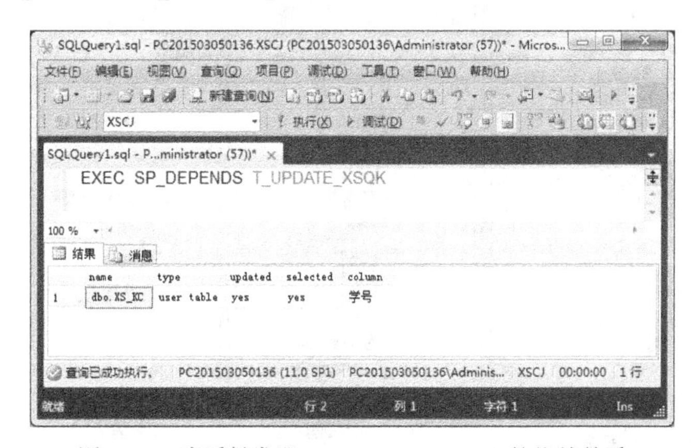

图 9-18　查看触发器 T_UPDATE_XSQK 的依赖关系

【例 9-19】 查看 XSQK 表上创建的所有触发器信息，执行结果如图 9-19 所示。

```
EXEC　SP_HELPTRIGGER　XSQK
```

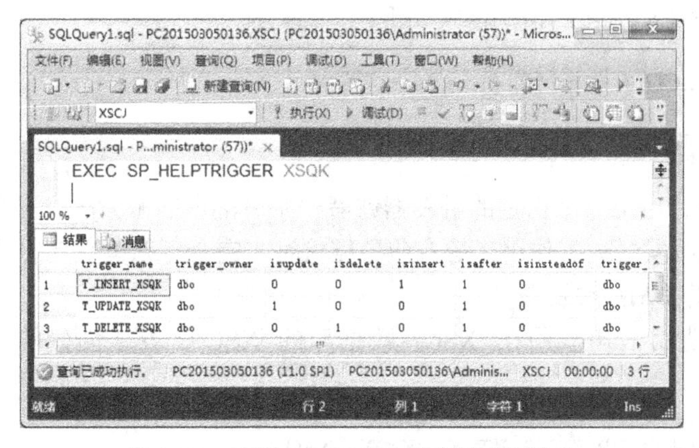

图 9-19　查看 XSQK 表上所有触发器信息

9.2.5 删除触发器

1. 在“对象资源管理器”中删除触发器

【例 9-20】 删除触发器 T_UPDATE_XSQK。

实施步骤如下：

（1）在“对象资源管理器”中依次展开“XSCJ”数据库中的“XSQK”表下的“触发器”节点，定位到“T_UPDATE_XSQK”触发器节点。

（2）右击该触发器，在弹出的快捷菜单中单击“删除”命令，出现“删除对象”的对话框。

（3）单击“确定”按钮即可完成操作。

提示：在“对象资源管理器”中，不同类型的触发器所在的位置是不相同的，如图 9-20 所示。

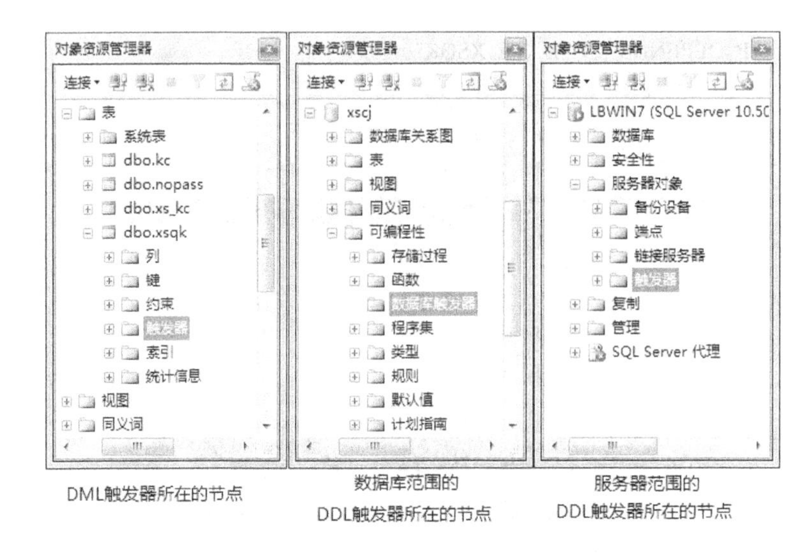

图 9-20 各种触发器所在节点的示意图

2. 使用 DROP TRIGGER 语句删除触发器

DROP TRIGGER 语句的语法格式如下：

```
DROP   TRIGGER 触发器名 [ ,…n ]
```

9.2.6 禁用触发器

用户可以禁用、启用一个指定的触发器或者一个表的所有触发器。禁用触发器和删除不同，它只是暂时让触发器失去作用，等有业务需求时，完全可以再次启用该触发器。

1. 禁用对表的 DML 触发器

【例 9-21】 使用语句禁用在 XSCJ 数据库的 XSQK 表上创建的 DML 触发器 T_INSERT_XSQK。

```
DISABLE TRIGGER T_INSERT_XSQK ON   XSQK
```

2．禁用对数据库的 DDL 触发器

【例 9-22】 使用语句禁用 XSCJ 数据库作用域的 DDL 触发器 T_XSCJ_DDL。

```
DISABLE TRIGGER   T_XSCJ_DDL   ON DATABASE
```

3．禁用以同一作用域定义的所有触发器

【例 9-23】 使用语句禁用在服务器作用域中创建的所有 DDL 触发器。

```
DISABLE TRIGGER ALL ON ALL SERVER
```

禁用之后的启用操作，应该使用语句 ENABLE TRIGGER，该语句的参数与对应的禁用语句相同。

【课后习题】

一、填空题

1．存储过程通过________来与调用它的程序通信。在程序调用存储过程时，一般通过________参数将数据传递给存储过程，通过________参数将数据返回给调用它的程序。

2．使用________语句来执行存储过程。

3．SQL Server 提供了 3 种类型的触发器，它们分别是________、________和________。

4．DML 触发器按触发时机不同，可分为________触发器和________触发器。

5．激活 DML 触发器的操作有 3 类，分别是________、________和________。

二、选择题

1．以下存储过程，正确的叙述是（　　）。

```
CREATE   PROCEDURE   Proc1
@id   int, @name   char(10)   output
AS
SELECT   @name=name   FROM   STUDENTS   WHERE   id=@id
```

A．@ID 是输出参数，@NAME 是输出参数

B．@ID 是输入参数，@NAME 是输出参数

C．@ID 是输入参数，@NAME 是输入参数

D．@ID 是输出参数，@NAME 是输入参数

2．若创建的存储过程不能被查看，则在创建存储过程时需带的参数是（　　）。

A．WITH NORECOVERY　　B．WITH NOCHECK

C．WITH INIT　　D．WITH ENCRYPTION

3．在 DML 触发器被激活时，我们可以使用两个由系统创建的临时表，它们是（　　）。

A．INSERT、UPDATE　　B．INSERTED、UPDATED

C．INSERT、DELETE　　D．INSERTED、DELETED

4．删除触发器的命令是（　　）。

A．DELETE TRIGGER　　B．ALTER TRIGGER

C．DROP TRIGGER　　　　　　　　　D．UPDATE TRIGGER

三、判断题

1．使用存储过程比使用相同的 SQL 语句执行速度慢。（　　）

2．执行存储过程中的语句，EXECUTE 关键字总可以省略。（　　）

3．CREATE　PROCEDURE 语句不能与其他的 T-SQL 语句在一个批处理中混合使用。（　　）

4．DML 触发器作用于表或视图，DDL 触发器作用于服务器和数据库。（　　）

5．存储过程设计有助于提高整个数据库系统的性能。（　　）

【课外实践】

任务 1：创建并执行带有输入参数的基于插入操作的存储过程。

要求：用于在 KC 表中插入一条新的课程信息，课程信息由变量形式给出。

任务 2：创建并执行带有输入参数的基于更新操作的存储过程。

要求：用于在 XS_KC 表中将指定课程成绩大于 55 小于 60 的都提高到 60 分，课程号由输入参数指定。

任务 3：创建并执行带有输入参数和输出参数的存储过程。

要求：输入参数用于指定学号信息，输出参数用于保存该学生的姓名、性别、专业名和所在系信息。

任务 4：创建并激活 INSERT 触发器。

要求：当在 KC 表中插入一条新课程信息时，激活触发器以提示“插入成功!”。

任务 5：创建并激活 UPDATE 触发器。

要求：当更新 KC 表中的课程号列时，激活触发器以级联更新 XS_KC 表中的相关课程号。

任务 6：创建并激活 DELETE 触发器。

要求：当删除 XSQK 表中的某条学生信息时，激活触发器以级联删除 XS_KC 表中该学生的相关成绩信息。

第 10 章　SQL Server 2012 安全管理

【学习目标】

- 掌握 SQL Server 2012 的身份认证模式
- 掌握 SQL Server 2012 的角色管理
- 掌握 SQL Server 2012 的用户管理
- 理解 SQL Server 2012 的权限管理

10.1　SQL Server 2012 的安全等级

数据库通常都保存着重要的商业数据和客户信息，例如，交易记录、工程数据、个人资料等。数据完整性和合法存取会受到很多方面的安全威胁，包括密码策略、系统后门、数据库操作以及本身的安全方案。另外，数据库系统中存在的安全漏洞和不当的配置通常会造成严重的后果，而且都难以发现。

为了防止非法用户对数据库进行操作，以保证数据库的安全，SQL Server 2012 提供了强大的内置的安全性和数据保护，它采用“最少特权”原则，只授予用户工作所需的权限。

对于数据库管理来说，保护数据不受内部和外部侵害是一项重要的工作。SQL Server 2012 的身份验证、授权和验证机制可以保护数据免受未经授权的泄漏和篡改。

SQL Server 2012 的安全机制主要包括服务器级别安全机制、数据库级别安全机制、对象级别安全机制。这些机制像一道道上了锁的门，用户必须拥有开门的钥匙才可以通过上一道门到达下一道门，如果用户通过了所有的门，就可以实现对数据的访问，否则用户是无法访问数据的。

10.1.1　服务器级的安全性

SQL Server 2012 服务器级的安全性主要通过服务器登录和密码进行控制。SQL Server 2012 提供两种登录方式：一种是 Windows 登录，另一种是 SQL Server 登录。无论使用哪一种方式登录服务器，用户都必须提供登录的账号和密码，不同的账号决定了用户能否获得 SQL Server 2012 的访问权限。

10.1.2　数据库级的安全性

在登录 SQL Server 2012 服务器后，用户还将面对不同数据库的访问权限。数据库级的安全性主要通过用户账户进行控制，要想访问一个数据库，必须拥有该数据库的一个用户账户身份。该用户账户是在登录服务器时通过登录账户进行映射的。

在建立用户的登录账户信息时，SQL Server 2012 会提示用户选择默认的数据库。以后用户每次连接上服务器后，都会自动转到默认的数据库上。对于任何用户来说，在设置登录账户时没有指定默认的数据库，则用户的权限将局限在 Master 数据库以内。

10.1.3 数据库对象级的安全性

数据库对象的安全性是核查用户权限的最后一个安全等级，该级别的安全性通过设置数据库对象的访问权限进行控制。在创建数据库对象时，SQL Server 将自动把该数据库对象的拥有权赋予该对象的所有者。数据对象访问的权限包括用户对数据库中数据对象的引用、数据操作语句的许可权限。

默认情况下，只有数据库的所有者才可以在该数据库下进行操作。当一个非数据库所有者想访问该数据库里的对象时，必须事先由数据库的所有者赋予该用户对指定对象执行特定操作的权限。例如，一个用户想访问“XSCJ”数据库中的“XSQK”表中的信息，则他必须先成为该数据库的合法用户，然后再获得“XSCJ”数据库所有者分配的针对“XSQK”表的访问权限。

10.2 SQL Server 2012 的身份验证模式

登录 SQL Server 访问数据的人，必须要拥有一个 SQL Server 服务器允许能登录的账号和密码，只有以该账号和密码通过 SQL Server 服务器验证后才能访问其中数据。SQL Server 2012 提供了 Windows 身份验证和混合身份验证两种模式，每一种身份验证都有一个不同类型的登录账户。无论哪种模式，SQL Server 2012 都需要对用户的访问进行两个阶段的检验：验证阶段和许可确认阶段。

（1）验证阶段。用户在 SQL Server 2012 获得对任何数据库的访问权限之前，必须登录到 SQL Server 上，并且被认为是合法的。SQL Server 或者 Windows 要求对用户进行验证。如果验证通过，用户就可以连接到 SQL Server 2012 上；否则，服务器将拒绝用户登录。

（2）许可确认阶段。用户验证通过后会登录到 SQL Server 2012 上，此时系统将检查用户是否有访问服务器上数据的权限。

说明：Windows 身份验证模式会启用 Windows 身份验证并禁用SQL Server 身份验证。混合模式会同时启用 Windows 身份验证和 SQL Server 身份验证。Windows 身份验证始终可用，并且无法禁用。

10.2.1 Windows 身份验证

Windows 身份验证是指要登录到 SQL Server 服务器的用户身份由 Windows 系统来进行验证。也就是说，该模式可以使用 Windows 域中有效的用户和组账户来进行身份验证。该模式下的域用户不需要独立的 SQL Server 账户和密码就可以访问数据库。如果用户更新了自己的域密码，也不必更改 SQL Server 2012 的密码。因此，域用户不需记住多个密码，这对用户来说是比较方便的。但是，在该模式下用户仍然要遵从 Windows 安全模式的所有规则，并可以用这种模式去锁定账户、审核登录和迫使用户周期性地更改登录密码。

Windows 身份验证是一种默认的、比较安全的身份验证模式。通过 Windows 身份验证完成的连接又称为信任连接，这是因为 SQL Server 信任由 Windows 提供的凭据。

Windows 身份验证模式有以下主要优点：

（1）对用户账户的管理可以交给 Windows 去完成，而数据库管理员可以专注于数据库的管理。

（2）可以充分利用 Windows 系统的用户账户管理工具，包括安全验证、加密、审核、密码过期、最小密码长度、账户锁定等。如果不通过定制来扩展 SQL Server，SQL Server 则不具备这些功能。

（3）利用 Windows 的用户组管理策略，SQL Server 可以针对一组用户进行访问权限设置，因而可以通过 Windows 对用户进行集中管理。

10.2.2 混合模式

SQL Server 2012 的另一种身份验证模式是混合安全的身份验证模式，该模式同时使用 Windows 身份验证和 SQL Server 登录。SQL Server 登录主要用于外部的用户，如从 Internet 访问数据库的用户。通过配置从 Internet 访问 SQL Server 2012 的应用程序，可以自动地使用指定的账户或提示用户输入有效的 SQL Server 用户账户和密码。

使用混合安全模式，SQL Server 2012 首先确定用户的连接是否使用有效的 SQL Server 用户账户登录。如果用户使用有效的登录和使用正确的密码，则接受用户的连接；如果用户使用有效的登录，但是使用不正确的密码，则拒绝用户的连接。仅当用户没有有效的登录时，SQL Server 2012 才检查 Windows 账户的信息。在这种情况下，SQL Server 2012 将会确定 Windows 账户是否有连接到服务器的权限。如果账户有权限，连接被接受；否则，连接被拒绝。

当使用混合模式身份验证时，在 SQL Server 中创建的登录名并不基于 Windows 用户账户。用户名和密码均通过使用 SQL Server 创建并存储在 SQL Server 中。通过混合模式身份验证进行连接的用户每次连接时必须提供其凭据（登录名和密码）。当使用混合模式身份验证时，必须为所有 SQL Server 账户设置强密码。

混合模式身份验证的优点如下：

（1）支持那些需要进行 SQL Server 身份验证的旧版应用程序和由第三方提供的应用程序。

（2）支持具有混合操作系统的环境，在这种环境中并不是所有用户均由 Windows 域进行验证。

（3）允许用户从未知的或不可信的域进行连接。例如，既定客户使用指定的 SQL Server 登录名进行连接以接收其订单状态的应用程序。

（4）支持基于 Web 的应用程序，在这些应用程序中用户可创建自己的标识。

（5）允许软件开发人员通过使用基于已知的预设 SQL Server 登录名的复杂权限层次结构来分发应用程序。

说明：使用 SQL Server 身份登录时，不仅要确保 SQL Server 采用混合模式身份验证，而且还要保证在 SQL Server 系统中存在该登录用户。

10.2.3 配置身份验证模式

如果在安装过程中选择混合模式身份验证，则必须为内置的 sa 账户（SQL Server 系统管理员账户）提供一个强密码并确认该密码。sa 账户通过使用 SQL Server 身份验证进行连接。

如果在安装过程中选择 Windows 身份验证，则安装程序会为 SQL Server 身份验证创建 sa 账户，但会禁用该账户。如果以后要更改为混合模式身份验证并使用 sa 账户，则必须启用该账户。

【例 10-1】 更改 SQL Server 身份验证模式。

实施步骤如下：

（1）在“对象资源管理器”窗口，右击“服务器”节点，在弹出的快捷菜单中选择“属性”命令，会出现“服务器属性”对话框。

（2）单击“选择页”列表中的“安全性”选项，在“服务器身份验证”区根据需要选择合适的身份验证模式，如图 10-1 所示。

（3）单击“确定”按钮。

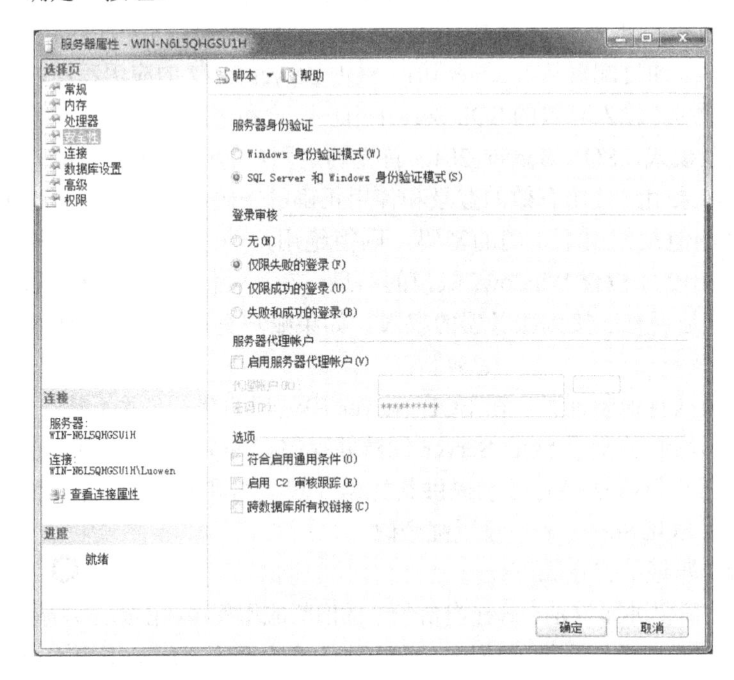

图 10-1　设置身份验证模式

10.3　SQL Server 2012 登录

SQL Server 提供了多种登录服务器的方式，本节主要介绍了如何用 SQL Server 内置的账户登录服务器，以及为普通用户创建自定义账户登录服务器的方法。

10.3.1　服务器登录

登录 SQL Server 服务器的方式有两种：一种是使用域账户登录，域账户包括域或本地用户账户、本地组账户、通用的或全局的域组账户等；另一种是使用指定的唯一登录 ID 和密码登录。

SQL Server 2012 安装完成后提供有一些内置的登录名，包括本地管理员组、本地管理员、sa、Network Service 和 SYSTEM。

1．系统管理员组

管理员组在 SQL Server 2012 数据库服务器上属于本地组。该组的成员包括本地管理员用户账户和任何被设置为管理员的本地其他用户。在 SQL Server 2012 中，该组被默认授予 sysadmin 服务器角色。

2．管理员用户账户

管理员用户账户是指管理员在 SQL Server 2012 服务器上的本地用户账户。该账户提供对本地系统的管理权限，主要在安装系统时使用它。如果计算机是 Windows 域的一部分，管理员账户通常也有域范围的权限。在 SQL Server 2012 中，这个账户被默认授予 sysadmin 服务器角色。

3．sa 账户

sa 是 SQL Server 系统管理员的账户。由于在 SQL Server 2012 中采用了新的集成和扩展的安全模式，sa 不再是必需的。该登录账户的存在主要为了让早期的 SQL Server 版本向后兼容。同样，在 SQL Server 2012 中，sa 被默认授予 sysadmin 服务器角色。

说明： *在默认安装 SQL Server 2012 时，sa 账户没有被指派密码，而且未启用。*

【例 10-2】 启用内置的 SQL Server 登录账户 sa，并为其设置强密码。

实施步骤如下：

（1）在“对象资源管理器”窗口中展开“安全性”→“登录名”节点，如图 10-2 所示。

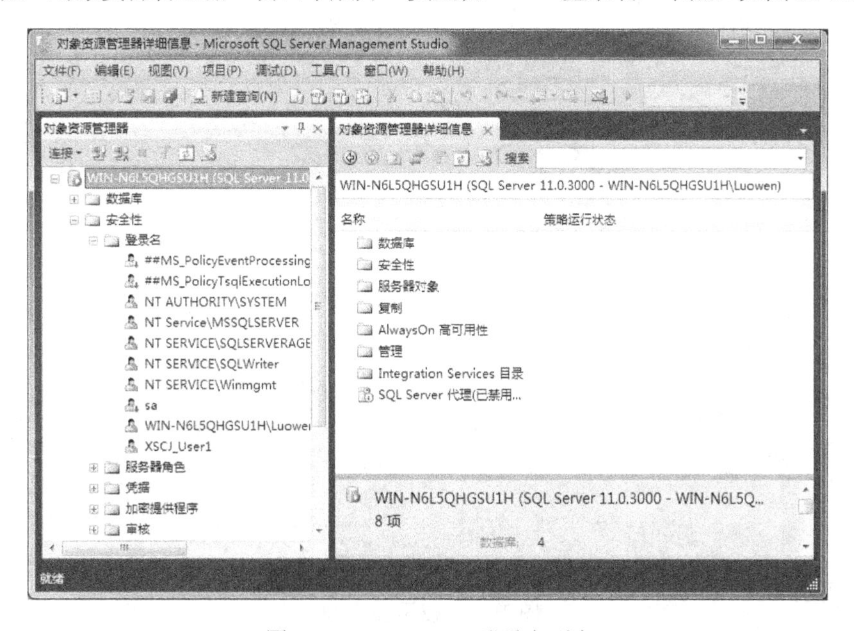

图 10-2　SQL Server 登录名列表

（2）双击“sa”账户，会出现如图 10-3 所示的对话框。

（3）在该对话框的“常规”选项卡中，输入强密码。

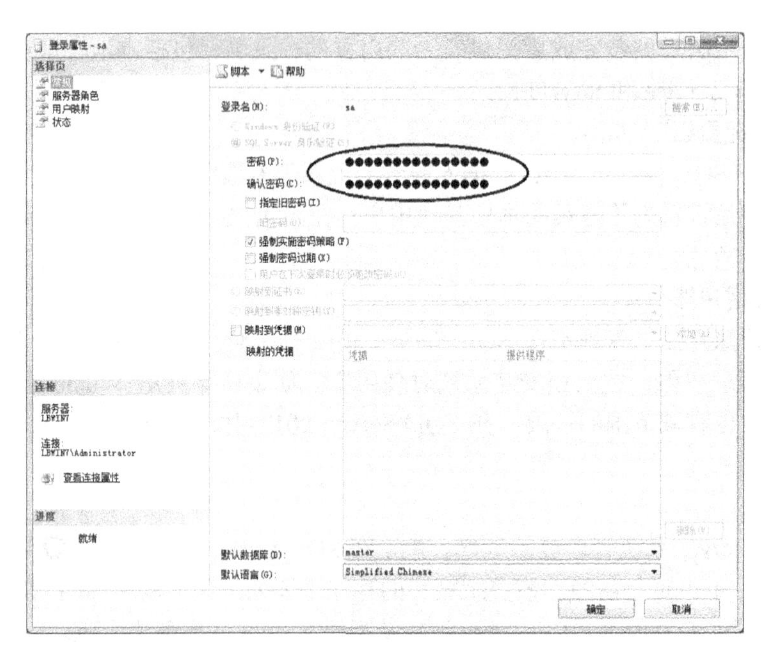

图 10-3　设置 sa 账户密码

（4）单击“状态”选项卡，在“设置”区域分别选中“授予”和“启用”单选钮，如图 10-4 所示。

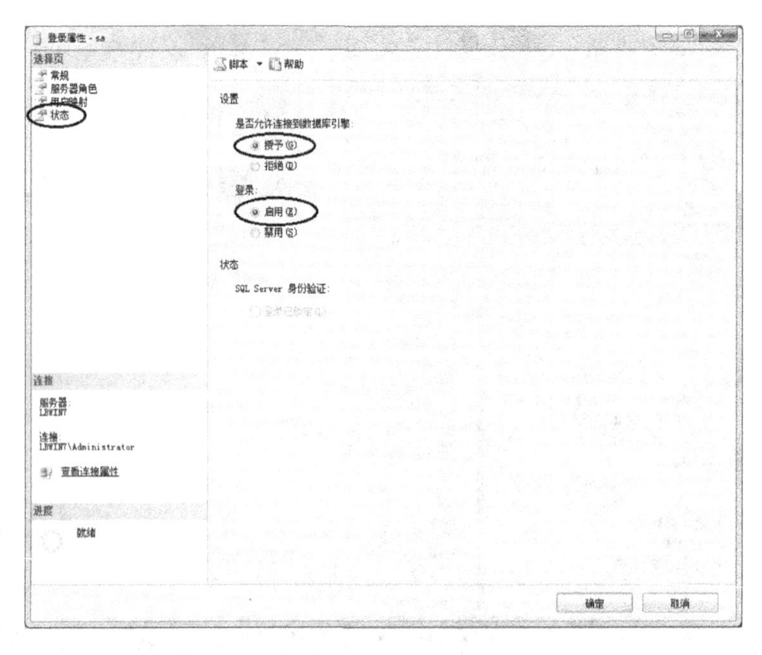

图 10-4　启用 sa 账户

（5）单击“确定”按钮。

提示： 由于 sa 账户经常成为恶意用户的攻击目标，除非应用程序必须使用 sa 账户，一般不要启用该账户。如果需要使用 sa 账户，一定要设置强密码，切忌设置空密码或弱密码。

4. Network Service 和 SYSTEM

Network Service 和 SYSTEM 是 SQL Server 2012 服务器上内置的本地账户，而是否创建这些账户的服务器登录，依赖于服务器的配置。例如，如果已经将服务器配置为报表服务器，此时将有一个 NETWORK SERVICE 的登录账户，这个登录账户将是 Master、Msdb、ReportServer 和 ReportServerTempDB 数据库的特殊数据库角色“RSExceRole”的成员。

提示：RSExceRole 主要用于管理报表服务器架构，并且服务器实例的服务账户也将是这个角色的一个成员。

在服务器实例设置期间，Network Service 和 SYSTEM 账户可以是为 SQL Server、SQL Server 代理、分析服务和报表服务器所选择的服务账户。在这种情况下，SYSTEM 账户通常具有 sysadmin 服务器角色，允许其完全访问以管理服务器实例。

10.3.2 创建登录名

由于 SQL Server 2012 内置的登录名都具有特殊的含义和作用，因此，一般情况下是不会将它们分配给普通用户使用，而是为普通用户创建一些合适的、具有相应权限的登录名。

1. 创建 SQL Server 登录

【例 10-3】 创建一个名为“XSCJ_User1”的 SQL Server 登录名，使其可以访问 XSCJ 数据库。

实施步骤如下：

（1）在“对象资源管理器”中依次展开“服务器”→“安全性”节点，定位在“登录名”节点。

（2）右击“登录名”节点，从弹出的快捷菜单中选择“新建登录名”命令，会出现如图 10-5 所示的对话框。

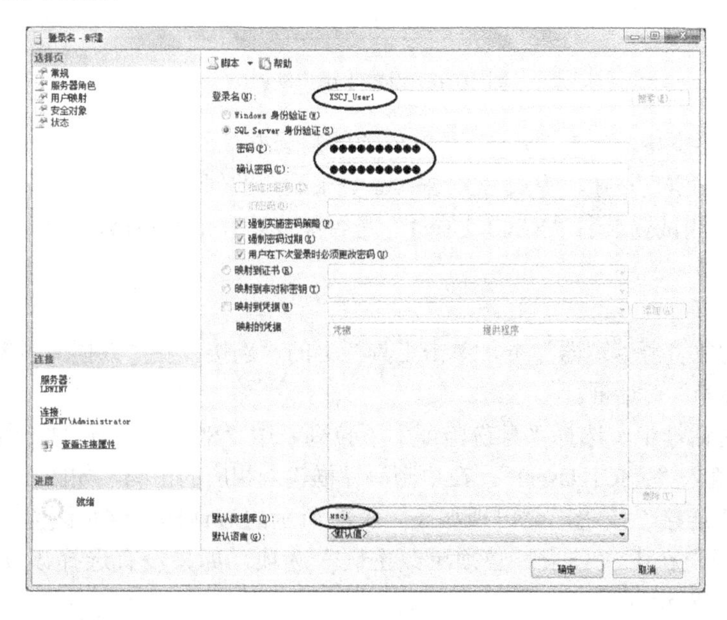

图 10-5 创建 SQL Server 登录名

（3）在该对话框的“登录名”框中输入“XSCJ_User1”；选择“SQL Server 身份验证”单选按钮，并设置密码和确认密码；在“默认数据库”下拉列表中选择“xscj”。

（4）单击左侧“选择页”列表中的“用户映射”选项，会出现如图 10-6 所示的对话框。

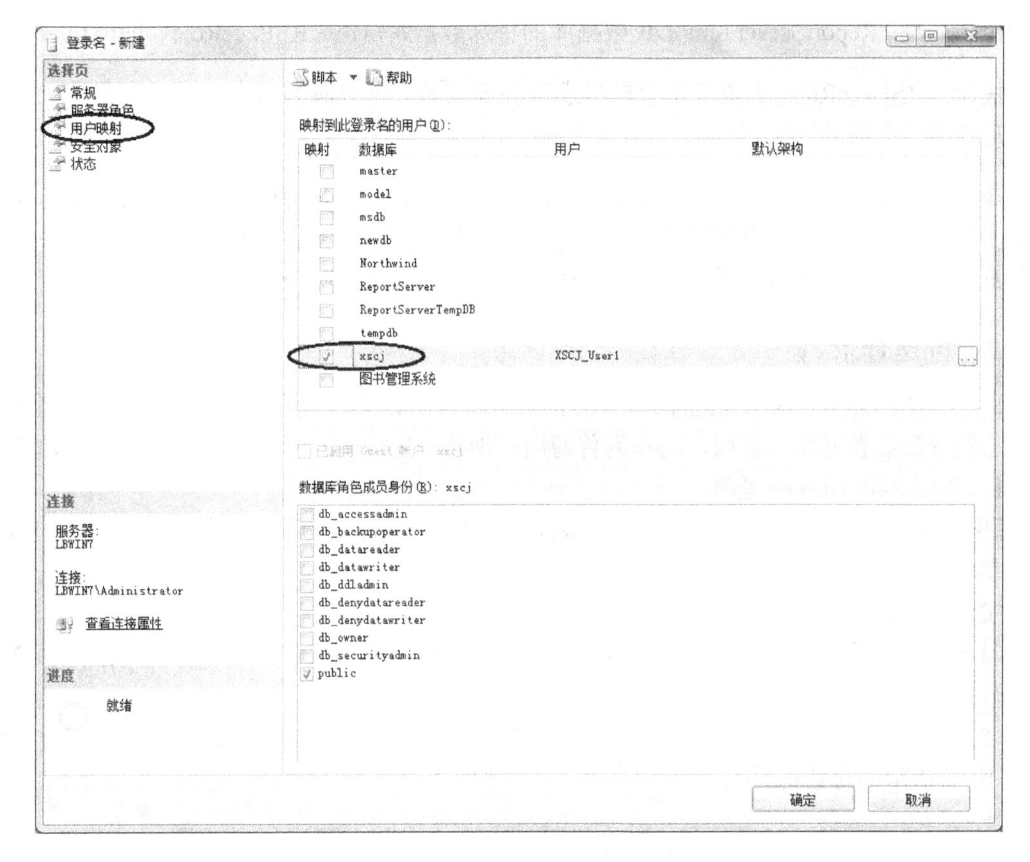

图 10-6　设置“用户映射”

（5）在该对话框中，勾选“xscj”数据库前的复选框。

（6）单击“确定”按钮，完成 SQL Server 登录账户的创建。

【例 10-4】 测试登录名“XSCJ_User1”是否能成功登录服务器，并能访问“XSCJ”数据库。

实施步骤如下：

（1）在“对象资源管理器”中，单击工具栏上的“连接”→“数据库引擎”命令，将打开“连接到服务器”对话框。

（2）在该对话框中，选择“身份验证”下拉列表中“SQL Server 身份验证”选项，在“登录名”框中输入“XSCJ_User1”，在“密码”框输入相应的密码，如图 10-7 所示。

（3）单击“连接”按钮，会出现如图 10-8 所示的对话框。这是因为在创建该登录名时，选择了“用户在下次登录时必须更改密码”选项，如果没有选择该项，则不会出现如图 10-8 所示的对话框。

图 10-7　使用“XSCJ_User1”登录名连接服务器

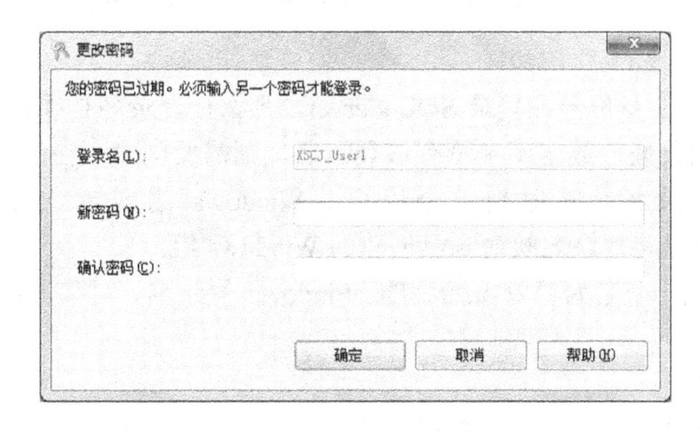

图 10-8　“更改密码”对话框

（4）在该对话框中，为登录名重新设置密码后，单击“确定”按钮，会使用“XSCJ_User1”登录名连接到服务器，并且可以访问 XSCJ 数据库，只不过此时还不能访问到具体的数据，若要访问数据，还需映射到数据库用户上。如图 10-9 所示。

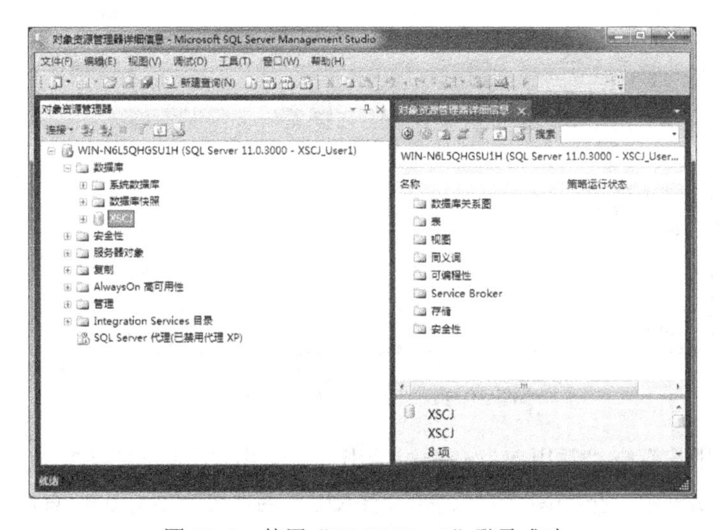

图 10-9　使用“XSCJ_User1”登录成功

（5）登录成功后，XSCJ_User1 只能访问 XSCJ 数据库，如果使用其他数据库，如“图书管理系统”数据库，就会提示错误信息，如图 10-10 所示。

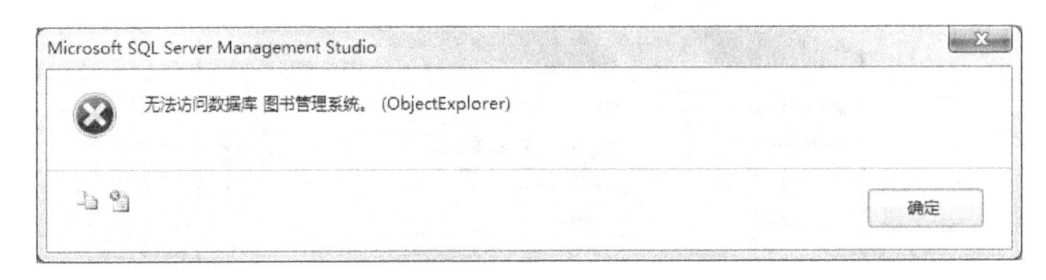

图 10-10　错误消息

登录名“XSCJ_User1”也可以用下面的命令来创建：

```
CREATE  LOGIN XSCJ_User1 WITH  PASSWORD = 'u1_201208'
```

2．创建 Windows 登录

如果采用 Windows 身份验证登录 SQL Server，那么该登录名必须存在于 Windows 系统的账户数据库中。如果账户数据库中没有该登录名，则需要创建。在创建 Windows 登录名时，必须确认该登录名是映射到单个用户、Windows 组或者 Windows 内部组（如 Administrator）。通常是将登录名映射到已创建的 Windows 组。

【例 10-5】 创建一个名为“W_user”的 Windows 登录名，并使其能访问“图书管理系统”数据库。

实施步骤如下：

（1）依次打开“控制面板”→“管理工具”→“计算机管理”窗口，展开“系统工具”→“本地用户和组”节点，定位到“用户”节点，如图 10-11 所示。

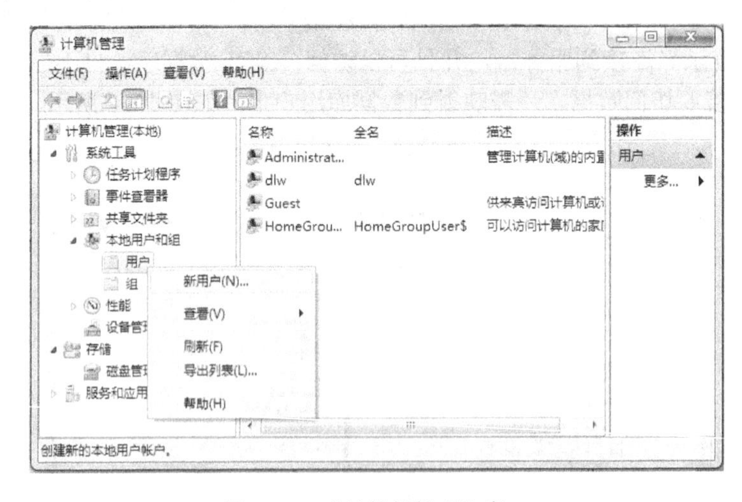

图 10-11　“计算机管理”窗口

（2）右击“用户”→“新用户”命令，会出现“新用户”的对话框。

（3）在该对话框中，按如图 10-12 所示输入用户名、密码等相关信息，并勾选“密码永不过期”选项。

（4）单击“创建”按钮，再单击“关闭”按钮。

图 10-12　创建 Windows 用户

（5）在“对象资源管理器”中依次展开“服务器”→“安全性”节点，定位到“登录名”节点。

（6）右击“登录名”节点→选择“新建登录名”命令，会打开“登录名-新建”对话框。

（7）单击“搜索”按钮，会出现如图 10-13 所示的对话框。

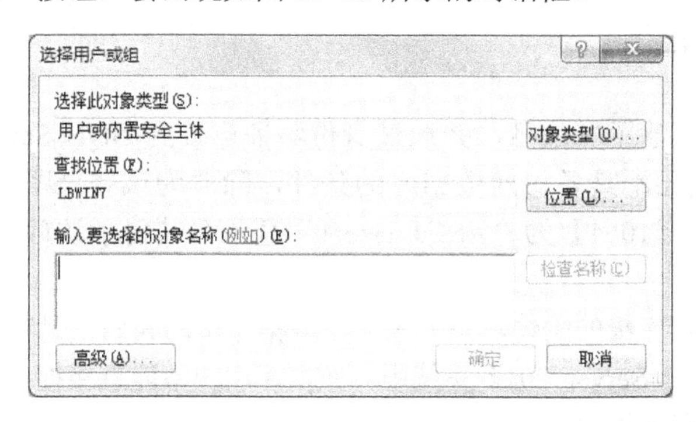

图 10-13　“选择用户或组”对话框

（8）单击“高级”按钮，会出现如图 10-14 所示的对话框，在该对话框中，单击“立即查找”按钮→从“搜索结果”列表框中选择“W_user”→单击“确定”按钮，返回图 10-13。

（9）单击图 10-13 中的“确定”按钮后，返回到“登录名-新建”对话框。

（10）在该对话框中，单击“选择页”列表框中的“用户映射”选项，勾选“图书管理系统”数据库，单击“确定”按钮。

提示：如果有 20 人或更多人要访问 XSCJ 数据库，可以为这 20 人创建一个 Windows 组，并将一个 SQL Server 登录映射到这个组上，那么就可以只管理这一个 SQL Server 登录。

图 10-14　选择 W_user 用户

10.4　数据库用户

在第 10.3 节中创建了登录名，并通过身份验证连接到 SQL Server 实例上。虽然如此，该登录账户可能还不具备访问数据库的条件，除非为该登录账户映射了相应的数据库用户，比如，在【例 10-4】为“XSCJ_User1”登录名映射了访问 XSCJ 库的数据库用户 dbo。

数据库用户是数据库级的主体，是登录名在数据库中的映射，是在数据库中执行操作和活动的行动者。在 SQL Server 2012 系统中，数据库用户不能直接拥有表、视图等数据库对象，而是通过架构拥有这些对象。

10.4.1　默认的数据库用户

在 SQL Server 2012 系统中，默认的数据库用户有 dbo 用户、guest 用户和 sys 用户等。

1．dbo 用户

dbo 即数据库所有者是一个特殊类型的数据库用户，具有特殊的权限。一般来说，创建数据库的用户就是数据库的所有者。dbo 被隐式授予对数据库的所有权限，并且能将这些权限授予其他用户。因为 sysadmin 服务器角色的成员被自动映射为特殊用户 dbo，以 sysadmin 角色登录能执行 dbo 能执行的任何任务。

在 SQL Server 数据库中创建的对象也有所有者，这些所有者是指数据库对象所有者。通过 sysadmin 服务器角色成员创建的对象自动属于 dbo 用户。通过非 sysadmin 服务器角色成员创建的对象属于创建对象的用户，当其他用户引用它们时必须以用户的名称来限定。例如，如果 Lanni 是 sysadmin 服务器角色成员，并创建了一个名为 scores 的表，scores 表属于 dbo，所以用 dbo.scores 来限定，或者简化为 scores。但如果 Lanni 不是 sysadmin 服务器角色成员，创建了一个名为 scores 的表，scores 表属于 Lanni，所以用 LANNI.scores 来限定。

2．guest 用户

guest 用户是一个能被管理员添加到数据库的特殊用户。只要具有有效的 SQL Server 登录，任何人都可以访问数据库。以 guest 账户访问数据库的用户被认为是拥有 guest 用户的身份并且继承了 guest 账户的所有权限和许可。例如，如果配置域账户 Lanni 为 guest 账户以访问 SQL Server，那么 Lanni 能使用 guest 登录访问任何数据库，并且当 Lanni 登录后，该用户被授予 guest 账户所有的权限。

在默认情况下，guest 用户存在于 model 数据库中，并且被授予 guest 的权限。由于 model 是创建所有数据库的模板，因此，所有新的数据库都包括 guest 账户，并且该账户被授予 guest 权限。guest 账户在 master 和 tempdb 之外的所有数据库中都可以添加或删除，但不能从 master 和 tempdb 数据库中删除。

关于 guest 账户信息的说明如下：

- guest 用户是公共服务器角色的一个成员，并且继承这个角色的权限。
- 在任何人以 guest 身份访问数据库以前，guest 用户必须存在于数据库中。
- guest 用户用于当用户账户具有访问 SQL Server 的权限，但是不能通过这个用户账户访问数据库的时候。

3．sys 用户

所有系统对象包含于名为 sys 或 information_schema 的架构中。这是创建在每一个数据库中的两个特殊架构，但是它们仅在 master 数据库中可见。相关的 sys 和 information 架构的视图提供存储在数据库里所有数据对象的元数据的内部系统视图，这些视图被 sys 和 information_schema 用户引用。

10.4.2 创建数据库用户

1．使用“对象资源管理器”创建数据库用户

【例 10-6】 在 XSCJ 数据库中创建一个名为“WU”的数据库用户，将它与“W_User”登录名对应。

实施步骤如下：

（1）在“对象资源管理器”窗口中依次展开“服务器”→“数据库”→“XSCJ”数据库→“安全性”节点，定位到“用户”节点。

（2）右击“用户”节点→选择“新建用户”命令，会打开“数据库用户-新建”对话框。

（3）单击“登录名”框右侧的“选项”按钮[...]，会打开如图 10-15 所示的“选择登录名”对话框。

（4）在该对话框中，单击“浏览”按钮，会打开如图 10-16 所示的“查找对象”对话框，勾选已创建的 SQL Server 登录名“XSCJ_User1”。

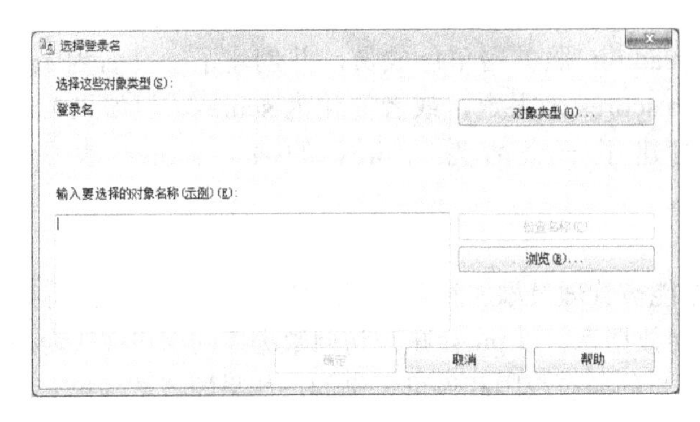

图 10-15 “选择登录名”对话框

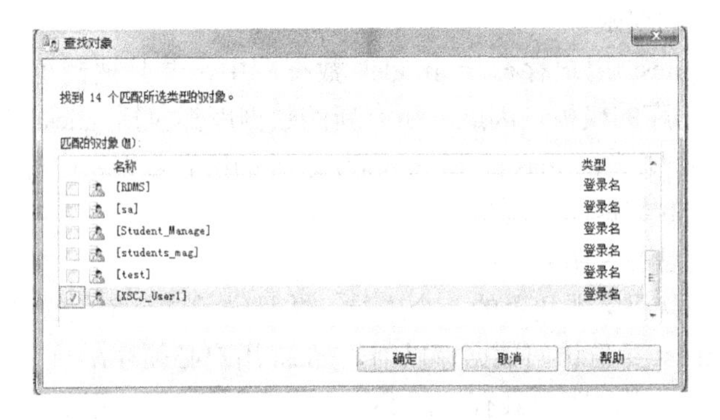

图 10-16 “查找对象”对话框

（5）单击“确定”按钮返回“选择登录名”对话框，再单击“确定”按钮返回“数据库用户-新建”对话框。

（6）在该对话框中，设置用户名为“WU”，设置默认架构为“dbo”，并设置用户的角色为“db_owner”，如图 10-17 所示。

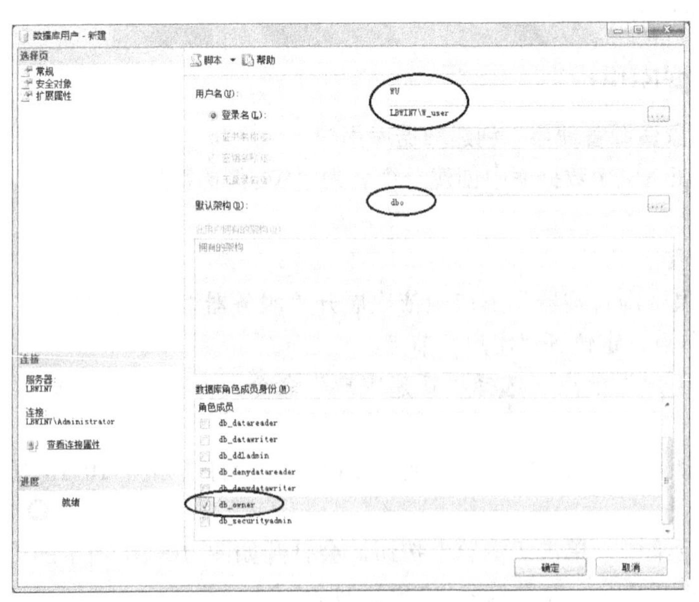

图 10-17 新建数据库用户

（7）单击“确定”按钮，完成数据库用户的创建。

（8）刷新“用户”节点，可查看到新建的“WU”数据库用户。

2．使用 T-SQL 语句创建数据库用户

使用 T-SQL 语句创建数据库用户的语法格式如下：

```
CREATE USER 用户名
[ { { FOR | FROM }
   {LOGIN 登录名                      ——指定要创建数据库用户的 SQL Server 登录名
   | CERTIFICATE 证书名               ——指定要创建数据库用户的证书
   | ASYMMETRIC KEY 非对称密钥}       ——指定要创建数据库用户的非对称密钥
   | WITHOUT LOGIN                    ——指定不将用户映射到现有登录名
}]
[ WITH DEFAULT_SCHEMA =架构名 ]       ——指定最先搜索的架构名
```

该命令的选项如下。

① 用户名：指定在此数据库中用于识别该用户的名称，其长度最多 128 个字符。

② LOGIN：指定要创建数据库用户的 SQL Server 登录名。当此 SQL Server 登录名进入数据库时，将获取正在创建的数据库用户的名称和 ID。

③ CERTIFICATE：指定要创建数据库用户的证书。

④ ASYMMETRIC KEY：指定要创建数据库用户的非对称密钥。

⑤ WITHOUT LOGIN：指定不应将用户映射到现有登录名。

⑥ WITH DEFAULT_SCHEMA：指定服务器为此数据库用户解析对象名时要最先搜索的架构名。

【例 10-7】 创建一个名为“XSCJ_USER2”的 SQL Server 登录名，并将该登录名添加为 XSCJ 数据库的用户。执行结果如图 10-18 所示。

图 10-18　使用 T-SQL 创建数据库用户

```
USEmaster
GO
CREATE LOGIN XSCJ_USER2                                    ——创建登录名
WITH PASSWORD='u2_201208'                                  ——设置登录名密码
USE xscj
CREATE USER XSCJ_USER2 FOR LOGIN XSCJ_USER2                ——将登录名添加为数据库用户
```

【课堂练习】 分别创建“XSCJ_USER3”“ XSCJ_USER4”…… “ XSCJ_USER7”5 个登录名，并将它们添加为“XSCJ”数据库的用户，其数据库用户名分别为“U3”“U4”……“U7”。

3．使用系统存储过程创建数据库用户

使用系统存储过程创建数据库用户的语法格式如下：

```
[exec]    sp_grantdbaccess{ '登录名'} [, '数据库用户名']
```

说明如下：

① 该存储过程有两个参数，但只有第 1 个参数是必需的。

② 如果省略了数据库用户名，将有一个与登录名相同的用户名被添加到数据库中。

③ 该存储过程只对当前的数据库进行操作。

④ 在创建数据库用户前，要确保登录名已经存在。

【例 10-8】 创建一个名为“XSCJ_USER3”的 SQL Server 登录名，并将该登录名添加为 XSCJ 数据库的用户，且用户名为“U3”。执行结果如图 10-19 所示。

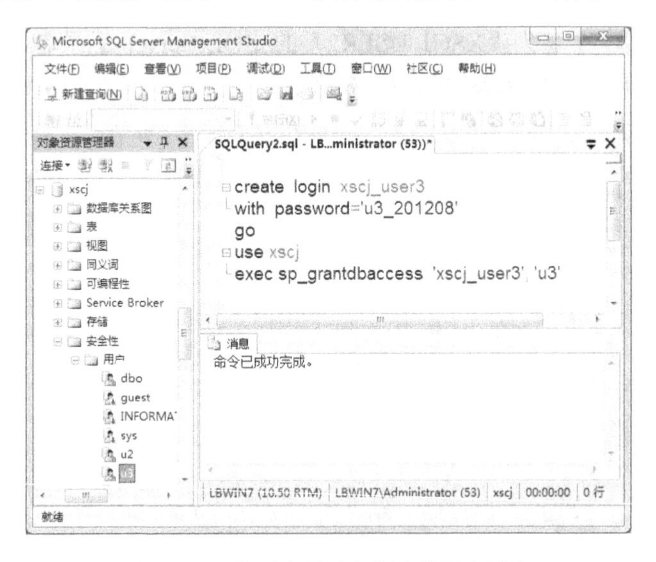

图 10-19 使用存储过程创建数据库用户

```
create    login    xscj_user3 with    password='u3_201208'
go
usexscj
exec    sp_grantdbaccess    'xscj_user3', 'u3'
```

10.5 权限管理

通过身份验证登录到 SQL Server，并能访问某些数据库，但并不意味着用户能对数据库进行所有的操作。因为 SQL Server 2012 的权限确定了用户能在 SQL Server 或数据库中执行的操作，并根据登录 ID、组成员关系和角色成员关系给用户授予相应权限。

10.5.1 权限类型

在 SQL Server 2012 中，按照不同的方式可以把权限分成不同的类型。例如，预定义权限和自定义权限、针对所有对象的权限和针对特殊对象的权限。

预定义权限是指在安装完成 SQL Server 2012 后，不必授权就拥有的权限，例如，预定义服务器角色和数据库角色就属于预定义权限。

自定义权限是指那些需要经过授权或继承才能得到的权限。大多数的安全主体都需要经过授权才能获得对安全对象的使用权限。

针对所有对象的权限是指某些权限对所有 SQL Server 2012 中的对象起作用，例如 CONTROL 权限是所有对象都具有的权限。

针对特殊对象的权限是指某些权限只能在指定的对象上起作用，例如 DELETE 只能用作表的权限，不可以是存储过程的权限；而 EXECUTE 只能用作存储过程的权限，不能作为表的权限等。

最常用的是把权限分成对象权限、语句权限、隐式权限 3 类，下面分别介绍这 3 类权限。

1. 对象权限

在 SQL Server 2012 中，所有对象权限都是可以授予的。数据库用户可以为特定的对象、特定类型的所有对象和所有属于特定架构的对象管理权限。用户可以管理权限的对象依赖于对象的作用范围。在服务器级别上，用户可以为服务器、站点、登录和服务器角色授予对象权限，也可以为当前的服务器实例管理权限。在数据库级别上，用户可以为应用程序角色、程序集、非对称密钥、凭据、数据库角色、数据库、全文目录、函数、架构、存储过程、表、视图、用户等管理权限。

对某对象的访问可以通过授予、拒绝或撤销操作来控制。例如对“XSQK”表，可以授予用户 U1 选择查询（SELECT）的权限，但拒绝该用户在表中进行插入（INSERT）、更新（UPDATE）或删除（DELETE）信息的权限。表 10-1 中列出了 SQL Server 2012 中部分安全对象的常用权限。

表 10-1　对象权限

安 全 对 象	常 用 权 限
数据库	CREATE DATABASE、CREATE DEFAULT、CREATE FUNCTION、CREATE PROCEDURE、CREATE VIEW、CREATE TABLE、CREATE RULE、BACKUP DATABASE、BACKUP LOG
表	SELECT、DELETE、INSERT、UPDATE、REFERENCES
表值函数	SELECT、DELETE、INSERT、UPDATE、REFERENCES
视图	SELECT、DELETE、INSERT、UPDATE、REFERENCES
存储过程	EXECUTE、SYNONYM
标量函数	EXECUTE、REFERENCES

2．语句权限

语句权限是用于控制创建数据库或数据库中的对象所涉及的权限。例如，如果用户要在数据库中创建表，则应该向该用户授予 CREATE TABLE 语句权限。某些语句权限（如 CREATE DATABASE）适用于语句自身，而不适用于数据库中定义的特定对象。只有 sysadmin、db_owner 和 db_securityadmin 角色的成员才能够授予用户语句权限。表 10-2 中列出了 SQL Server 2012 中可以授予、拒绝或撤销的语句权限。

表 10-2　语句权限

语句权限	描　述
CREATE DATABASE	确定登录是否能创建数据库，要求用户必须在 master 数据库中或者是 sysadmin 服务器角色的成员
CREATE TABLE	确定用户是否具有创建表的权限
CREATE VIEW	确定用户是否具有创建视图的权限
CREATE DEFAULT	确定用户是否具有创建表的列默认值的权限
CREATE RULE	确定用户是否具有创建表的列规则的权限
CREATE FUNCTION	确定用户是否具有在数据库中创建用户自定义函数的权限
CREATE PROCEDURE	确定用户是否具有创建存储过程的权限
BACKUP DATABASE	确定用户是否具有备份数据库的权限
BACKUP LOG	确定用户是否具有备份事务日志的权限

3．隐式权限

只有预定义系统角色的成员或数据库和数据库对象所有者具有隐式权限。所有角色的隐式权限不能被更改，而且可以让角色成员具有相关的隐式权限。例如，sysadmin 服务器角色的成员能在 SQL Server 2012 中执行任何活动，如扩展数据库、终止进程等。任何添加到 sysadmin 角色的账户都能执行这些任务。

数据库和数据库对象所有者也有隐式权限。这些权限包括操作数据库或者拥有数据库对象或者二者兼有。例如，拥有表的用户可以查看、增加、更改和删除数据，该用户可具有修改表的定义和控制表的权限。

10.5.2　操作权限

在 SQL Server 2012 中，用户和角色的权限以记录的形式存储在各个数据库的 sysprotects 系统表中。权限有授予、撤销、拒绝 3 种状态。

- 授予权限（GRANT）：授予权限以执行相关的操作。如果是角色，则所有该角色的成员继承此权限。
- 撤销权限（REVOKE）：撤销授予的权限，但不会显示阻止用户或角色执行操作。用户或角色仍然能继承其他角色的 GRANT 权限。
- 拒绝权限（DENY）：显式拒绝执行操作的权限，并阻止用户或角色继承权限，它优先于其他权限。

可以在数据库级别或对象级别授予、拒绝和撤销权限，也可以使用数据库角色分配权限。

10.6 角色管理

SQL Server 2012 使用角色来集中管理数据库或服务器的权限，角色用于为用户组分配权限，数据库管理员将操作数据库的权限赋予角色。然后，数据库管理员再将角色赋给数据库用户或者登录账户，从而使数据库用户或者登录账户拥有了相应的权限。

角色有两种类型：服务器角色和数据库角色。

10.6.1 服务器角色

服务器角色具有授予服务器管理的能力。如果用户创建了一个角色成员的登录，用户用这个登录能执行这个角色许可的任何任务。例如，sysadmin 角色的成员在 SQL Server 2012 上有最高级别的权限，并且能执行任何类型的任务。

服务器角色应用于服务器级别，其权限影响整个服务器，且不能更改权限集。服务器角色是预先定义的，不能被添加、修改或删除，所以，服务器角色又称为“预定义服务器角色”或“固定服务器角色”。

1．服务器角色的级别

服务器角色有 8 个级别，下面按照最高级别角色到最低级别角色的顺序进行介绍。

① sysadmin：为需要完全控制整个 SQL Server 和安装的数据库的用户而设计，其成员能在 SQL Server 系统中执行任何任务。

② setupadmin：为需要管理链接服务器和控制启动过程的用户而设计。其成员可以添加用户到 setupadmin，能添加、删除或配置链接的服务器，并能控制启动过程。

③ serveradmin：为需要设置服务器范围配置选项和关闭服务器的用户而设计。其成员可以添加用户到 serveradmin，并能执行以下任务。

- 运行 dbccpintable 命令（从而使表常驻于主内存中）；
- 运行系统过程 sp_configure（以显示或更改系统选项）；
- 运行 reconfigure 选项（以更新系统过程 sp_configure 所做的所有改动）；
- 使用 shutdown 命令关闭数据库服务器；
- 运行系统过程 sp_tableoption 为用户自定义表设置选项的值。

④ securityadmin：为需要管理登录、创建数据库权限和读取错误日志的用户而设计。其成员可以添加用户到 securityadmin，授予、拒绝和撤销服务器级别和数据库级别的权限，重置密码和读取错误日志，而且还能运行如下的系统存储过程：sp_addlinkedsrvlogin、sp_addlogin、sp_defaultdb、sp_defaultlanguage、sp_denylogin、sp_droplinkedsrvlogin、sp_droplogin、sp_grantlogin、sp_helplogins、sp_remoteoption 和 sp_revokelogin。

⑤ processadmin：为需要控制 SQL Server 进程的用户而设计。其成员可以添加用户到 processadmin，并能执行 KILL 命令来终止进程。

⑥ diskadmin：为需要管理磁盘文件的用户而设计。其成员能添加用户到 diskadmin，并能运行 sp_addumpdevice 和 sp_dropdevice 系统过程，执行 disk init 语句。

⑦ dbcreator：为需要创建、修改、删除和还原数据的用户而设计。其成员能添加用户到 dbcreator，并能执行 create database、alter database、drop database、extend database、 restore database、restore log，运行系统存储过程 sp_renamedb。

⑧ bulkadmin：为需要执行大容量插入到数据库的域账户而设计。其成员可以添加用户到 bulkadmin，并能执行 bulk insert 语句。

提示：sa 账号是系统管理员的登录账号。sa 账号永远是固定服务器角色 syadmin 中的成员，并且不能从该角色中删除。只有固定服务器角色的成员才能执行系统存储过程来从角色中添加或删除登录账户。

【例 10-9】 使用系统存储过程查看所有固定服务器角色信息，执行结果如图 10-20 所示。

```
sp_helpsrvrole
```

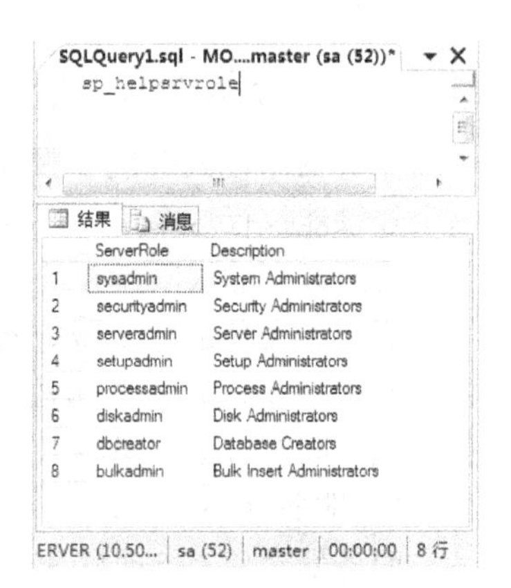

图 10-20 查看固定服务器角色

2. 为登录分配角色

【例 10-10】 为【例 10-5】中创建的“W_user”登录名分配 sysadmin 服务器角色。

实施步骤如下：

（1）在“对象资源管理器”窗口依次展开“服务器”→“安全性”→“服务器角色”节点，定位到“sysadmin”节点。

（2）双击“sysadmin”节点，会打开如图 10-21 所示的“服务器角色属性”对话框。

图 10-21 “服务器角色属性”对话框

（3）在该对话框中，单击“添加”按钮，会打开 10-22 所示的“选择登录名”对话框。

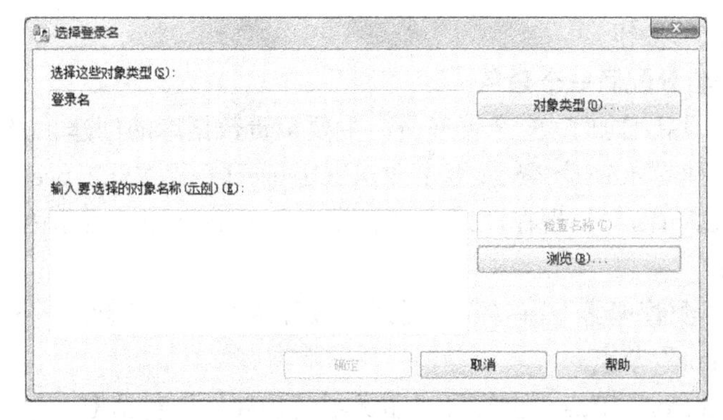

图 10-22 “选择登录名”对话框

（4）在该对话框中，单击“浏览”按钮，会打开如图 10-23 所示的“查找对象”对话框。

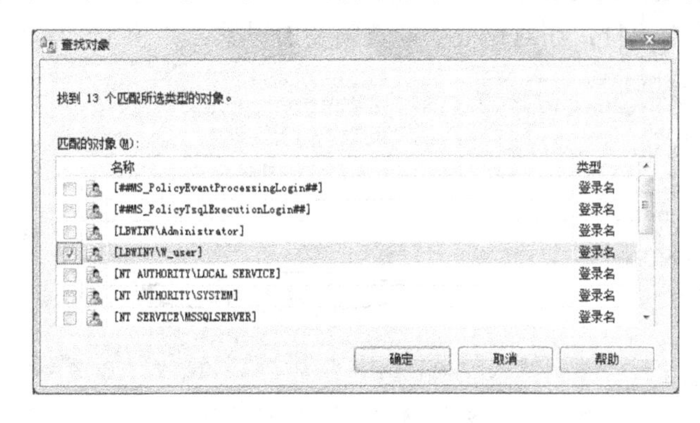

图 10-23 “查找对象”对话框

（5）在该对话框中，选择“W_user”登录名，单击“确定”按钮返回到如图 10-22 所示的对话框，单击“确定”按钮返回到“服务器角色属性”对话框，在“角色成员”列表中可以看到已添加的“W_user”登录名，如图 10-24 所示。

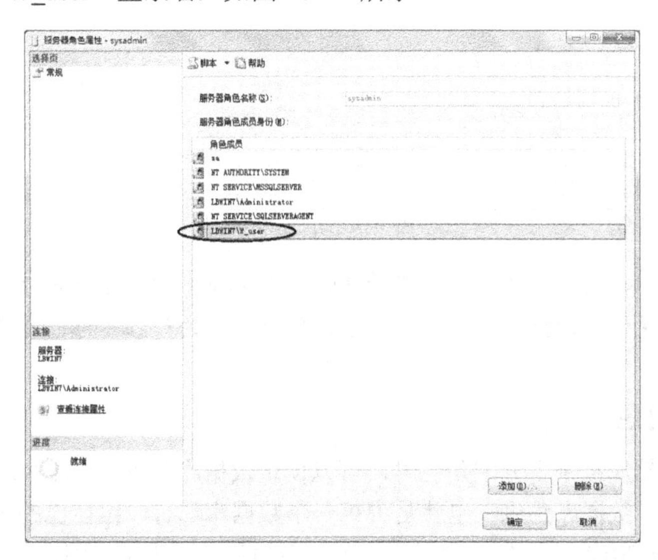

图 10-24 在 sysadmin 服务器角色中添加成员

（6）单击“确定”按钮。

3．为多个登录名分配同一个角色

【例 10-11】 假设新增加了 5 个管理员，主要负责数据库的创建、修改、删除等工作，并且已为它们创建了 5 个登录名：“XSCJ_user1”“XSCJ_user2”“XSCJ_user3”“XSCJ_user4”“XSCJ_user5”，现在，请给它们分配 dbcreator 服务器角色。

实施步骤如下：

（1）在“对象资源管理器”窗口依次展开“服务器”→“安全性”→“服务器角色”节点，定位到“dbcreator”节点。

（2）双击“dbcreator”节点，会打开“服务器角色属性”对话框。

（3）在该对话框中，单击“添加”按钮，会打开“选择登录名”对话框。

（4）在“输入要选择的对象名称”文本框中输入“XS”，单击“检查名称”按钮，会打开“找到多个对象”对话框，在对话框中勾选需要的对象，如图 10-25 所示。

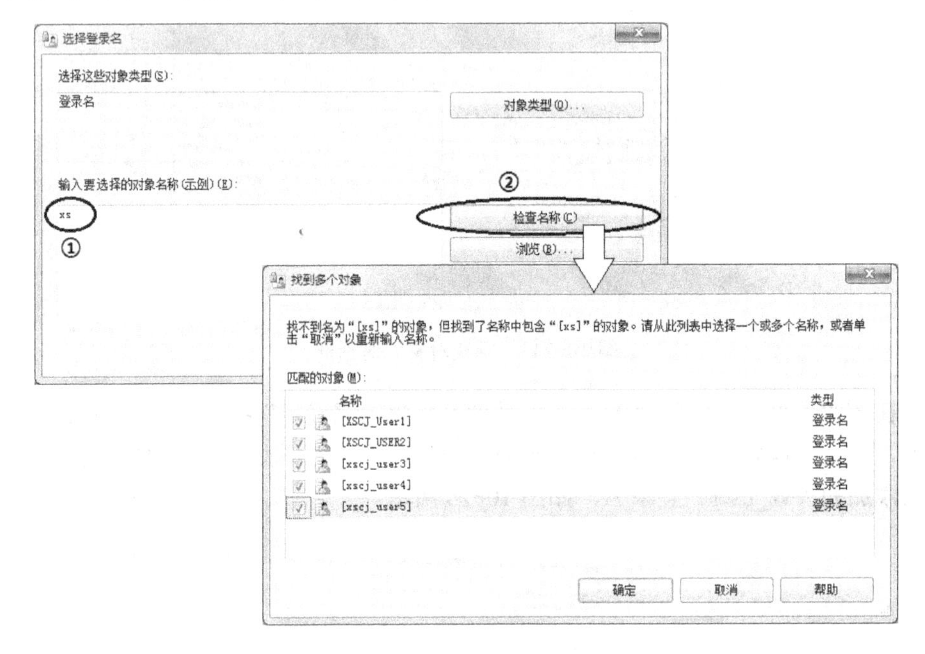

图 10-25 “选择登录名”对话框

（5）依次单击 3 次“确定”按钮即可完成角色的分配。

提示：在本例中，由于 5 个登录名中有相同的字符串，所以在选择登录名时，可以只输入部分名称，然后通过“检查名称”按钮来查找部分匹配的对象名称，并从中进行选择。

10.6.2 数据库角色

如果需要在数据库级别上分配角色时，可以使用数据库角色。SQL Server 2012 在每一个数据库中都预定义了数据库角色，也就是说每一个数据库都有一组自己的角色。

在 SQL Server 2012 中，有 3 种类型的数据库角色：预定义（固定）的数据库角色、用户定义的标准角色、用户定义的应用程序角色，下面分别进行介绍。

1．固定数据库角色

SQL Server 2012 提供了预定义的数据库角色，它们有不能被更改的权限。在数据库中，每个固定数据库角色都有其特定的权限，这就意味着对于某个数据库来说，固定数据库角色的成员的权限是有限的。

在数据库创建时，系统默认创建了 10 个固定数据库角色，它们的权限如下。

① db_owner：用于需要完全控制数据库的所有方面的用户，其成员可以进行如下的操作。

- 向其他固定数据库角色中添加成员，或从其中删除成员；
- 运行所有的 DDL 语句；
- 运行 BACKUP DATABASE 和 BACKUP LOG 语句；
- 使用 CHECKPOINT 语句显式地启动检查点进程；
- 运行下列 dbcc 命令：dbcccheckalloc、dbcccheckcatalog、dbcccheckdb、dbccupdateusage；
- 授予、取消或剥夺每一个数据库对象上的下列权限：SELECT、INSERT、UPDATE、DELETE 和 REFERENCES；
- 使用下列系统过程向数据库中添加用户或角色：sp_addapprole、sp_addrole、sp_addrolemember、 sp_approlepassword、sp_changeobjectowner、sp_dropapprole、sp_droprole、 sp_droprolemember、sp_dropuser、sp_grantdbaccess；
- 使用系统存储过程 sp_rename 为任何数据库对象重新命名。

② db_accessadmin：用于需在数据库中添加或删除登录的用户，其成员可以进行如下的操作。

- 可执行系统存储过程：sp_addalias、sp_dropalias、sp_dropuser、sp_grantdbacess、sp_revokedbaccess；
- 为 Windows 用户账户、Windows 组和 SQL Server 登录添加或删除访问。

③ dbdatareader：用于需要在数据库中查看数据的用户。其成员对数据库中的表或视图具有 SELECT 权限，但这些成员不能把这个权限授予其他任何用户或角色。

④ dbdatawriter：用于需要对数据库中任意用户表添加或修改数据的用户。其成员对数据库中的任意对象具有 INSERT、UPDATE 和 DELETE 权限，但这些成员不能把这个权限授予其他任何用户或角色。

⑤ db_ddladmin：用于需要执行与 SQL Server 的数据定义语言（DDL）相关任务的用户；其成员可以进行如下的操作。

- 运行所有 DDL 语句；
- 在任何表上授予 REFERENCESE 权限；
- 使用系统存储过程 sp_procoption 和 sp_recompile 来修改任何存储过程的结构；
- 使用系统存储过程 sp_rename 为任何数据库对象重命名；
- 使用系统存储过程 sp_tableoption 和 sp_changeobjectowner 分别修改表的选项和任何数据库对象的拥有者。

⑥ db_securityadmin：用于需要管理权限、对象所有权和角色的用户，其成员可以进行如下的操作。

● 可执行与安全有关的所有 Transact-SQL 语句（GRANT、DENY 和 REVOKE）；

● 可执行系统存储过程：sp_addapprole、sp_addrole、sp_addrolemember、sp_approle password、sp_changeobjectowner、sp_dropapprole、sp_droprole、sp_droprolemember。

⑦ db_backupoperator：用于需要备份数据库的用户，其成员可以进行如下操作。

● 运行 BACKUP DATABASE 和 BACKUP LOG 语句；

● 用 CHECKPOINT 语句显式地启动检查点进程；

● 运行如下 dbcc 命令：dbcccheckalloc、dbcccheckcatalog、dbcccheckdb、dbccupdateusage。

⑧ db_denydatareader：用于通过登录限制访问数据库中的数据，其成员不能读取数据库中的用户表的任何数据。如果数据库中含有敏感数据并且其他用户不能读取这些数据，那么就可以使用这个角色。

⑨ db_denydatawriter：用于通过登录限制数据库的修改权限。其成员对数据库中的任何数据库对象（表或视图）没有 INSERT、UPDATE 和 DELETE 权限。

⑩ public：所有数据库用户的默认角色。这样就提供了一种机制，即给予那些没有适当权限的所有用户以一定的（通常是有限的）权限。public 角色为数据库中的所有用户都保留了默认的权限，因此是不能被删除的。一般情况下，public 角色允许用户进行如下的操作。

● 使用某些系统过程查看并显示 Master 数据库中的信息；

● 执行一些不需要一些权限的语句（如 PRINT）。

【例 10-12】 使用系统存储过程查看所有数据库角色的权限，执行结果如图 10-26 所示。

```
sp_dbfixedrolepermission
```

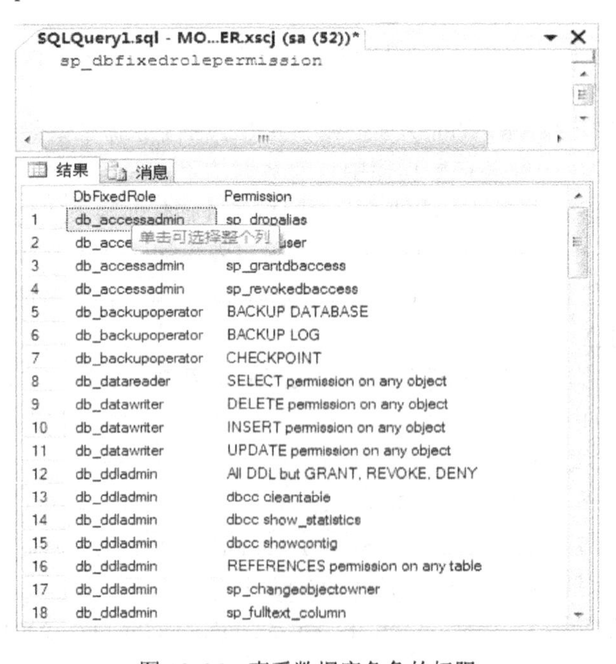

	DbFixedRole	Permission
1	db_accessadmin	sp_dropalias
2	db_acce[illegible]	[illegible]user
3	db_accessadmin	sp_grantdbaccess
4	db_accessadmin	sp_revokedbaccess
5	db_backupoperator	BACKUP DATABASE
6	db_backupoperator	BACKUP LOG
7	db_backupoperator	CHECKPOINT
8	db_datareader	SELECT permission on any object
9	db_datawriter	DELETE permission on any object
10	db_datawriter	INSERT permission on any object
11	db_datawriter	UPDATE permission on any object
12	db_ddladmin	All DDL but GRANT, REVOKE, DENY
13	db_ddladmin	dbcc cleantable
14	db_ddladmin	dbcc show_statistics
15	db_ddladmin	dbcc showcontig
16	db_ddladmin	REFERENCES permission on any table
17	db_ddladmin	sp_changeobjectowner
18	db_ddladmin	sp_fulltext_column

图 10-26　查看数据库角色的权限

【例 10-13】 使用系统存储过程查看固定数据库角色，执行结果如图 10-27 所示。

sp_helpdbfixedrole

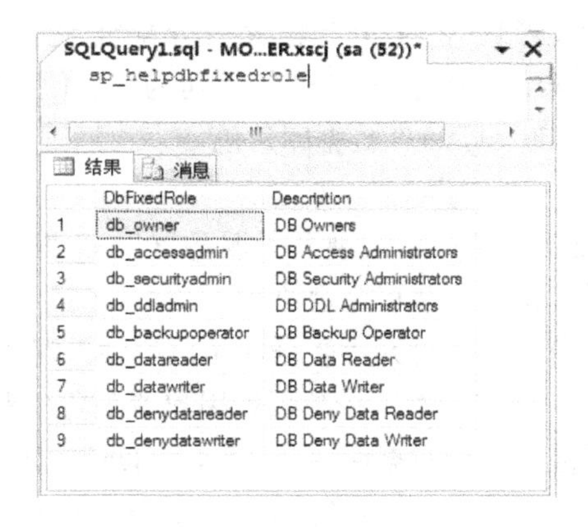

图 10-27　查看固定数据库角色

【例 10-14】 使用对象资源管理器为已创建的“XSCJ_USER3”登录名分配访问权限和角色。要求：①分配访问“Master”“Msdb”数据库的权限（使用默认的“public”数据库角色）；②分配访问“XSCJ”数据库的权限和“dbdatareader”“dbdatawriter”数据库角色。

实施步骤如下：

（1）在“对象资源管理器”窗口依次展开“服务器”→“安全性”→“登录名”节点，定位到“XSCJ_USER3”节点。

（2）双击“XSCJ_USER3”节点，会打开“登录属性”对话框，单击“用户映射”选项，按如图 10-28 所示勾选要访问的数据库和要分配的数据库角色。

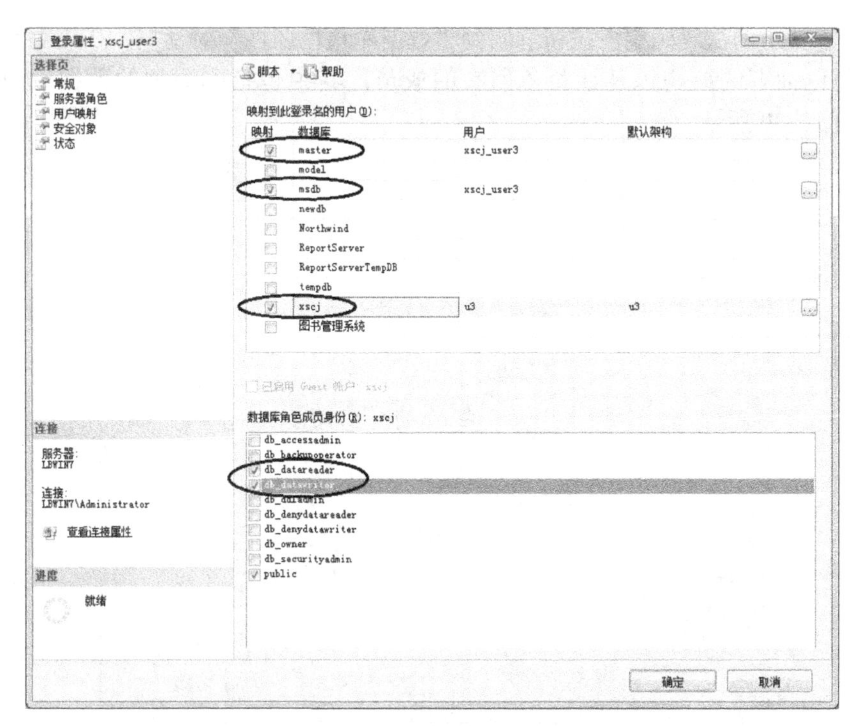

图 10-28　为登录名分配访问权限和数据库角色

（3）单击“确定”按钮。

【例 10-15】 使用资源管理器为多个登录名分配角色。已知“XSCJ_USER4”和“XSCJ_USER5”登录名在 XSCJ 库中的用户名分别为“U4”“U5”。要求：为“U4”和“U5”两个数据库用户分配“db_owner”数据库角色。

实施步骤如下：

（1）在“对象资源管理器”窗口依次展开“服务器”→“数据库”→“XSCJ”→“安全性”→“角色”→“数据库角色”节点，定位到“db_owner”节点。

（2）双击“db_owner”节点，会打开“数据库角色属性”对话框。

（3）单击“添加”按钮，会打开“选择数据库用户或角色”对话框，然后单击“浏览”按钮打开“查找对象”对话框，选择数据库用户“U4”“U5”，如图 10-29 所示。

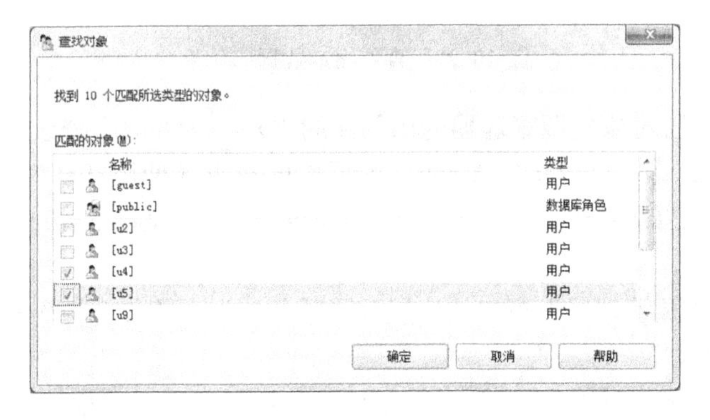

图 10-29 添加数据库用户

（4）依次单击两次“确定”按钮返回到“数据库角色属性”对话框，在该对话框中可以看到当前角色拥有的架构以及该角色所有的成员，其中包括刚添加的数据库用户“U4”“U5”，如图 10-30 所示。

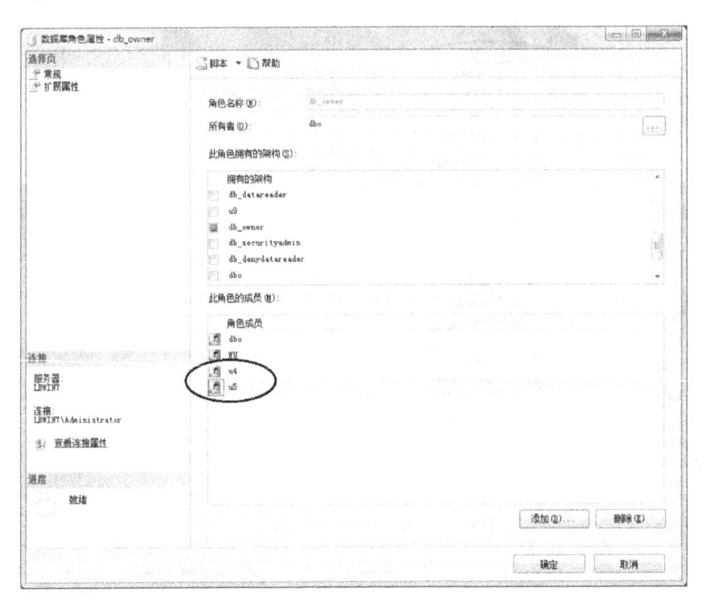

图 10-30 “数据库角色属性”窗口

（6）单击“确定”按钮完成数据库角色的分配。

2．用户自定义的标准角色

由于固定数据库角色有一组不能更改的权限，有时可能不能满足用户的需要，所以，可以对为特定数据库创建的角色设置权限。如果一个数据库有 3 种不同类型的用户，第 1 类是需要查看数据的用户；第 2 类是需要修改数据的经理，第 3 类是需要修改数据库对象的开发人员，那么，我们可以创建 3 个自定义角色分别指派给这 3 类用户。

【例 10-16】 在 XSCJ 数据库中，创建名为“U_role”的自定义角色，并指派给“U6”和“U7”数据库用户。要求该角色只能查看 XSQK 表，并拒绝查看“联系电话”和“总学分”两列的信息。

实施步骤如下：

（1）在“对象资源管理器”窗口依次展开“服务器”→“数据库”→“XSCJ”→“安全性”→“角色”，定位到“数据库角色”节点。

（2）右击“数据库角色”节点→“新建数据库角色”命令，会打开如图 10-31 所示的对话框。

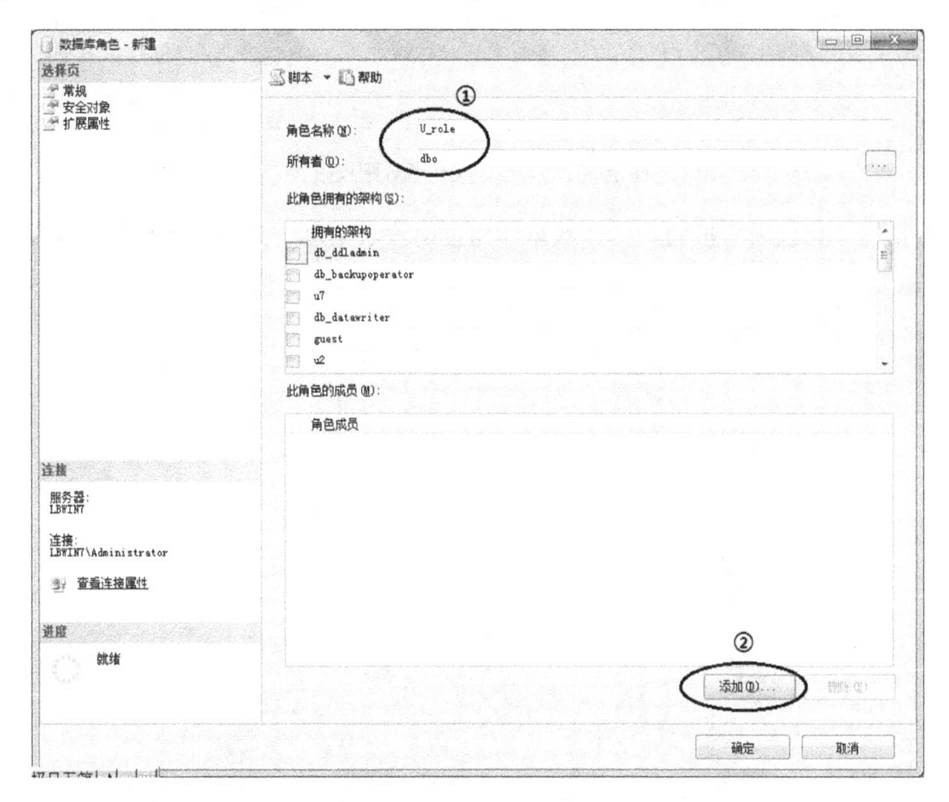

图 10-31 “数据库角色-新建”窗口

（3）在该对话框中，设置角色名称为“U_role”，所有者为“dbo”，单击“添加”按钮，选择数据库用户“U6”“U7”。

（4）单击“选择页”列表框中的“安全对象”后面的“搜索”按钮，将“XSQK”表添加为“安全对象”，并勾选“选择”权限右侧的“授予”复选框，如图 10-32 所示。

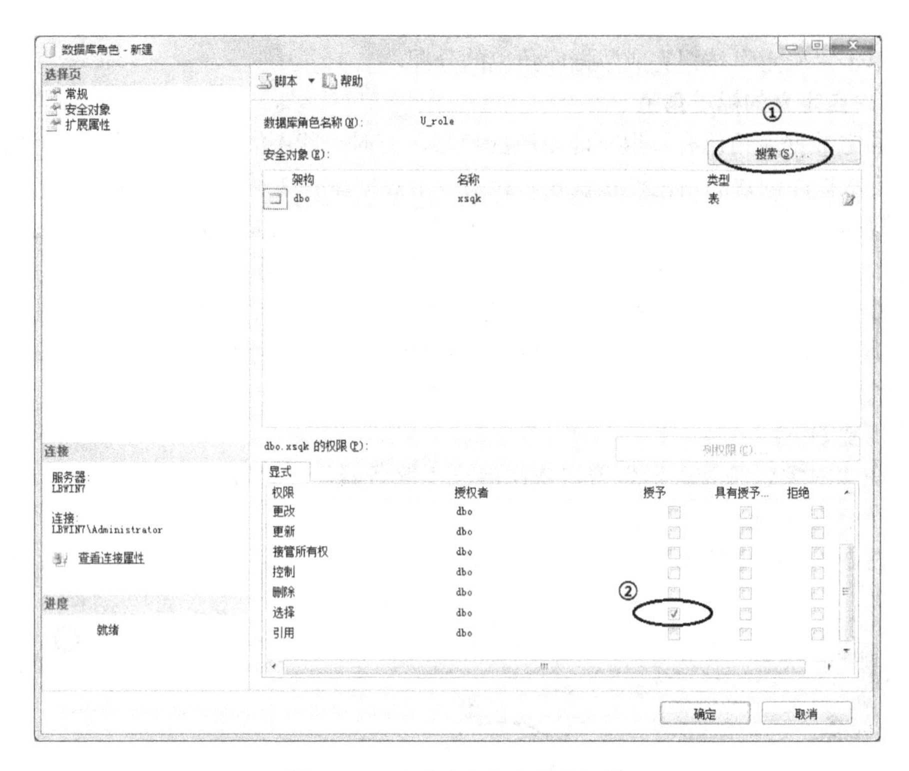

图 10-32　为自定义角色分配权限

（5）单击“列权限”按钮，为该数据库角色配置表中每一列的具体权限，如图 10-33 所示。

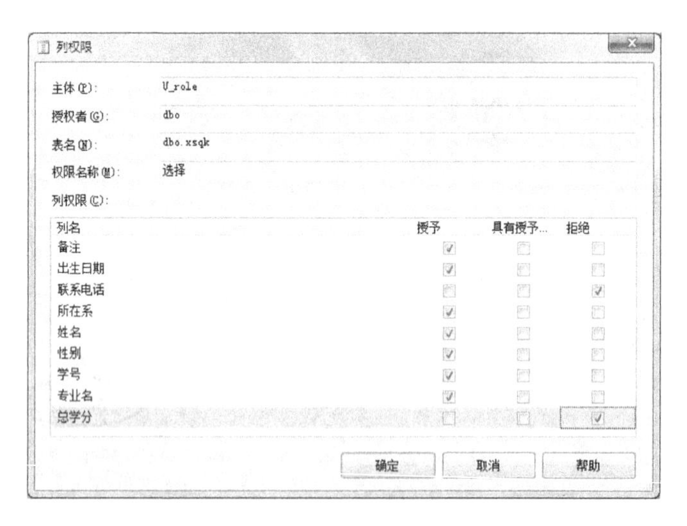

图 10-33　分配列权限

（6）依次单击两次“确定”按钮完成自定义标准角色的创建。

【例 10-17】 测试用户自定义的标准角色“U_role”。

实施步骤如下：

（1）承接上例。关闭“SQL Server Management Studio”窗口，使用“XSCJ_user6”登录

名（这是 U6 对应的登录名）重新登录 SQL Server 2012 服务器。

（2）在“对象资源管理器”窗口依次展开“服务器”→“数据库”→“XSCJ”→“表”节点，可以看到“表”节点中只显示了“XSQK”表，因为该账户只拥有查看 XSQK 表的权限。

（3）在“新建查询”窗口中，输入“use xscj”和“select * from xsqk”语句并执行，会出现错误，这是因为：在 XSQK 表的“联系电话”和“总学分”列上设置了“拒绝”查看的“列权限”，如图 10-34 所示。

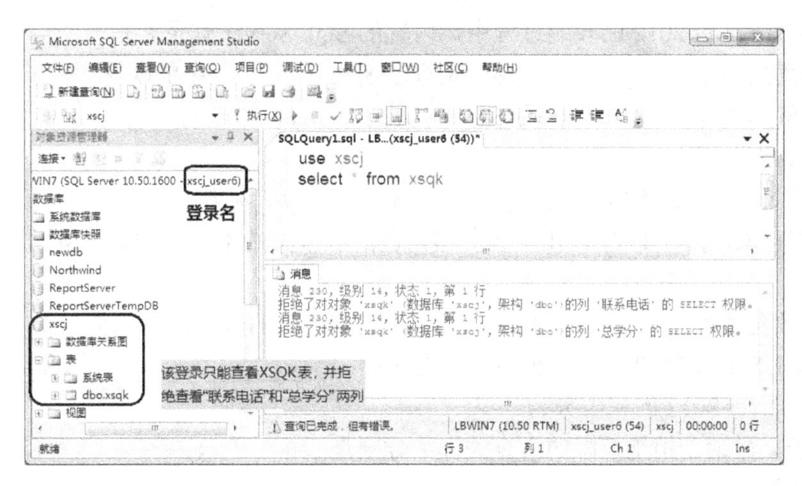

图 10-34　验证用户自定义角色的权限

提示：在创建标准数据库角色时，先给该角色指派权限，然后再将该角色分配给用户，这样，用户将继承给这个角色指派的任何权限。这点与固定数据库角色不同，因为在固定数据库角色中不需要指派权限，只需要添加用户。

3. 应用程序角色

应用程序角色是一个数据库主体，它使应用程序能够用其自身的、类似用户的特权来运行。使用应用程序角色，可以只允许通过特定应用程序连接的用户访问特定数据。与数据库角色不同的是，应用程序角色默认情况下不包含任何成员，而且是非活动的。应用程序角色使用两种身份验证模式，可以使用 sp_setapprole 来激活，并且需要密码。

因为应用程序角色是数据库级别的主体，所以它们只能通过其他数据库中授予 guest 用户账户的权限来访问这些数据库。因此，任何已禁用 guest 用户账户的数据库对其他数据库中的应用程序角色都不可访问。

应用程序角色的创建过程与数据库角色的创建过程类似，这里不再赘述。

应用程序角色和固定数据库角色的区别如下：

① 应用程序角色不包含任何成员，不能将 Windows 组、用户和角色添加到应用程序角色。

② 当应用程序角色被激活以后，这次服务器连接将暂时失去所有应用于登录账户、数据库用户等的权限，而只拥有与应用程序相关的权限。在断开本次连接以后，应用程序失去作用。

③ 默认情况下，应用程序角色非活动，需要密码激活。

④ 应用程序角色不使用标准权限。

【课后习题】

一、填空题

1．SQL Server 2012 的两种身份验证模式是________和________。

2．在 SQL Server 2012 的安装过程中，内置的 SQL Server 登录名是________。

3．数据库用户是________的主体，是登录名在________中的映射。

4．在 SQL Server 2012 系统中，默认的数据库用户有________、________和________等。

5．SQL Server 2012 的角色分为________和________两类。

6．在 SQL Server 2012 中，由于服务器角色的权限集是不能更改的，所以服务器角色又称为________。

7．服务器角色有________个级别，其中，级别最高的服务器角色是________。

8．在 SQL Server 2012 中，数据库角色有 3 种：________、________和________。

9．SQL Server 2012 的权限分为________、________和________。

10．授予、撤销、拒绝权限的命令关键字分别是________、________和________。

二、简答题

1．如果有一个名为“Win_user”的登录名，要使该登录名能执行 SQLServer 的任何操作，请问需要将该登录名添加到哪个服务器角色中？

2．如果有一个名为“ST_su”的数据库用户，要使该用户能执行所有数据库任何操作，请问需要将该用户添加到哪个数据库角色中？

【课外实践】

任务 1：创建登录名。

要求：分别创建一个 Windows 登录名“Win_user”和一个 SQL Server 登录名“Sql_user”。

任务 2：创建数据库用户。

要求：创建两个数据库用户“ST_wu”和“ST_su”，将它们分别与“Win_user”和“Sql_user”登录名对应。

任务 3：分配服务器角色。

要求：为“Win_user”登录名分配 sysadmin 服务器角色。

任务 4：分配数据库角色。

要求：为“ST_su”用户分配访问“XSCJ”数据库的权限和“db_owner”数据库角色。

任务 5：权限设置。

要求：修改“ST_su”用户的权限，使其只能对“XSCJ”中的“KC”表进行 SELECT 操作。

第11章　SQL Server 2012综合应用实例

【学习目标】

- 了解C/S结构和B/S结构
- 掌握数据库和数据表的创建
- 掌握通过ADO.NET调用SQL Server数据库的主要方法
- 完成Windows应用窗体程序的创建和使用

11.1　客户管理系统的需求分析

客户信息一直都是商务活动中的重要资源，随着电子商务的不断发展，客户数量急剧增加，有关客户的各种信息也成倍增长。面对巨大的信息量，不可避免地增加了管理的工作量和复杂程度，并且人工管理存在大量的不可控制因素，对客户信息的管理无法规范。本章以SQL Server 2012数据库管理系统为后台数据支撑，配合Visual Studio 2010开发平台和C#语言设计实现前台界面功能，开发一个客户管理系统，使得信息管理更加规范、方便和有效。考虑到本系统主要供学习使用，所以只包括了两个简单的功能，一个是密码修改，另一个是客户管理，有兴趣的读者可以在此基础上进行完善和扩充。

（1）登录功能：验证用户名和密码是否正确、一致。

（2）密码修改功能：客户管理系统只对专门的管理员开放，其他用户不能够访问。客户管理员是已经在数据库输入了账号和密码的，所以分发给每一个管理员后，只允许修改密码，不提供其他的功能。

（3）客户管理功能：主要提供了对客户信息的添加、修改、删除和查询操作。

11.2　客户管理系统的设计

1．系统结构设计

（1）C/S结构：Client/Server结构，即大家熟知的客户机/服务器结构。它是软件系统体系结构，通过它可以充分利用两端硬件环境的优势，将任务合理分配到Client端和Server端来实现，降低了系统的通信开销。C/S结构的界面和操作简单丰富，系统具有较强的事务处理能力，安全性能可以很容易保证，实现多层认证也不难，且响应速度快。

（2）B/S结构：Browser/Server结构，即浏览器/服务器结构，是Web兴起后的一种网络结构模式，Web浏览器是客户端最主要的应用软件。这种模式统一了客户端，将系统功能实现的核心部分集中到服务器上，简化了系统的开发、维护和使用。客户机上只要安装一个浏览器（如Netscape Navigator或Internet Explorer），服务器安装SQL Server、Oracle、MYSQL等数据库，浏览器就能通过Web Server同数据库进行数据交互。

本系统考虑到.NET在C/S结构上的优势，使用了.NET中的WinForm程序来完成。

2．数据库设计

在SQL Server中建立CustomerManager数据库，并设计以下表格。

（1）客户信息表CustomerInfo，用于记录客户的基本信息，结构如表11-1所示。

表11-1　CustomerInfo

名　称	字　段	类　型	长　度	备　注
客户ID	CustomerID	int	4	主键，标识列，初值、增量均为1
客户姓名	CustomerName	varchar	10	不允许为空
性别	Sex	varchar	2	
出生日期	BirthDate	varchar	20	
电话	PhoneNum	varchar	20	不允许为空
地址	Address	varchar	50	
邮编	ZipCode	varchar	6	
客户简介	CustomerProfile	varchar	50	

（2）用户信息表UserInfo，用于记录管理员用户登录时的账号和密码，结构如表11-2所示。

表11-2　UserInfo

名　称	字　段	类　型	长　度	备　注
用户ID	UserID	int	4	主键，标识列，初值、增量均为1
用户姓名	UserName	varchar	10	不允许为空，唯一
用户密码	UserPassword	varchar	12	

3．界面设计

首先，管理员用户通过登录界面进入到系统的主界面。接着，管理员用户在主窗体选择相应的菜单命令，可进行密码修改、增加客户、修改客户、删除客户、查询客户或退出等操作。因此，本系统应设计以下窗体：

（1）登录窗体；

（2）系统主窗体；

（3）修改密码窗体；

（4）增加客户信息窗体；

（5）修改客户信息窗体；

（6）删除客户信息窗体；

（7）查询客户信息窗体。

11.3　客户管理系统的实现

在经过了需求分析和系统设计之后，下面将逐一介绍客户管理系统的数据库、数据库连接类、登录界面功能、主界面功能的主要实现步骤。

11.3.1 数据库的实现

在一台安装有 SQL Server 2012 的计算机上，使用集成应用环境 SQL Server Management Studio 创建数据库和数据表。

（1）创建 CustomerManager 数据库，详细代码如下：

```
1 CREATE DATABASE CustomerManager
```

（2）创建 CustomerInfo 数据表，详细代码如下：

```
1 USE CustomerManager
2 GO
3 CREATE TABLE CustomerInfo
4 (
5   CustomerID int IDENTITY(1,1) PRIMARY KEY,
6   CustomerName varchar(10) NOT NULL,
7   Sex varchar(2),
8   BirthDate varchar(20),
9   PhoneNum varchar(20) NOT NULL,
10  Address varchar(50),
11  ZipCode varchar(6),
12  CustomerProfile varchar(50)
13 )
```

（3）创建 UserInfo 数据表，详细代码如下：

```
1 USE CustomerManager
2 GO
3 CREATE TABLE UserInfo
4 (
5   UserID int IDENTITY(1,1) PRIMARY KEY,
6   UserName varchar(10) NOT NULL UNIQUE,
7   UserPassword varchar(12)
8 )
```

11.3.2 数据库连接类的实现

1. .NET 框架

ADO.NET 中的“.NET”从何而来呢？它代表.NET 框架，即微软公司用于创建应用程序的一组对象和蓝图（blueprint）。

在.NET 框架下开发的所有应用程序都包含一些关键特性，用于确保其兼容性、安全性和稳定性。

（1）运行阶段通用语言。

运行阶段通用语言（Common Language Runtime，CLR）是一种管理代码执行情况的环境。换句话说，它运行并维护代码。

以前，创建应用程序时，使用编程语言（如 Visual Basic）编写一些代码，将其编译成计算机能够理解的格式（由 0 和 1 组成），然后执行它。由于不同的计算机（如 PC 和

Macintosh）使用不同的语言，因此当在其他类型的计算机上使用应用程序时，必须将其重新编译为新计算机使用的语言。在.NET 框架中，情况稍微有些不同。

有了.NET 框和 CLR 后，仍需要编写代码并对其进行编译。这里，将代码编译为一种叫作微软中间语言（Microsoft Intermediate Language，MSIL）的语言，而不是编译成某种计算机能够理解的语言。这种语言以简写方式表示所有代码。编译为 MSIL 时，应用程序将生成一些元数据（metadata），它们是关于应用程序的描述性信息，指出应用程序能做什么，归属于哪里等。

除了 MSIL 和元数据外，人们还创建了一类新的编程语言 C#、Cobol、Perl 等。这些语言与已有的语言类似，但除了可以输出编译后的代码外，还可以输出 MSIL。

这样，当要运行程序时，CLR 将接管工作，进一步将代码编译成计算机的本机语言，这样，MSIL 便可以用于任何类型的计算机。CLR 懂得许多不同的计算机语言，并完成所有的编译工作。应用程序编译后，便可以在任何计算机上执行。如图 11-1 所示说明了传统处理过程和.NET 框架之间的区别。

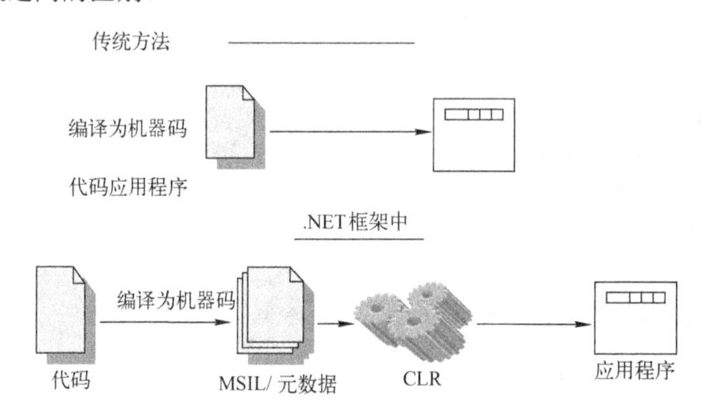

图 11-1　传统应用程序框架和.NET 框架

.NET 框架与 Java 平台有许多相似的地方。Java 代码也是由一种被称为 Java 虚拟机（JVM）的运行环境翻译和执行的。这使得开发人员只需编写并编译代码，任何跨平台的问题则由 Java 来处理。

CLR 使用元数据来确定如何运行应用程序，这使得安装程序非常容易。传统的方法要求将关于应用程序的信息存储在注册表（或一个应用程序信息的中央仓库）中。

但是，每当应用程序被修改（移动了其目录、安装了新组件等）时，注册表将无效，应用程序将无法正常运行。使用元数据，根本不需要注册表，所有的应用程序信息都随应用程序文件一起存储，因此所做的任何修改都将自动生效。可以将安装新应用程序看作只是复制一些文件而已。

在 CLR 中运行的代码被称为管理代码（managed code）。这是因为 CLR 将管理代码的执行，开发人员无需手工联编，因此 CLR 具有一些优点（如资源管理）。在 CLR 之外运行的代码被称为不可管理的代码（unmanaged code）。

CLR 的功能并不止这些，它还提供了诸如错误处理、安全特性、版本的部署支持以及跨语言集成等服务，这意味着可以选择任何语言来编写.NET 应用程序。

（2）NET 框架类。

.NET 框架中有描述编程对象的蓝图。.NET 框架中的任何东西，包括 ASP.NET 页面、消息框等都被视为对象，这些对象被放置在叫作名称空间（name spaces）的逻辑分组中。例如，所有处理数据库的对象都位于名称空间 System.Data 中，所有的 XML 对象都位于名称空间 System.Xml 中等。以这种方式对对象进行分组，对构建对象库很有帮助。连接 SQL Server 数据库，将使用名称空间 System.Data.SqlClient。

2．ADO.NET

ADO.NET 是.NET 连接数据库的重要组件。使用 ADO.NET 可以很方便地访问数据库，ADO.NET 可以访问 Oracle、SQL Server、Access 等主流的数据库。通过 ADO.NET 连接数据库主要是使用 ADO.NET 中的 5 个类。

（1）数据库连接类，即 Connection 类。如果连接 SQL Server 数据库，则使用 SqlConnection 类。在使用 SqlConnection 类时要引用一个 System.Data.SqlClient 的名称空间。

（2）数据库命令类，即 Command 类。如果连接 SQL Server 数据库，则使用 SqlCommand 类。数据库命令类主要用于执行对数据库的操作，如增加、修改、删除和查询等操作。

（3）数据库读取类，即 DataReader 类。如果连接 SQL Server 数据库，则使用 SqlDataReader 类。数据库读取类提供了一种只读的、只向前的数据访问方法，因此在访问比较复杂的数据，或者只是想显示某些数据时再适合不过了。它提供了一种非常有效的数据查看模式，还是一种比较节约服务器资源的选择。数据库读取类只有数据库的连接处于打开状态时才能使用，当数据库关闭时数据库读取类中就不能够再取值了。

（4）数据集，即 DataSet 类。数据集相当于一个虚拟数据库，每一个数据集中包括了多张数据表。即使数据库的连接处于断开状态，还是可以从数据集中继续存取记录，只是数据是存放在数据集中的，并没有存放在数据库中。

（5）数据适配器类，即 DataAdapter 类。如果连接 SQL Server 数据库，则使用 SqlDataAdapter 类。数据适配器经常和数据集一起使用，通过数据适配器可以把数据库中的数据存放到数据集中，数据适配器可以说是数据集和数据库之间的一个桥梁。

3．创建数据库连接类

客户管理系统对数据库的操作主要分为两大类：一类是对数据的增加、修改、删除的非查询操作，另一类是对数据的查询操作。这里把两类操作各写成一个方法，具体的代码存放在项目中的 Function 类里。在后面编写软件的过程中就可以很方便地使用，而不用每次都把这些代码编写一遍。这样做的好处是，一方面减少了代码的编写量，另一方面提高了软件的可读性。详细代码如下：

```
1 class Function
2 {
3     public string connString="Data Source=localhost;
        Initial Catalog=CustomerManager;
        Integrated Security=TRUE";
4       public SqlConnection conn;
5       ///<summary>
6       ///执行对数据库中数据的增加、修改、删除操作
7       ///</summary>
8       ///<param name="sql"></param>
```

```
9       /// <returns></returns>
10      public int NonQuery(string sql)
11          {
12              conn = new SqlConnection(connString);
13              int a = -1;
14              try
15              {
16                  conn.Open();
17                  SqlCommand cmd = new SqlCommand(sql, conn);
18                  a = cmd.ExecuteNonQuery();
19              }
20              catch
21              {
22
23              }
24              finally
25              {
26                  conn.Close();
27              }
28              return a;
29
30          }
31          ///<summary>
32          ///执行对数据库中数据的查询操作
33          ///</summary>
34          ///<param name="sql"></param>
35          /// <returns></returns>
36          public DataSet Query(string sql)
37          {
38              conn = new SqlConnection(connString);
39              DataSet ds = new DataSet();
40              try
41              {
42                  conn.Open();
43                  SqlDataAdapter adp = new SqlDataAdapter(sql, conn);
44                  adp.Fill(ds);
45              }
46              catch
47              {
48
49              }
50              finally
51              {
52                  conn.Close();
53              }
54              return ds;
```

```
55          }
56      }
```

代码说明：

（1）第 3 行，定义一个数据库的连接串。Data Source 是数据源，是计算机名/数据库的实例名，每一个数据库的 Data Source 是不同的，请读者在使用时自行更改。Initial Catalog 是要访问的数据库名。

（2）第 4 行，定义一个数据库连接对象的变量。

（3）第 10～30 行，定义了一个执行增加、修改、删除的非查询操作的方法。在这个方法中，传递一个 SQL 语句作为参数，还用到了异常处理 try…catch…finally 语句。try 后面的括号中放置可能出现异常的语句，catch 后面的括号中写入出现异常时执行的语句，finally 后面括号中的语句则无论是否出现异常都会执行。

（4）第 12 行，创建一个数据库连接对象。

（5）第 16 行，打开数据库连接。

（6）第 17 行，创建一个数据库命令对象，其中传递两个参数，分别是要执行的 SQL 语句和数据库连接对象。

（7）第 18 行，执行对数据库中数据的非查询操作，返回一个整数。如果返回值为-1，则非查询操作执行失败；如果返回值为 0，则没有更新数据库中的数据。

（8）第 26 行，关闭数据库连接。

（9）第 36～55 行，定义了一个执行查询操作的方法，在这个方法中使用数据集来存储从数据库中查询的数据。

（10）第 39 行，创建一个数据集对象。

（11）第 43 行，创建一个数据适配器对象，其中传递两个参数，分别是要执行的 SQL 语句和数据库连接对象。

（12）第 44 行，把数据适配器中的内容填充到数据集。

11.3.3 登录界面功能的实现

本系统只对专门的客户管理员开放，其他用户不能够访问，并且已经在数据库中设置好管理员的用户名和密码，无需注册。登录窗体，主要使用了 Lable、TextBox、Button 控件，界面如图 11-2 所示。

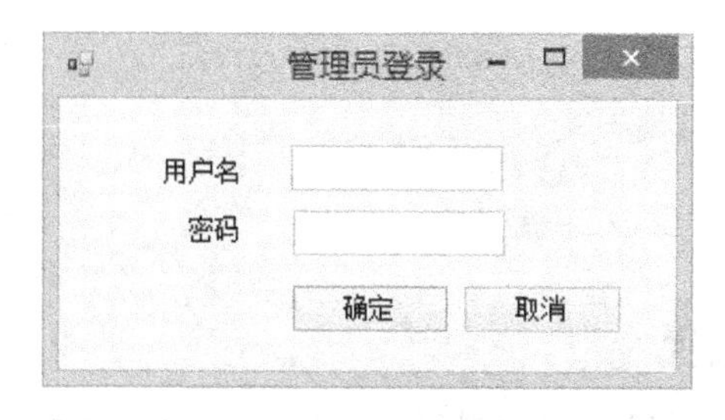

图 11-2　登录界面

在登录界面中，输入用户名和密码进行验证。若验证成功，则进入系统的主界面，否则弹出错误提示。单击如图 11-2 所示的“确定”按钮，详细代码如下：

```
1 private void button1_Click(object sender, EventArgs e)
2 {
3      string sql = "select count(*) from UserInfo where UserName='{0}'and UserPassword='{1}'";
4      sql = string.Format(sql, textBox1.Text, textBox2.Text);
5      Function fun = new Function();
6      DataSet ds = fun.Query(sql);
7      if (ds.Tables[0].Rows[0][0].ToString() == "1")
8     {
9          Main main = new Main(textBox1.Text);
10         main.Show();
11         this.Hide();
12     }
13     else
14     {
15          MessageBox.Show("用户名或密码错误！");
16     }
17 }
```

代码说明：

（1）第 3 行，定义一条 SQL 语句来查询数据库中是否有与之相符的用户名和密码一致的数据。

（2）第 4 行，格式化 SQL 语句，用 textBox1.Text 和 textBox2.Text 替换第 3 行中的{0}和{1}，{0}和{1}被称为占位符。

（3）第 5 行，创建一个数据库连接类 Function 类的对象。

（4）第 6 行，执行对数据库的查询操作，并返回一个 DataSet 类型的数据。

（5）第 7 行，判断查询的数据集中的数据是否为 1。如果是 1，表示查询出数据库中有用户名和密码都相符的数据，则可以登录，否则弹出第 15 行的“用户名或密码错误”消息框。

（6）第 9 行，创建一个主窗体对象，将用户名显示在登录后的主窗体中。

（7）第 10 行，用 Show 方法显示主窗体。

（8）第 11 行，用 Hide 方法隐藏登录窗体。

单击如图 11-2 所示的“取消”按钮，详细代码如下：

```
1  private void button2_Click(object sender, EventArgs e)
2  {
3      this.Close();
4  }
```

11.3.4 主界面功能的实现

登录到主窗体以后，主要有 3 个功能菜单：客户管理、修改密码、退出。其中的客户管理菜单包括了查询客户、增加客户、修改客户、删除客户 4 个子选项。主窗体主要使用了 MenuStrip、PictureBox、StatusStrip 控件，界面如图 11-3 所示。

图 11-3　主界面

建立各菜单项与对应窗口的关联，详细代码如下：

```
1  public Main(string username)
2  {
3      InitializeComponent();
4      toolStripStatusLabel1.Text = "欢迎您："+username;          //在状态栏的标签上显示用户名
5  }
6
7   private void 修改密码 ToolStripMenuItem_Click(object sender, EventArgs e)
8   {
9      UpdatePassword up = new UpdatePassword(toolStripStatusLabel1.Text);
10     up.Show();
11  }
12
13  private void 增加客户 ToolStripMenuItem_Click(object sender, EventArgs e)
14  {
15       AddCustomer add = new AddCustomer();
16       add.Show();
17  }
18
19  private void 查询客户 ToolStripMenuItem_Click(object sender, EventArgs e)
20  {
21       QueryCustomer query = new QueryCustomer();
22       query.Show();
23  }
24
25  private void 修改客户 ToolStripMenuItem_Click(object sender, EventArgs e)
26  {
```

```
27          UpdateCustomer update = new UpdateCustomer();
28          update.Show();
29      }
30
31  privatevoid 删除客户 ToolStripMenuItem_Click(object sender, EventArgs e)
32  {
33          DelCustomer del = new DelCustomer();
34          del.Show();
35  }
36
37  privatevoid 退出 ToolStripMenuItem_Click(object sender, EventArgs e)
38  {
39            Application.Exit();
40
41  }
```

代码说明：

（1）第 7 行，表明现在使用的事件是修改密码菜单项单击事件。

（2）第 9～10 行，创建一个修改密码窗体 UpdatePassword 对象，显示该窗体。

（3）第 13 行，表明现在使用的事件是增加客户菜单项单击事件。

（4）第 15～16 行，创建一个增加客户窗体 AddCustomer 对象，显示该窗体。

（5）第 19 行，表明现在使用的事件是查询客户菜单项单击事件。

（6）第 21～22 行，创建一个查询客户窗体 QueryCustomer 对象，显示该窗体。

（7）第 25 行，表明现在使用的事件是修改客户菜单项单击事件。

（8）第 27～28 行，创建一个修改客户窗体 UpdateCustomer 对象，显示该窗体。

（9）第 31 行，表明现在使用的事件是删除客户菜单项单击事件。

（10）第 33～34 行，创建一个删除客户窗体 DelCustomer 对象，显示该窗体。

（11）第 37 行，表明现在使用的事件是退出菜单项单击事件。

（12）第 39 行，退出整个应用程序。

1．修改密码

在图 11-3 中单击“修改密码”菜单，弹出如图 11-4 所示的“修改密码”窗口。

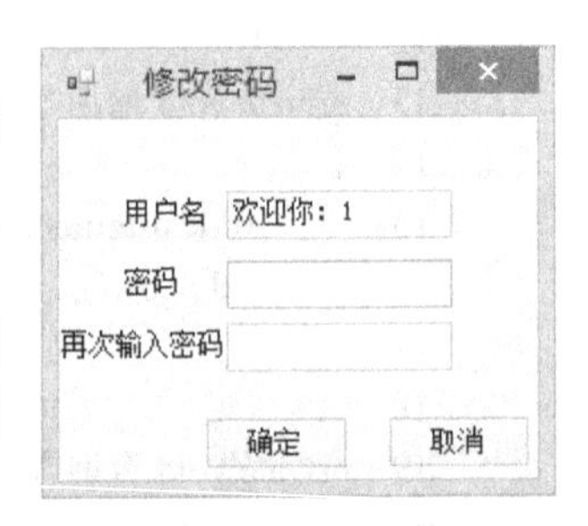

图 11-4 “修改密码”窗口

修改密码窗体主要使用了 Lable、TextBox、Button 控件。在此界面中需输入两次新密码进行比对，只有两次输入的密码相同，才能进行修改。单击图 11-4 中的“确定”按钮，详细代码如下所示：

```
1   private void button1_Click(object sender, EventArgs e)
2   {
3       if(textBox2.Text==textBox3.Text)
4       {
5           string sql = "update UserInfo set UserPassword='{0}'where UserName='{1}'";
6           sql=string.Format(sql,textBox2.Text,textBox1.Text);
```

```
7               Function fun =new Function();
8               if(fun.NonQuery(sql)!=-1)
9               {
10                  MessageBox.Show("密码修改成功！");
11              }
12          }
13      }
```

代码说明：

（1）第 3 行，判断 textBox2 和 textBox3 中输入的密码是否相等，如果相等，才执行第 4～12 行的修改操作。

（2）第 5 行，定义一条 SQL 语句来修改当前登录用户在数据库中的密码。

（3）第 6 行，格式化 SQL 语句，用 textBox2.Text 和 textBox1.Text 替换第 5 行中的{0}和{1}，{0}和{1}被称为占位符。

（3）第 7 行，创建一个数据库连接类 Function 类的对象。

（4）第 8 行，执行对数据库的非查询操作，即向数据表更新数据，返回一个整数。对返回值进行判断，如果返回值不等于-1，则说明更新数据操作成功，弹出第 10 行的“密码修改成功”消息框。

2．增加客户信息

在图 11-3 中单击“客户管理”菜单，选择“增加客户”选项，弹出如图 11-5 所示的“增加客户信息”窗口。

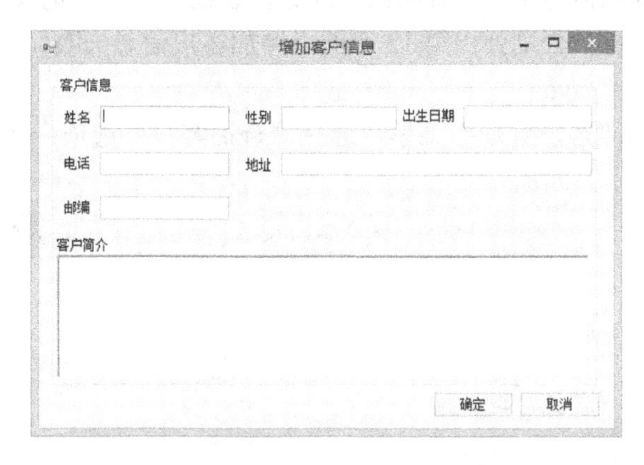

图 11-5 “增加客户信息”窗口

增加客户信息窗体主要使用了 GroupBox、Lable、TextBox、RichTextBox、Button 控件。在此界面中填写客户姓名、性别、出生日期、电话、地址、邮编、客户简介后，单击“确定”按钮就可以把客户信息添加到数据库中。单击图 11-5 中的“确定”按钮，详细代码如下：

```
1   private void button1_Click(object sender, EventArgs e)
2   {
3       string sql = "insert into CustomerInfo(CustomerName,Sex,BirthDate,PhoneNum,Address,ZipCode,
                    CustomerProfile) values('{0}','{1}','{2}','{3}','{4}','{5}','{6}')";
```

```
4          sql = string.Format(sql, textBox1.Text, textBox2.Text, textBox3.Text, textBox4.Text,
                                   textBox5.Text, textBox6.Text, richTextBox1.Text);
5          Function fun = new Function();
6          if (fun.NonQuery(sql) == 1)
7          {
8              MessageBox.Show("增加客户信息成功！");
9          }
10       else
11         {
12             MessageBox.Show("增加客户信息失败！");
13         }
14   }
```

代码说明：

（1）第 3 行，定义了一条 SQL 语句来向数据表插入数据，values 语句中共使用了 7 个占位符。

（2）第 4 行，格式化 SQL 语句，用 textBox1.Text、textBox2.Text、textBox3.Text、textBox4.Text、textBox5.Text、textBox6.Text、richTextBox1.Text 替换第 3 行中的 7 个占位符。

（3）第 5 行，创建一个数据库连接类 Function 类的对象。

（4）第 6 行，执行对数据库的非查询操作，即向数据表插入数据，返回一个整数。对返回值进行判断，如果返回值等于 1，说明已经向数据表插入了一条记录，弹出第 8 行的“增加客户信息成功”消息框；否则弹出第 12 行的“增加客户信息失败”消息框。

3．查询客户信息

在图 11-3 中单击“客户管理”菜单，选择“查询客户”选项，弹出如图 11-6 所示的“客户信息查询”窗口。

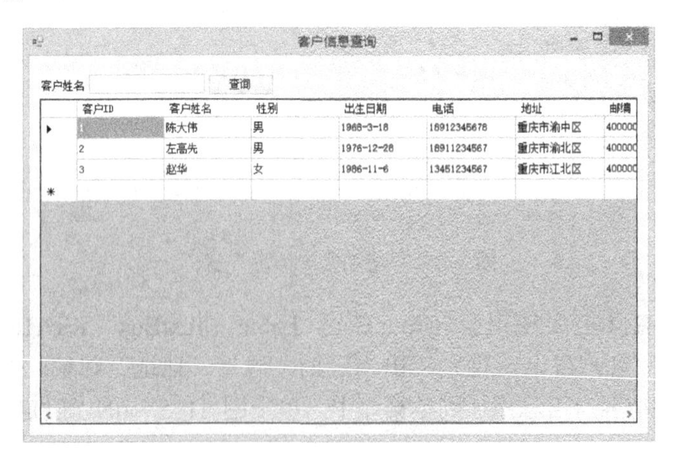

图 11-6 “客户信息查询”窗口

客户信息查询窗体主要使用了 Lable、TextBox、Button、DataGridView 控件。在此界面中输入客户姓名，即可将客户的完整信息以表格的形式检索出来。单击图 11-6 中的“查询”按钮，详细代码如下：

```
1  private void button1_Click(object sender, EventArgs e)
2  {
3       string sql = "select CustomerID as '客户 ID',CustomerName as '客户姓名',Sex as '性别',
                 BirthDate as '出生日期',PhoneNum as '电话',Address as '地址',ZipCode as '邮编',
                 Customer Profile as '客户简介' from CustomerInfo where CustomerName like '%{0}%'";
4       sql = string.Format(sql, textBox1.Text);
5       this.InitDataGridView(sql);
6  }
```

代码说明：

（1）第 3 行，定义了一条 SQL 语句用来根据客户姓名进行模糊查询，where 语句中使用了一个占位符。

（2）第 4 行，格式化 SQL 语句，用 textBox1.Text 替换第 3 行中的占位符。

（3）第 5 行，刷新客户信息列表，就是把数据表格和从数据库中新查询出来的内容绑定到一起。

InitDataGridView(sql)是自定义的客户信息列表刷新的方法，详细代码如下：

```
1  public void InitDataGridView(string sql)
2  {
3     Function fun = new Function();
4     DataSet ds = fun.Query(sql);
5     dataGridView1.DataSource = ds.Tables[0];
6  }
```

代码说明：

（1）第 3 行，创建一个数据库连接类 Function 类的对象。

（2）第 4 行，执行对数据库的查询操作，并返回一个 DataSet 类型的数据。

（3）第 5 行，将查询结果与 DataGridView 控件的数据源进行绑定。

4．修改客户信息

在图 11-3 中单击“客户管理”菜单，选择“修改客户”选项，弹出如图 11-7 所示的“修改客户信息”窗口。

修改客户信息窗体主要使用了 GroupBox、Lable、TextBox、RichTextBox、DataGridView、Button 控件。在此界面中双击数据表格中的一条数据，就会将各个字段显示在下方的修改客户信息对应的文本框里。将相应的内容修改后，单击“确定”按钮即可更新数据库中的客户信息。双击数据表格中的记录将各字段显示到下方的文本框里，详细代码如下：

```
1  private void dataGridView1_CellContentDoubleClick(object sender, DataGridViewCellEventArgs e)
2  {
3      textBox2.Text = dataGridView1.SelectedRows[0].Cells[1].Value.ToString();
4      textBox3.Text = dataGridView1.SelectedRows[0].Cells[2].Value.ToString();
5      textBox4.Text = dataGridView1.SelectedRows[0].Cells[3].Value.ToString();
6      textBox5.Text = dataGridView1.SelectedRows[0].Cells[4].Value.ToString();
7      textBox6.Text = dataGridView1.SelectedRows[0].Cells[5].Value.ToString();
```

```
8        textBox7.Text = dataGridView1.SelectedRows[0].Cells[6].Value.ToString();
9        richTextBox1.Text = dataGridView1.SelectedRows[0].Cells[7].Value.ToString();
10       label9.Text = dataGridView1.SelectedRows[0].Cells[0].Value.ToString();
11   }
```

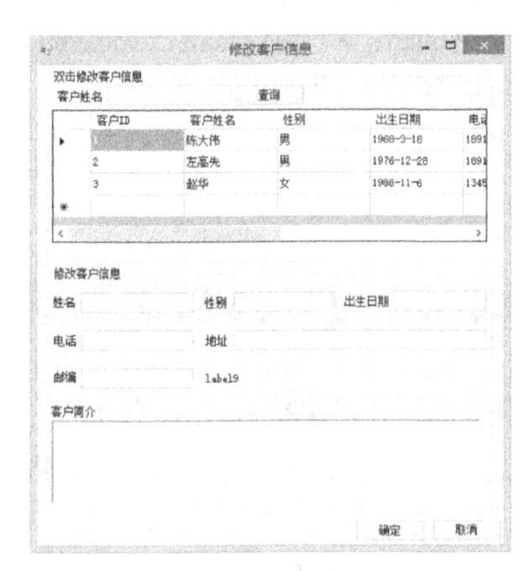

图 11-7 “修改客户信息”窗口

代码说明：

（1）第 1 行，表明现在使用的事件是单元格内容的双击事件。

（2）第 3～10 行，将数据表格中各单元格的内容分别赋值给对应的文本框、多行文本框和标签。

单击图 11-7 中的“确定”按钮，实现修改客户信息功能的详细代码如下：

```
1  private void button2_Click(object sender, EventArgs e)
2  {
3      string sql = "update CustomerInfo set
                   CustomerName='{0}',Sex='{1}',BirthDate='{2}',PhoneNum='{3}',Address='{4}',
                   ZipCode='{5}',CustomerProfile='{6}' where CustomerID={7}";
4      sql = string.Format(sql, textBox2.Text, textBox3.Text, textBox4.Text, textBox5.Text, textBox6.
                   Text,textBox7.Text, richTextBox1.Text, int.Parse(label9.Text));
5      Function fun = new Function();
6      if (fun.NonQuery(sql) == 1)
7      {
8          MessageBox.Show("修改客户信息成功！");
9          this.InitDataGridView();
10     }
11     else
12     {
13         MessageBox.Show("修改客户信息失败！");
14     }
15 }
```

代码说明：

（1）第 3 行，定义了一条 SQL 语句来更新数据表中的数据，set 语句中使用了 7 个占位符，where 语句中使用了 1 个占位符。

（2）第 4 行，格式化 SQL 语句，用 textBox2.Text、textBox3.Text、textBox4.Text、textBox5.Text、textBox6.Text、textBox7.Text、richTextBox1.Text 替换第 3 行 set 语句中的 7 个占位符，用 label9.Text 替换 where 语句中的占位符。

（3）第 5 行，创建一个数据库连接类 Function 类的对象。

（4）第 6 行，执行对数据库的非查询操作，即向数据表更新数据，返回一个整数。对返回值进行判断，如果返回值等于 1，说明已经向数据表更新了一条记录，弹出第 8 行的“修改客户信息成功”消息框，并如第 9 行所示刷新客户信息列表；否则弹出第 13 行的“修改客户信息失败”消息框。

（5）第 9 行，刷新客户信息列表，就是把数据表格和从数据库中新查询出来的内容绑定到一起。

InitDataGridView()是自定义的客户信息列表刷新的方法，详细代码如下所示：

```
1  public void InitDataGridView()
2  {
3          string sql = "select CustomerID as '客户 ID',CustomerName as '客户姓名',Sex as '性别',
                   BirthDate as '出生日期',PhoneNum as '电话',Address as '地址',ZipCode as '邮编',
                   CustomerProfile as '客户简介' from CustomerInfo";
4          Function fun = new Function();
5          DataSet ds = fun.Query(sql);
6          dataGridView1.DataSource = ds.Tables[0];
7  }
```

代码说明：

（1）第 3 行，定义了一条 SQL 语句来向数据表查询数据。

（2）第 4 行，创建一个数据库连接类 Function 类的对象。

（3）第 5 行，执行对数据库的查询操作，并返回一个 DataSet 类型的数据。

（4）第 6 行，将查询结果与 DataGridView 控件的数据源进行绑定。

5．删除客户信息

在图 11-3 中单击“客户管理”菜单，选择“删除客户”选项，弹出如图 11-8 所示的“删除客户信息”窗口。

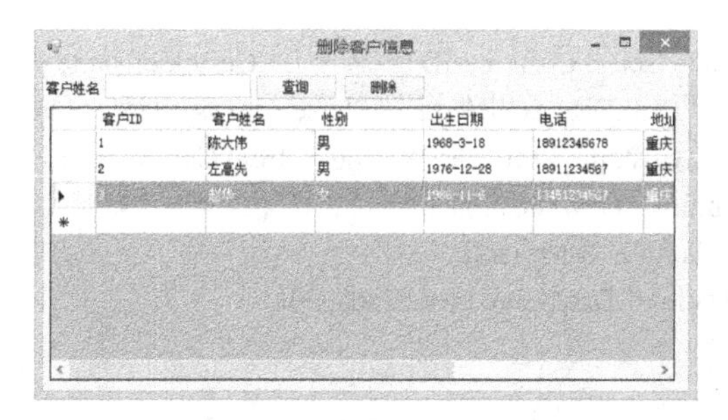

图 11-8 “删除客户信息”窗口

删除客户信息窗体主要使用了 Lable、TextBox、DataGridView、Button 控件，可以在此界面的数据表格中选择客户信息数据记录将其删除。单击图 11-8 中的“删除”按钮，详细代码如下：

```
1  private void button2_Click(object sender, EventArgs e)
2  {
3      string sql = "delete CustomerInfo where CustomerID={0}";
4      sql = string.Format(sql, dataGridView1.SelectedRows[0].Cells[0].Value.ToString());
5          Function fun = new Function();
6          if (fun.NonQuery(sql) == 1)
7          {
8                  MessageBox.Show("删除客户信息成功！");
9                  this.InitDataGridView();
10         }
11         else
12         {
13         MessageBox.Show("删除客户信息失败！");
14         }
15 }
```

代码说明：

（1）第 3 行，定义了一条 SQL 语句来删除数据表中的数据，where 语句中使用了 1 个占位符。

（2）第 4 行，格式化 SQL 语句，用数据表格中选中行的第 1 个单元格的值（即客户 ID）替换第 3 行中的占位符。

（3）第 5 行，创建一个数据库连接类 Function 类的对象。

（4）第 6 行，执行对数据库的非查询操作，即删除数据表中的数据，返回一个整数。对返回值进行判断，如果返回值等于 1，说明已经对数据表删除了一条记录，弹出第 8 行的“删除客户信息成功”消息框，并如第 9 行所示刷新客户信息列表；否则弹出第 13 行的“删除客户信息失败”消息框。

（5）第 9 行，刷新客户信息列表，就是把数据表格和从数据库中新查询出来的内容绑定到一起。

InitDataGridView()是自定义的客户信息列表刷新的方法，详细代码如下：

```
1  public void InitDataGridView()
2  {
3          string sql = "select CustomerID as '客户 ID',CustomerName as '客户姓名',Sex as '性别',
                   BirthDate as '出生日期',PhoneNum as '电话',Address as '地址',ZipCode as '邮编',
                   CustomerProfile as '客户简介' from CustomerInfo";
4          Function fun = new Function();
5          DataSet ds = fun.Query(sql);
6          dataGridView1.DataSource = ds.Tables[0];
7  }
```

代码说明：

（1）第 3 行，定义了一条 SQL 语句来向数据表查询数据。

（2）第 4 行，创建一个数据库连接类 Function 类的对象。

（3）第 5 行，执行对数据库的查询操作，并返回一个 DataSet 类型的数据。

（4）第6行，将查询结果与DataGridView控件的数据源进行绑定。

【课后习题】

一、填空题

1．C/S结构是指________。

2．ADO.NET中常用的类有（列举3个）___________、___________、___________。

3．当关闭数据库连接时，能够查询数据的对象是___________。

二、选择题

1．.NET Framework是一种（　　）。

A．编程语言　　B．程序运行平台

C．操作系统　　D．数据库管理系统

2．在创建与SQL Server数据库的连接时，使用的类是（　　）。

A．Conn　　B．Connection

C．DataReader　　D．以上都不是

3．在ADO.NET中使用命令对象执行非查询操作时使用的方法是（　　）。

A．ExecuteQuery( )　　B．ExecuteNonQuery( )

C．ExecuteReader( )　　D．以上都不是

4．在ADO.NET中，编写数据库连接字符串时，要连接的数据库写在（　　）属性后面。

A．Data Source　　B．Initial Catalog

C．Integrated Security　　D．以上都不是

三、简答题

1．CRL、MSIL、Metadata的含义是什么？

2．简述B/S和C/S结构。

3．简述ADO.NET中的类。

【课外实践】

任务：完成图书管理系统的设计与实现。

要求：

（1）建立一个图书信息表，字段包括：编号、图书名称、价格、出版社、ISBN号、作者、内容简介、出版日期等信息。

（2）为学生管理系统编写一个数据库的连接类。

（3）设计并实现学生管理的基本功能，包括学生信息的添加、查询、修改和删除等。

（4）综合调试学生管理系统。

说明：安装Microsoft Visual Studio 2010集成开发环境来调试学生管理系统的各个功能。关于C#以及Microsoft Visual Studio 2010的深入学习可参考相关书籍。

参 考 文 献

[1] Jorgensen A, LeBlanc P . SQL Server 2012 宝典 [M] 张慧娟, 译.4 版. 北京:清华大学出版社,2014.
[2] LeBlanc P. SQL Server 2012 从入门到精通[M]. 潘玉琪, 译. 北京:清华大学出版社,2014.
[3] 俞榕刚. SQL Server 2012 实施与管理实战指南[M]. 北京:电子工业出版社,2013.
[4] 叶符明, 王松.SQL Server 2012 数据库基础及应用[M]. 北京:北京理工大学出版社,2013.
[5] Itzik Ben-Gan . SQL Server 2012 T-SQL 基础教程[M]. 张洪举, 译. 北京:人民邮电出版社,2013.